U0711038

高等职业教育新形态精品教材

大学生心理健康
——走向成长与适应

主　编　何霞红　金徐伟

参　编　郭　芳　王晓磊（商贸）　王晓磊（生态）

李　雯　郑芬萍　邹大东

北京理工大学出版社

BEIJING INSTITUTE OF TECHNOLOGY PRESS

内 容 提 要

本书共分十一个学习模块，分别是大学生心理健康、自我意识、学习与时间管理、人际关系、恋爱心理与性心理、情绪管理、挫折应对与压力管理、大学生职业生涯规划、关于幸福、关于感恩和生命教育。每个模块由学习目标、成长语录、案例引入、案例分析、主体内容、成长加油站、思政话题、成长阅读、练习自测几部分组成。本书内容贴近学生的实际生活，探讨学生感兴趣和关心的话题。

本书可用作本科院校或者高职高专院校的心理健康教材，也可用作心理健康工作者的参考书，还可用作对大学生心理健康感兴趣的读者的阅读书目。

图书在版编目（CIP）数据

大学生心理健康：走向成长与适应 / 何霞红，金徐伟主编. -- 北京：北京理工大学出版社，2023.6
ISBN 978-7-5763-2583-6

Ⅰ.①大… Ⅱ.①何… ②金… Ⅲ.①大学生—心理健康—健康教育 Ⅳ.①B844.2

中国国家版本馆CIP数据核字（2023）第129073号

出版发行／北京理工大学出版社有限责任公司
社　　址／北京市丰台区四合庄路 6 号院
邮　　编／100070
电　　话／（010）68914775（总编室）
　　　　　（010）82562903（教材售后服务热线）
　　　　　（010）68944723（其他图书服务热线）
网　　址／http：//www.bitpress.com.cn
经　　销／全国各地新华书店
印　　刷／河北鑫彩博图印刷有限公司
开　　本／787 毫米 ×1092 毫米　1/16
印　　张／16　　　　　　　　　　　　　　　责任编辑／龙　微
字　　数／346 千字　　　　　　　　　　　　文案编辑／杜　枝
版　　次／2023 年 6 月第 1 版　2023 年 6 月第 1 次印刷　责任校对／周瑞红
定　　价／45.00 元　　　　　　　　　　　　责任印制／王美丽

FOREWORD 前言

党的二十大报告中明确指出，要办好人民满意的教育。教育是国之大计、党之大计。培养什么人、怎样培养人、为谁培养人是教育的根本问题。育人的根本在于立德。全面贯彻党的教育方针，落实立德树人根本任务，培养德智体美劳全面发展的社会主义建设者和接班人。

成为社会主义建设者和接班人，要求大学生全面提高自身素质，心理素质是大学生最重要的素质之一，是大学生全面发展的整体素质的中介和载体，也是促进他们健康成长、成才的基础和保证。探索当代大学生心理教育模式，加强大学生的心理健康教育，是当前高等院校教育中一个极富现实意义的重大课题。"能在不断变化的环境中承受挫折和失败，保持创新的个性和自信的品质""能在激烈的竞争中始终保持良好的心态，发挥专业技能""能在复杂的社会关系中以团结协作赢得人们的尊重"，已成为社会对人才的评价指标。面对未来，仅仅有突出的专业知识是不够的，具备良好的心理素质才能在人才竞争的大潮中立于不败之地。

本书旨在使学生明确心理健康的标准及意义，增强自我心理保健意识和心理危机预防意识，掌握并应用心理健康知识，培养自我认知能力、人际沟通能力、自我调节能力，切实提高心理素质，促进学生全面发展。

本书编写组根据当前社会发展的新形势、心理健康教育的新要求，根据师生意见，在科学分析、多次研讨、深度论证的基础上编写了本书，以期助力和推动心理健康教育的改革和成效落地落实。

本书特点主要体现在以下几个方面：

（1）采用模块化设计。本书采用模块化设计，将学习模块分解为学习单元，整体结构进一步调整和优化，让学习任务更清晰、更科学。

（2）学习目标明确、立体。本书学习目标分为知识目标、能力目标和素养目标，让学习目标更明确、更立体。

（3）设置案例引入模块。每个学习模块设置案例式引入和分析，将知识和任务在每个模块开头加以引入，让学习任务更丰富、更有趣。

（4）突出课程思政元素。切实贯彻落实立德树人根本任务，寓价值观引导于知识传授和能力培养之中。每个学习模块结尾设置"思政话题"，将课程思政元素融入本书内容，使心理健康课程与思政课程同向同行，帮助学生培养正确的世界观、人生观、价值观。

本书由杭州职业技术学院何霞红、金徐伟担任主编，杭州职业技术学院郭芳、王晓磊（商贸旅游学院）、王晓磊（生态健康学院）、李雯、郑芬萍、邹大东参与了本书的编写工作。

由于编者水平有限，书中疏漏和不妥之处在所难免，恳请学术界前辈、同行和广大读者批评指正。

编　者

CONTENTS 目录

学习模块一
让心灵洒满阳光——大学生心理健康

📝 **学习目标**

知识目标：

1. 了解心理健康知识、大学生心理健康的标准、心理咨询的含义与分类。

2. 了解常见的大学生心理困惑及异常心理。

3. 了解正确的心理健康观念和正确的心理咨询观念。

能力目标：

1. 能够掌握增进大学生心理健康的主要途径。

2. 能够自主地调整心理状态，从而维护自身的心理健康。

3. 学会建立自助求助的意识，必要情况下懂得求助于心理咨询。

素养目标：

1. 保持浓厚的学习兴趣和求知欲望，发展多方面的能力，以提高自身素质。

2. 保持乐观的情绪和良好的心境，对未来充满信心和希望。

3. 保持和谐的人际关系，乐于交往，以理解、宽容、友谊、信任和尊重的态度与人相处。

💡 **成长语录**

如果把人间比作原野，每个人都是在这片原野上生长着的茂盛植物，这种植物会开出美丽的三色花：一瓣是黄色的，代表我们的身体；一瓣是红色的，代表我们的心理；还有一瓣是蓝色的，代表我们的社会功能。

——毕淑敏

👤 **案例引入**

大三学生王某在教室里看书时，总担心会有人坐在身后并干扰自己，有强烈的不安全感，以至于只能坐在角落或靠墙而坐，否则无法安心看书；并且对同寝室一位同学播放收音机的行为非常反感，简直难以忍受，尤其是睡午觉时总担心会有收音机的声音干扰自己，因此经常休息不好，但又不好意思与其发生当面冲突，因为觉得为这样的小事情发脾气可能是自己的不对，很长时间不能摆脱这种心理困境，很苦恼，严重影响了自己的日常生活和学习。王某即将毕业，心中一片茫然，担心找不到理想的工作，有时也懒得去想这个问题，怕增添烦恼，学习成绩在班上中游，当看到其他同学都在准备考研究生时，自己也想考，但是又不能集中精力学习；自卑、缺乏自信，生活态度比较消极，认为所有的一切都糟透了；家里经济状况也一般，认为自己有责任挑起家庭的重担，但又觉得力不从心。

📚 案例分析

　　在该案例中，该名学生实际上的心理困境主要是由各种压力源造成的。首先，该名学生即将大学毕业，择业困难构成其压力源的核心。择业压力所导致的心理紧张和心理困境，其实质是由来访者自身能力与理想目标之间的落差造成的，落差越大，心理压力也就越大。其学习成绩一般，对自己缺乏信心，但家里经济状况一般，又觉得自己责任重大，必须找到一份好工作，因此心理压力是相当大的，而且与日俱增。其次，择业压力使来访者在心理上产生不安全感。行为发生学认为，当人受到刺激时就会做出某种特定的反应。来访者面对压力，采取的是消极应对策略——回避。虽然不去想它，但是问题和压力却仍然存在，尽管只是一种茫然状态。再次，择业压力使来访者的心理变得异常敏感和脆弱，这在他的日常学习和生活过程中直接体现出来，哪怕有一点动静，在教室看书或在宿舍睡午觉就会受到干扰；严重时，即使没有任何干扰，来访者也会存在怀疑、担心和害怕受到干扰。最后，择业压力和敏感的心态极易使来访者面临人际关系冲突问题，这是来访者采取回避和压抑等消极应对策略的必然结果。在与同学相处时，尽管来访者自己也意识到只是一些很小的事情，但就是不能控制自己。当某件事情或某个人多次引起自己的反感和不愉快时，就很自然地把自我消极情绪固着在该件事情或该人，从而影响人际的和谐与沟通。实际上，这是由于来访者刻意回避主要现实压力，导致压力感（压力能量）转移的结果。

学习单元一　大学生心理健康

一、心理学概述

　　"心理学"这三个字对于大多数中国人来说有一些神秘，人们往往会与"读心术""心理控制术""催眠"这些词语及由此而派生出来的感觉联系到一起。实际上，这些理解大大扭曲了心理学真实的样子。

（一）对心理学的误解

误解一：和学心理学的说话，岂不像透明人？

"你是学心理学的，那么你说说我正在想什么？"当周围人得知了某个人是学心理专业的时候，他们会马上好奇地问出这种问题。人们总是以为心理学家与算命先生差不多，应该能透视眼前人的内心活动，其实这是一种误解。

误解二：心理学是伪科学

许多人认为心理学是伪科学，都是骗人的，这着实让从事心理学工作与研究的人伤心不已。为什么会这样呢？对于大多数人，所谓科学，应该有严格的实验操作和严格的逻辑推理，如物理学或数学，而人的心理是看不见又摸不着的，对它的操作和研究看似很玄，人的心理又变化莫测，是个十分难以控制的变量，所以，人们认为心理学研究是靠不住的。

误解三：心理学家会催眠

很多人对催眠术有浓厚的兴趣，因为觉得它很玄妙。提起催眠术，人们往往会想起心理学家。原因之一，可能是弗洛伊德的误导。弗洛伊德是著名的心理学家，人们认为既然他使用催眠术，那么心理学家应该都会催眠术；另外，可能是缘于几部颇有知名度的心理电影的误导，如日本恐怖片《催眠》。

误解四：心理学就是心理咨询

作为一个新兴的行业，心理咨询蓬勃发展，越来越火，各种各样的心理门诊、心理咨询中心、心理咨询热线等不断涌现并通过不同的渠道冲击着人们的视听；再加上近年来心理咨询师资格考试制度的实施，使心理学的社会影响力得到了极大的提高。这些动向使很多人一听到心理学就想起心理咨询，以致使它做了心理学的代名词。

误解五：心理学家只研究变态的人

很多人对心理学有这样的看法：去心理咨询的人都是心理有问题的人，而有问题就是变态，所以心理学家只研究变态的人。这种看法可以解释为什么很多人在决定进行心理咨询时需要很大的勇气和进行激烈的思想斗争。要知道，大多数心理学研究都是针对正常人的，如儿童情绪的发展、性别差异、智力、老年人心理和跨文化的比较等都是心理学研究的内容。

误解六：心理学就是解梦

心理学就是解梦的产生同样和弗洛伊德分不开。对于多数了解心理学的人来说，解梦是弗洛伊德的理论中最吸引人的部分。这是因为人们总是喜欢挖掘自己和别人内心深处的秘密，而梦被当作是透视内心世界的一扇天窗。由于弗洛伊德在心理学家中的代表性，许多人把弗洛伊德的理论等同于梦的分析，进而使解梦成了心理学的代名词。

（二）心理学的定义

1879 年，德国的冯特在莱比锡大学建立了世界上第一个心理学实验室，标志着科学心理学的诞生。实验研究方法的运用是这一学科成为科学的转折点。其后的一百多年，心理学门派纷争及高度发展，学科体系也进一步完善，并且影响到政治、经济、文化、艺术、宗教、企业管理、市场营销等各个方面。目前，对心理学较为专业的定义：心理学是研究人和动物心理现象发生、发展及活动规律的一门科学，它既是理论学科，又是应用学科，包括理论心理学和应用心理学。心理学既研究动物的心理，也研究人的心理，而以人的心理现象为主要研究对象。总而言之，心理学是研究心理现象和心理规律的一门科学。

随着生活节奏的加快，学生的学习压力越来越大，大学生的心理问题也不断增多，尤其是正处于青春期的学生，由于生理和心理两个方面都在迅速发展，若发展不均衡，心理问题就显得尤为突出。学生心理问题是怎样产生的，如何帮助学生尽快走出心理泥潭，是学生本人、家长和教师共同关心的问题。

二、大学生心理发展的特点

（一）自我意识增强，但发展不成熟

自我意识是指对于自己和自己与他人及社会的关系的认识，它包括自我观察、自我评价、自我检验、自我监督、自我教育、自我完善等。独立自主、个人魅力是当代大学生喜欢追求的个性形象。大学生希望自己的聪明才智能够得到社会的承认和关注，他们不喜欢别人指手画脚、干涉指责，或者继续把他们当未成年人看待，期待社会把他们看作是成熟的一员，得到他人的尊重，这种表现是大学生自我意识进一步增强、个体进一步成熟的反映。

但是，由于自身社会生活的知识、能力和经验等的不足，相当一部分大学生还不善于正确处理自我完善和社会发展需要的关系，还没有确立立足现实、做长期艰苦奋斗的心理准备。他们往往对自己估计过高，还不善于倾听不同的意见，难以理解人、尊重人，常常表现出自命不凡、刚愎自用；有少数人难以充分了解和正确认识自己，不能坦然承认自己和欣然接受自己，又常缺乏自信而妄自菲薄。他们一旦遇到自己无力解决的困难或某种挫折时，容易产生对现实不满的过激行为或强烈的自卑感，甚至导致行为失控而做出不理智的事情。心理健康的大学生不但自我结构相对稳定，而且能够在新环境或新经验基础上，对自我进行适当的调整；相反，有心理障碍的大学生则往往不能及时协调自己的自我结构，从而对行为和心理健康产生不利的影响。正因如此，大学生自我意识的发展状况充分反映出他们正迅速走向成熟但未真正完全成熟的心理特点。

（二）抽象思维迅速发展，但思维易带主观片面性

由于大学生学习的知识越来越多，受到的思维训练越来越复杂，因而大学生的抽象思

维得到了迅速发展，并逐渐在思维活动中占主导地位。他们在思考问题时不再满足于一般的现象罗列和获得现成的答案，而力求自己探究事物的本质和规律。他们思维的独立性、批判性和创造性有所增强，主张独立发现问题和解决自己认为需要解决的问题，喜欢用批判的眼光对待周围的一切，不愿意沿着别人提供的方法去思考和解决问题，其思维的辩证性、发展性都有所提高。但是，他们的抽象思维水平并没有达到完全成熟的程度，主要表现在思维品质发展不平衡，思维的广阔性、深刻性和敏感性发展比较慢。由于大学生个人阅历浅、社会经验不足，看待问题时总是过分地钻"牛角尖"，并且掺杂了个人的感情色彩，缺乏深思熟虑，往往有偏激、过分自信和固执己见的倾向。尤其是他们还不大善于运用唯物辩证法观点与理论联系实际的观点指导自己的认识活动和观察社会现象。从思维的发展来说，大学生的"理论型"抽象思维居于主导地位，因而，他们常常将社会问题看得过于简单而陷入主观、片面和"想当然"的境地。心理学家在揭示大学生这种思维特点时发出这样的感慨："连当代最伟大的政治家都感到棘手的社会问题，在大学生看来却易如反掌！"

（三）情感丰富，但情绪波动较大

大学生充满青春活力，随着校园生活的深入，社会性需要日益增多，其情感也日益强烈、日益深刻。这种强烈的情感不仅表现在学习和工作中，还体现在对待家长、同学和教师的态度等方面，更重要的是这种情感还具有明显的时代性、社会性和政治性。他们热爱社会、富有理想，关心国家的命运和前途，对于走建设有中国特色的社会主义道路、实现中华民族全面振兴充满了希望和激情。他们的爱国主义情感、集体主义情感、社会责任感和义务感、道德感、友谊感、美感和荣誉感、理智感等迅速向广度和深度发展，逐步成为其情感世界的本质和主流。爱情的出现是大学生情感世界的一大突变，对其心理发展具有巨大影响。大学生控制情绪的能力也在不断由弱变强，大多数人的内心体验逐渐趋于平稳。但是，如果受到内心需要和外界环境影响的强烈刺激，他们的情绪又容易产生较大波动而变出两极性，既可能在短时间内从高度的振奋变得十分消沉，又可能从冷漠突然转变为狂热，乃至造成消极的后果。这种情况常使一些大学生陷入理智与情感的矛盾和冲突之中，从而感到十分苦恼。大学生的情绪还存在着外显性与内隐性的矛盾，这种矛盾冲突也给大学生带来了较多的情绪适应问题。

（四）意志水平明显提高，但不平衡、不稳定

多数大学生已能逐步自觉地确定自己的奋斗目标，并根据目标制订、实施计划，排除内外障碍和困难去努力实现奋斗目标，其意志的自觉性、坚韧性、自制性和果断性都有了较大的发展。但是处于意志形成时期的大学生，其意志水平发展又是不平衡和不稳定的。大学生意志水平的自觉性和坚韧性品质已达到较高水平，但意志的果断性和自制性的品质发展却相对缓慢一些，这主要表现在：大学生能独立、迅速地处理好一般学习、生活问题，但在处理关键性问题或采取重大行动时往往表现出优柔寡断、动摇不定或草率武断、

盲目从众的心态；在不同的活动中，大学生意志水平也不同，如在专业学习活动中，往往意志水平高，而在思想品德的修养活动中，意志水平就相对比较低；在同一种活动中，大学生的意志水平表现也有较大差异，心境好时意志水平较高，心境差时则显得意志水平较低。情绪波动对于他们意志活动水平的影响是显而易见的。

（五）智力发展水平达到高峰，社会迫切需求

大学生一般思维敏捷、接受力强，通过专业训练和系统学习，抽象逻辑思维能力得到充分的发展，智力水平大大提高，分析问题、解决问题的能力增强，其智力层次含有较多的社会性和理论色彩。

在校园里的几年大学生活使大学生与社会有一定的距离，也正因如此，他们渴望加入社会的愿望更为迫切。在校园里，他们关注着社会，评判着各种社会现象，并希望自己能加入进去，按照自己的想法去改变各种令人不满意的现象，把自己的专业知识服务于社会，体现自己的力量，实现自身的价值。这种迫切的社会需求与大学生正在形成的价值观相互作用，是将来他们走向社会的重要心理依据。这一心理特点支配、指导着大学生的学习态度，从而对大学时代的生活质量产生重要的影响。

三、大学生心理健康的标准

中国学者王登峰等根据各方面的研究结果，提出了以下几条有关心理健康的标准：

（1）了解自我、悦纳自我。一个心理健康的人能体验到自己的存在价值，既能了解自己，又能接受自己，具有自知之明，即对自己的能力、性格、情绪和优点、缺点能做出恰当、客观的评价，对自己不会提出苛刻的非分期望与要求；对自己的生活目标和理想也能定得切合实际，因而对自己总是满意的；同时，努力发展自身的潜能，即使对自己无法补救的缺陷，也能安然处之。

（2）接受他人，善与人处。心理健康的人乐于与人交往，不仅能接受自我，也能接受他人、悦纳他人，能认可他人存在的重要性。他能为他人所理解，为他人和集体所接受，能与他人相互沟通和交往，人际关系协调和谐，在生活小集体中能融为一体，乐群性强，既能在与挚友之间相聚时共欢乐，也能在独处沉思时无孤独之感。在与人相处时，积极的态度（如同情、友善、信任、尊敬等）总是多于消极的态度（如猜疑、嫉妒、敌视等），因而，在社会生活中有较强的适应能力和较充足的安全感。一个心理不健康的人，总是自别于集体，与周围的环境和人们格格不入。

（3）热爱生活，乐于工作和学习。心理健康的人珍惜和热爱生活，积极投身于生活，在生活中尽情享受人生的乐趣。他们在工作中尽可能地发挥自己的个性和聪明才智，并从工作的成果中获得满足和激励，把工作看作是乐趣而不是负担。他们能把工作中积累的各种有用的信息、知识和技能储存起来，便于随时提取使用，以解决可能遇到的新问题，能够克服各种困难，使自己的行为更有效率、工作更有成效。

（4）能保持良好的环境适应能力。心理健康的人对周围事物和环境能做出客观的认识与评价，并能与现实环境保持良好的接触，既有高于现实的理想，又不会沉湎于不切实际的幻想与奢望，对自己的能力有充分的信心，对生活、学习、工作中的各种困难和挑战都能妥善处理。心理不健康的人往往以幻想代替现实，不敢面对现实，没有足够的勇气去接受现实的挑战，总是抱怨自己"生不逢时"，或者责备社会环境对自己不公平而怨天尤人，因而无法适应现实环境。

（5）能协调与控制情绪，心境良好。心理健康的人愉快、乐观、开朗、满意等积极情绪状态总是占据优势，虽然也会有悲、忧、愁、怒等消极的情绪体验，但一般不会长久。他们能适当地表达和控制自己的情绪，喜不狂、忧不绝、胜不骄、败不馁、谦逊不卑，自尊自重，在社会交往中既不妄自尊大，也不畏缩恐惧，对于无法得到的东西不过于贪求，争取在社会规范允许范围内满足自己的各种需求，对于自己能得到的一切感到满意，心情总是开朗的、乐观的。

（6）人格和谐完整。心理健康的人的人格结构（包括气质、能力、性格、理想、信念、动机、兴趣、人生观等各方面）能平衡发展，人格在人的整体精神面貌中能够完整、协调、和谐地表现出来，思考问题的方式是适中和合理的，待人接物能采取恰当灵活的态度，对外界刺激不会有偏颇的情绪和行为反应，能够与社会的步调合拍，也能与集体融为一体。

（7）智力正常。智力正常是人正常生活最基本的心理条件，是心理健康的重要标准。智力是人的观察力、记忆力、想象力、思考力、操作能力的综合。

（8）心理行为符合年龄特征。在人的生命发展的不同年龄阶段，都有相对应的不同的心理行为表现，从而形成不同年龄独特的心理行为模式。心理健康的人应具有与同年龄段大多数人相符合的心理行为特征。如果一个人的心理行为经常严重偏离自己的年龄段特征，一般都是心理不健康的表现。

四、影响大学生心理健康的主要因素

从当前我国高校的普遍情况来看，多数大学生的心理是健康的，但也有相当一部分大学生的心理健康状况不容乐观。据"21世纪高校心理健康教育学术研讨会"专家证实，20世纪80年代中期，在我国23.25%的大学生有心理障碍，20世纪90年代上升到25%，近年来已达到30%，有心理障碍的人数正以10%的速度递增。尽管如此，只有极少数大学生接受了心理咨询方面的专业性帮助，绝大部分并没有真正认识到这个问题，这在一定程度上说明了心理健康教育的紧迫性、必要性和艰巨性。

人的心理健康是一个极为复杂的动态过程。影响心理健康的因素是各种各样的，既有个体自身的心理素质，也有外界环境因素的影响。就当前大学生的具体现状而言，影响其心理健康发展的因素主要体现在以下几个方面：

（1）环境变迁引发的心理冲突。大学生的角色地位及生活环境与高中时期有着很大的不同。首先，大学生要自己安排生活，靠自己的能力处理学习、生活、人际等方方面面的问题。但据调查，80%的学生以前在家没有洗过衣服，生活自理能力差，对父母有较强的依赖性。生活问题对这部分学生造成了一定的压力。其次，大学中评判学生优劣的标准已不再是单纯的学习成绩，而已包括组织管理能力、协调能力、人际交往能力及其他一些因素，这种标准的多样化使部分成绩优秀而其他方面平平的学生感到不适应，其自尊心受到强烈的震撼，心理上产生失落和自卑。

（2）学习兴趣和压力导致的焦虑心理。大学学习的基本特点就是更强调自学和独立思考的能力，以及教师直接指导的减少。这与中学学习有着非常大的差距，所学的内容也与中学有着巨大的差异，学习的习惯和作息时间大部分由自己掌握，这就更增加了学习上的困难。例如，新生往往不知道该如何选择选修课，不知道该学习一些什么样的课程，或如何学习。很多新生在填写高考志愿时是盲目的，而一旦步入大学以后，发现所学专业与期望、理想相差甚远，也极易产生厌学、注意力不集中等问题，出现焦虑、紧张等情绪反应，同时，还会严重影响自信心及自我否定。若不引起足够的重视，任其发展下去，很可能造成心理障碍，以至影响大学的学业。

（3）人际关系不良导致的情绪困扰。相对来说，大学生对新的人际关系的适应远比对学习和生活环境的适应困难。入学不仅是进入了一个新的学习和生活环境，同时，也意味着进入一种新的人际关系中。面对来自各地且风格、特点各异的新同学，如何建立协调、友好的人际关系是非常重要的。大多数学生在入学前一直生活在自己所熟悉的同学或亲人之间，人际关系相对稳定，而一旦进入大学，将面临一个重新结识别人、确立人际关系的过程，这一过程的进展将对整个大学生活产生非常大的影响。在大学生中普遍存在的人际关系交往及适应障碍，可能都与新生阶段的人际关系状况有着一定的关系。当然，人际关系问题不仅是新生中才有，它在大学生活中始终都是影响大学生心理健康的一个重要因素。大学生的人际关系问题主要是处理与周围同学和教师之间的关系，以及与家庭、亲人、朋友之间的关系，但主要还是表现在与周围同学之间的交往问题。

（4）爱情引起的情绪困扰。大学生正处于青春期，生理机能已经成熟，逐渐产生了恋爱的要求，但是如果在这个问题上处理不当，就会直接影响他们的心理健康、学习和生活。目前，大学生存在的恋爱困扰主要是对两性交往的不适、性冲动的困扰及缺乏处理恋爱中感情纠葛的能力等。

大学生在校期间谈恋爱不宜提倡，但也不可压制，应该进行正确的引导，正确对待异性交往，培养与异性交往的能力。大学生应正确对待自己和恋人，在因恋爱而发生情绪困扰时，应及时进行情绪疏通，使消极情绪得以合理宣泄，以保证正常的学习和生活，维护心理健康。

（5）就业压力造成的心理压力。大学毕业生找工作难是个普遍问题，而要找一个理想的工作就更难。在择业过程中遇到的各种问题，如工作单位不如意，担心自己能力不足、缺乏经验而不能胜任工作等，这些都给临近毕业的大学生造成巨大的压力。这种压力又以一些不正当的渠道宣泄出来，如乱砸东西、酗酒打架、消极厌世等。因此，大学生尤其是毕业生应进行职业辅导，调整择业心态，选择适合自己的工作是非常必要的。首先大学生应了解自我，包括对自我身体素质和心理素质（如智力、兴趣、态度、气质、能力等）的认识，这些方面可以借助一些心理测验工具（如气质调查量表等）来进行。其次，要了解各种职业的基本情况；同时，还应学习基本的求职技巧，以便在求职过程中能发挥优势，表现出自己的真才实学来推销自我。最后，应正确面对求职过程中的挫折，调整心态，不断努力寻找机会。大学生应在综合以上方面特点的基础上选择适合自己特点的职业。

（6）父母教养方式和家庭环境导致的心理问题。父母的教养方式主要表现为父母对子女的态度和教育方式。俗话说，家庭是人成长的重要环境，父母是孩子的第一任老师。家庭环境是否良好，父母的教育方式是否得当，直接关系到子女的健康成长。随着我国独生子女家庭的增加，大学生中独生子女的比例越来越高，父母对子女的期望值很高，特别是子女上大学是他们较高的期望，并常采取过分保护和过分严厉的教育方式，这使子女承担了过重的心理压力，或过分依赖，或过分地自我谴责，难以客观地评价自己和恰当地面对生活与学习目标，以及有效地解决在学习和生活中遇到的各种问题。在这样的方式下成长起来的孩子，其人格特征和人际关系方面都存在较多的问题，当面对复杂的社会环境时，容易出现各种各样的适应障碍甚至神经症性的反应。例如，有位浙江宁波的大学女学生入校仅一个月就向学校提出了退学要求，理由是特别想家。心急如焚的家长赶到学校，一段时间下来，发现学校从硬件到软件都无可挑剔，而且女儿和同学、教师相处得也很好，于是他们试图说服女儿继续求学。但女儿以"不让退学若发生意外情况别后悔"向父母摊牌。最后，她与辅导员诉说了她的心结：上大学，每人该一间宿舍，每天都能回家，学校和家里一样宽松等。尽管教师、家长和其他同学苦心劝说，但仍无效。由于平时都是父母照顾她的生活起居，而升入大学后，很多事情都要自己去处理，无法适应，不得已选择了这个做法。从这位女大学生身上反映出的问题仅仅是一个方面，还有很多的事例，一定程度上折射出家庭环境的影响对大学生来说是多么重要。

（7）自身心理素质的不足。自身心理素质的不足包括自我认识片面，情感脆弱、冲动、不稳定，意志薄弱，怯懦、虚荣、冷漠、固执，缺乏正确的人生观和积极的人生态度，耐挫力差，不懂得心理健康，缺乏心理调节的技巧等。大学生应丰富心理知识，增强心理健康意识，学习心理调节的基本技能并加以训练和提高自身心理素质。

成长加油站

致新生的一段话

给心灵一个空间，给自己寻找一个方向，给生活一份希望。

刚刚经过"黑色六月"洗礼的高中生，在众人叹美中走进了这座象牙塔——大学。然而，这里是知识的圣殿，却非梦想的乐园；这里机会与挑战并存，这里成功与失败同在；这里他们拥有很多，他们同样缺乏很多……当被问到上大学的感受时，几乎所有的新生异口同声地回答：自由。的确，在经历3年"捆绑式"的高中生活后，大一新生们仿佛是飞出囚笼的鸟，觉得外面的天空很大，大学在他们的眼中是个全新的世界，为什么完全相反的观点在教授那里都是成立的？为什么班主任很久才会出现一次？为什么各项任务布置下来，只告诉做什么，却没说怎么做？当了一个月的大学生，大一新生终于领悟到：大学给人提供的天空是如此广阔，在这里不必像高中一样唯教师、父母是从，在这里，你可以自己想，而且必须学会自己想。

大学给了每位新生一片崭新的天空，在这里，你可以选择学什么、怎么学，你可以选择做什么、怎么做，你可以知道生活是什么，并学会怎么生活。在这片天空飞翔是快乐的。

机会固然很多，但是有多少成功的希望便有多少失败的可能，所以，新生们真的需要一双慧眼来真实地评价自己，做出正确的抉择。

学习单元二　大学生心理咨询

大学生深受中国传统文化的影响，认为心理咨询缺乏权威性，加上我国心理咨询业发展滞后，还有长期以来大学生对心理咨询存在误解和偏见，导致许多大学生有了心理问题和疾病却不知道；或知道自己有心理问题和疾病，却不愿意去看心理医生和进行心理咨询。多数大学生以为只有强烈的精神病表现才算是有心理问题和疾病，习惯用医学模式来认识心理问题，将心理困惑与障碍等同于精神病，认为只有"有病"才去心理咨询，而对一些心理问题和现象不予承认与正视。

一、大学生心理咨询的含义和分类

（一）心理咨询的含义

咨询（Counseling），在古汉语中，"咨"是商量的意思，"询"是询问，合起来就是与人协商、征求意见。英语的咨询含有协商、商讨、会谈、征求意见、寻求帮助、顾问、参谋、劝告、辅导等含义。心理咨询，既可以表示一门学科，即咨询心理学，也可以表示一种心理技术工作，即心理咨询服务。

对于心理咨询的定义，国外心理学界有许多不同的说法，对其内涵和外延的界定，往往因理论流派和职业特点等因素的差异而不同。一般认为，心理咨询是指运用心理科学的原理和方法，给咨询对象以帮助、启发和指导的过程，通过心理咨询可以使来访者在认知、情感、行为模式上有所变化，解决其在学习、工作、生活等方面出现的心理问题（包括障碍性心理问题和发展性心理问题），挖掘来访者的潜在能力，以更好地适应环境，提高其身心健康水平，促进人生的积极发展。

（二）心理咨询的分类

1. 按咨询对象的多少分类

按咨询对象的多少可分为个别咨询和团体咨询。

（1）个别咨询。顾名思义，个别咨询是指针对咨询对象的个别问题开展单独咨询。

（2）团体咨询。团体咨询是由英文（Group Counseling）翻译过来的，国内也有人称其为小组咨询、集体咨询，是指在团体情境下提供心理帮助和指导的一种咨询形式，即根据来访者问题的相似性，将来访者编入小组，通过共同商讨、训练、引导来解决来访者的共同发展课题或心理障碍。团体咨询既是一种有效的心理治疗，又是一种有效的教育活动。

2. 按咨询问题分类

按咨询问题可分为发展性咨询和障碍性咨询。

（1）发展性咨询。发展性咨询是指帮助来访者增强自我认识能力、社会适应能力和发展能力，挖掘自身潜力，促进全面发展。

（2）障碍性咨询。障碍性咨询是指帮助有心理障碍的来访者挖掘病源，找到对策，消除痛苦。

3. 按咨询方式分类

按咨询方式可分为门诊心理咨询、电话心理咨询、互联网心理咨询等。

（1）门诊心理咨询。门诊心理咨询就是到心理咨询机构进行面对面的咨询形式。这类咨询的特点是能及时对求助者进行各类检查、诊断，及时发现问题，及时做出妥善指导和处理。因此，这种方式是心理咨询中最主要且最有效的方法。

（2）电话心理咨询。电话心理咨询是利用电话给求助者进行支持性咨询。这种方式一般多用于心理危机干预，防止心理危机所导致的恶性事件，如自杀、暴力等行为。电话心理咨询涵盖面很广，是比较方便的一种方式，但它也有某些局限性。

（3）互联网心理咨询。互联网心理咨询是通过互联网对求助者进行帮助。通过这种方式记录咨询全过程，便于深入分析求助者的问题及进行专案小组讨论。在一个付费咨询的体系中，咨询协议的具体化和程序化，使这种方式更容易被人们接受。

二、大学生心理咨询的重要性

心理问题是每个人都会遭遇的，问题解决不了则会形成障碍，不及时疏导则会酿成疾病，甚至导致严重后果。我国大学生中大多数都属于心理健康者，但是也有一定比例的大学生存在不同程度的心理问题。在高等院校开展心理咨询工作，帮助大学生解决在学习、生活等方面出现的心理问题，使其更好地适应环境，保持健康的心理状态，对提高大学生的整体素质具有重要的现实意义。

◀)) **案例小链接**

    有一名男生小耿（化名）向其爱慕的女生小芸（化名）求爱，小芸婉拒了小耿。小耿求爱不成，便在多个场合谩骂小芸。一天晚上，当自修室内只有小芸一人在自习时，跟踪已久的小耿冲进自修室，拎起椅子就向小芸砸去，最后导致小芸背部和肋骨受伤。当时，小芸的父母坚决要求校方开除该男生，但学校将小耿带到医院，经测试发现他有反社会型人格障碍。这名学生的父母离异，如果开除他，势必引发他不顾后果的报复，彻底把他推向充满仇视的世界。学校带着专家到小芸家做工作，让小芸转学到了另一个城市，小耿也最终接受了该校的心理咨询。现如今，小耿已经走上社会，有了稳定的职业。

    高校开展心理咨询工作，对于解决学生的心理问题具有重要的作用。心理咨询工作要通过个别咨询、团体辅导活动、心理行为训练、书信咨询、热线电话咨询、网络咨询等多种形式，有针对性地向学生提供经常、及时和有效的心理健康指导与服务。咨询机构能科学地把握高校心理健康教育工作的任务和内容，严格区分心理咨询中心机构所承担工作的性质、任务。在心理咨询工作中发现严重心理障碍和心理疾病的学生，要将他们及时转介到专业卫生机构治疗。开展心理咨询，培养良好心理素质是大学生自身成长的客观需要。这一阶段比人生其他任何阶段的心理压力、冲突、矛盾都多，尤其在当今社会竞争日趋激烈、就业形势不容乐观的情况下，对人的素质的要求也越来越高。大学生迫切希望在大学期间消除各种不良心理现象，增强对社会的适应能力，主动迎合社会的需要。反过来说，如果一个学生因为心理障碍而出现问题，对一个万人大学来说损失只不过是万分之一，可是对于一个家庭和本人来说损失就是百分之百。因而，作为高校，一定要创造一个有利于大学生身心健康发展的良好环境，培养他们成才，开展心理咨询、培养良好心理素质是思想政治工作新的突破口。

    高校心理咨询是提高学生心理素质、解决学生心理问题、增进大学生心理健康的重要内容和手段。心理咨询科学性强、针对性强、渗透性强且形式新颖，与传统的思想政治工作方法相比有其独特之处，与大学生心态特点相吻合，易为大学生所接受。部分学生来自农村，贫困生、特困生占相当比例，这些学生普遍心理压力大，处理不好极易造成心理障碍，对学校的工作造成一定的阻力；再加上一些社会消极因素的刺激和思想政治教育不得力，容易形成低水平的心理承受力。如果在学校开展心理咨询，则会在完善学生人格、预防心理障碍等方面起到积极的作用。因此，重视大学生的心理咨询工作是时代和社会发展的必然，也是教育工作者义不容辞的责任，还是高校教育的内在要求。

三、大学生心理咨询的主要内容

（一）以心理发展为中心的咨询内容

    这类来访者是正常的、健康的，无明显心理冲突，基本适应环境。他们咨询的目的是更好地认识自己，扬长避短，充分发挥潜能，提高学习和生活的质量，如探讨提高学习效益的最佳方法，获得更多朋友的技巧和艺术，测定自己的气质、性格特点等。这将有助于来访者增强自我认识能力、社会适应能力与发展能力，挖掘自身潜力，促进全面发展。例如，在自我问题上，自我认识、自我评价、自我悦纳对 20 岁左右的大学生来说不是件容易的事情。"自以为是"者有之，"自以为非"者也大有人在。要么"不知道自己不知道（糊）"，要么"不知道自己知道（虚）"，而"知道自己不知道（醒）"和"知道自己知道（熟）"者往往得"道"多助，早一步成长，早一天超越自我。

（二）以校园适应为中心的咨询内容

这类来访者属于基本健康，但现实生活中有各种烦恼和压力，有明显的心理矛盾和冲突，咨询的目的是排除心理困扰，减轻心理压力，改善适应能力，如新生入学后对环境适应不良而焦虑、因学习成绩上不去而苦闷、因单恋或失恋而不能自拔、过度自卑等。这类咨询就是对来访者在学习、工作、人际关系等方面的适应不良提供帮助。例如，刚进大学的新生就好比一匹久困囚笼的千里马，陡然被置身于莽莽大草原上，昂首嘶叫，却不知奔向何方。学习方式变了，交往群体变了，生活环境变了，评价标准变了，身份地位变了，理想与现实、独立与依赖、自卑与自尊、价值多元与一元等矛盾相互交织，在变化和矛盾中求适应，在适应中求发展。

（三）以心理问题处理为中心的咨询内容

这类来访者患有某些心理疾病，已影响正常的学习和生活，求治心切。咨询的目的是帮助有心理障碍的来访者挖掘病源，找到对策，消除痛苦，恢复心理健康。

高校在每年新生入学时，要对新生的心理状况进行测查，排查出有心理疾病苗头的学生并建立相关档案。调查显示，约有 17% 的大学生承认自己有中度以上的心理困惑，25%的新生需要心理辅导。广东外语外贸大学许国彬教授等人对本科生进行的一次抽样调查显示，"学习困难""人际交往障碍"和"理想与现实冲突"在大学新生心理挫折原因中名列前三。而随着越来越多的独生子女进入大学，对人际关系处理的"无能"更明显地在大学新生中表现出来，在调查中，有 48.3% 的大一新生认为自己存在人际交往障碍。

某高校的一名大学新生曾向心理辅导教师诉苦，说自己心情不好的时候回到宿舍，别人却还在说说笑笑，完全不理他的感受。他认为，自己心情不好，同宿舍的人应该来安慰他，应该陪着他难过。除与同学之间的相处有困难外，不少新生还发现，进入大学后，见到教师的机会也少了，班主任也不像中学那样天天来管几次，让不少学生对人际交往感到恐惧，甚至产生"社交恐惧"。

（四）以升学就业指导为中心的咨询内容

近年来，就业矛盾日益突出，就业难度日趋增大，给广大毕业生带来了巨大的心理压力。有相当一部分毕业生由于种种原因，在新的就业体制和严峻的就业形势面前心理准备不足，在就业过程中出现了种种心理偏差，有的甚至产生了严重的就业心理障碍，影响了他们的顺利就业。就业心理咨询是针对毕业生在就业问题上遇到的某些心理上的困惑而提供的一种服务，它不仅是就业指导的一项重要内容，也是高校心理咨询工作的一个重要组成部分。开展就业心理咨询工作，加强就业心理指导，有助于培养大学生健康的就业心理，提高心理健康水平，保持良好的择业心态；有助于他们克服心理障碍，排除心理危机，走出择业的心理误区；有助于他们客观地认识所面临的困难，树立信心，从而顺利就业。

成长加油站

聆听生命的乐章，描绘心灵的画卷
《改变一生的五句话》

第一句话：优秀是一种习惯。

这句话出自美国著名学者威尔·杜兰特的《哲学的故事》。如果优秀是一种习惯，那么懒惰也是一种习惯。人出生的时候，除气质会因为天性而有所不同外，其他方面基本都是后天形成的，是家庭影响和教育的结果。所以，我们的一言一行都是日积月累养成的习惯，有的人形成了很好的习惯，有的人形成了很坏的习惯。所以，我们从现在起就要把优秀变成一种习惯。

第二句话：生命是一种过程。

事情的结果尽管重要，但是做事情的过程更加重要，因为结果好了我们会更加快乐，但过程使我们的生命充实。生命本身其实是没有任何意义，只是自己赋予生命一种希望实现的意义，因此，享受生命的过程就是一种意义所在。

第三句话：两点之间最短的距离并不一定是直线。

在人与人的关系及做事情的过程中，我们很难直截了当就把事情做好。我们有时需要等待，有时需要合作，有时需要技巧。你一定知道两点之间直线距离最短，如果你在走路，从 A 到 B，明明可以直接过去，但所有人都不走，你最好别走，因为有陷阱。

第四句话：只有知道如何停止的人才知道如何加快速度。

初学者在滑雪的时候，最大的体会就是停不下来。最后在教练的指导下反复练习怎么在雪地上、斜坡上停下来。练了一个星期，终于学会了在任何坡上停止、滑行、再停止。这个时候就发现自己会滑雪了。因为自己知道只要想停，一转身就能停下来。只要能停下来，你就不会撞上树、撞上石头、撞上人。因此，只有知道如何停止的人，才知道如何高速前进。

第五句话：放弃是一种智慧，缺陷是一种恩惠。

做人最大的乐趣在于通过奋斗去获得想要的东西，所以有缺点意味着我们可以进一步完美，有匮乏之处意味着我们可以进一步努力。当一个人什么都不缺的时候，他的生存空间就被剥夺了。如果我们每天早上醒过来，感到自己今天缺点儿什么，感到自己还需要更加完美，感到自己还有追求，那是一件多么值得高兴的事情啊！

学习单元三　保持心理健康

　　青年时期是一个人的生理和心理都迅速发展的时期，也是个体心理迅速走向成熟而又尚未完全成熟的一个过渡时期。大学是激荡青春的地方，在这片沃土上，人们已习惯了岁月如歌、青春如画的美丽境界，却往往忽视了校园还是一个多种文化碰撞的地带。多样性的价值观、世界观激起大学生心灵的"震荡"；知识经济、市场经济对成才标准也提出了更高的要求，现如今的"天之骄子"们正面临着学习、生活中的多重压力和挫折——独立、竞争、适应，让他们生出一种"心理断乳"的躁动，经历着成长的失落、社交的困惑、过度的学业压力、家庭困境、就业压力、情感迷失等心理困境。因而，有人将处于这种心理焦虑状况下的当代大学生戏谑为"天之焦子"。根据一项以全国 12.6 万大学生为对象的调查显示，约 20.23% 的人有不同程度的心理障碍。某大学学工部两次对入学新生进行全面的心理调查，结果表明，25% 的学生存在程度不同的心理障碍。据统计，因各种心理疾病而休学、退学的大学生人数已占总体退学人数的 50% 左右。由此可见，大学生中存在的心理问题和心理障碍不容忽视。

一、大学生常见的心理困惑及异常心理

　　心理的"正常"和"异常"之间并没有明确的、绝对的界限，一般认为，人的心理及行为是一个由"正常"逐渐向"异常"、由量变到质变，并且相互依存和转化的连续谱。因此，生活在现实社会中的每个人都在一定程度上存在心理问题，即人的心理问题是普遍存在的，只是程度不同而已。为此，我们可以根据程度的不同，把心理问题分为三层：心理困扰：主要是指各种适应问题、学习问题、情绪问题、人际关系问题等；心理障碍：主要是指神经症、人格异常和性心理障碍等轻度心理失调；精神病：是指人脑机能活动失调，丧失自知力，不能应付正常生活，不能与现实保持适当接触的严重的心理障碍。

　　本书重点介绍大学生中常见的一些心理困扰。

（一）环境适应问题

　　环境适应不良主要发生在大学新生群体之中。离开家，真正置身于大学校园，亲身经历和体验大学生活，会觉得"现实版"的大学生活与"理想版"的大学生活是如此的不同。每年在新生始业教育心理适应课程中，主讲教师都会让学生回答一个问题：进入大学的这些时间里，大家最大的感受是什么？绝大部分学生都选择了这个词：迷茫。

　　小强是一个典型的"90后"大学生，家庭条件优越，学业上也一直很顺利。他的发言说出了很多"独生一代"的心声：刚入大学校门的时候，有一件事让我特别纠结，从小到大，洗衣服、做饭、收拾床被，甚至是安排作息时间都是父母一手操办的；进入大学后，由于自己生活上什么都不会，母亲为了方便我生活，特地给我买了洗衣机，但学校宿舍规定不能使用，所以只能把一个星期的脏衣服都堆在一起，弄得满屋子都是汗臭味，室友们对此也有了意见，后来还是跟着室友去了洗衣房，才使我解决了难题。

　　　　　　　　　　　　　　　　——《校园成长列车——献给大学新生的礼物》

　　对于小强的尴尬处境很多学生都会有同感。上大学之前，学生们大多数是家里的"重点保护对象"，大部分时间和精力都用在学习上，连一些最基本的起居生活和日常事务也都由父母来打理。这种"被照顾"的最直接的结果是，很多学生上了大学以后，不懂得基本的生活常识，也没有掌握基本的生活技能。

　　现实的缺失与要求带给大学生第一重冲击波。集体生活、吃食堂饭、洗衣洗被、打扫卫生等都要自己料理。饮食方面的差异、气候与语言环境的变化、作息制度与卫生习惯的不同，这些具体而琐碎的生活事件让许多学生头痛不已。一切从头学起，这让象牙塔里的学子第一次体会到了生活的"艰辛"。

（二）学习问题

　　大部分学生来到大学以后沿袭了高中时期的学习方法，等待教师布置作业，期待教师给予学习的监督。但是，来到大学以后却发现学习的监督机制少了许多，尤其是大学第一学期的课程安排以公共课为主，很多学生觉得这些"副科"不重要，也不需要花精力学习，因此有了大把的空余时间。其中一些学生开始渐渐适应这样的状况，学习自己管理自己的学习，也有一些学生不知道如何改变自己以适应这样的变化，发出大学生活实在太无聊、太空虚的感慨。

　　迈入大学校园，虽然不再有升学的压力，但学习任务是十分艰巨的，既要学习专业知识，也要学习专业知识外的知识；既要热爱专业，同时，又不能囿于狭窄的专业范围之内；既要学习科学研究方法，也要学习实验、技术操作。更为重要的是，学习不能拘泥于死记硬背，还要将其与应用联系起来。知识再多，若不会运用，也只能是一个"知识库""书呆子"。

　　学习方式和学习内容的转变，让曾经以学习为人生唯一正业的"学习达人"们傻了眼，除生活自理能力不够外，出现学习动机缺乏、学习注意力不集中、记忆力不强、学习方法不当、考试焦虑等心理困扰，顿时觉得大学生活陷入了混乱之中。如果不适时进行调整，发挥学习的主动性、积极性，完成自己设定的目标，"大学"则成为"由你玩四年"，"大学人生"有可能成为"大混人生"。

◀》**案例小链接**

小梦在高中阶段成绩一直很优秀，高考成绩比大学里同班的其他同学甚至高了 **40** 分，还获得了学校的新生奖学金。但大学的学习让她这样的"学优生"感觉特别不适应。就像她自己描述的那样：以前每天刻苦自律地学习，因为心中有一个梦想，要考进一所理想的大学；进入大学后，最迷茫的是，突然不知道努力读书是为了什么，而且学习方式上也不能适应；厚厚一本教材，像高中那样一字一句读下来基本不可能，教师讲课不按着教材讲，也不再画重点，一上午的课程下来，都不知道听到了什么，因而在学习上感觉很挫败。

她说她还有一位高中学姐，以高中学校第一名的成绩考上了北京某名牌大学。可是在那所高等学府，所有的学生都是来自全国各地的学习尖子。她第一学期成绩就落后全班，还有一门"挂科"，在严重的失落感和自卑感下，心理产生严重扭曲。

——《校园成长列车——献给大学新生的礼物》

（三）人际交往问题

"为什么人与人之间相处会有那么多不如意？为什么受伤的总是我？"当代大学生在高中期间与社会接触不多，进入大学后，人际关系问题几乎成了他们最大的问题。在调查中，有 37.6% 的学生"对自己的人际关系不良感到困惑"。一方面，大学生渴望友情，渴望理解与同情，希望建立良好的人际关系；另一方面，不能正确认识交往和缺乏交往的技巧，又使他们陷入交往的误区。正是由于这种高期望值与低成就造成心理上的巨大落差，使人际失调、交往嫉妒、自卑、社交恐惧等问题纷至沓来，于是，高傲、自卑、孤独、无聊、无望、恐惧等心理体验频频光顾，久而久之，形成忧郁症、交际恐慌症等心理疾病。

人际交往对大学生完成学业、发展人格具有重要的作用。随着自我意识的增长，大学生不愿意再依赖家长、教师，希望用自己的眼光去观察社会，用自己喜欢的方式去结交朋友，但由于心理成熟度有限，适应能力不强，因此容易在人际交往中出现一些心理问题，造成交往障碍。

◀》**案例小链接**

小 A 与小 B 是某艺术院校大三的学生，同在一个宿舍生活。入学不久，两个人成了形影不离的好朋友。小 A 活泼开朗，小 B 性格内向、沉默寡言，小 B 逐渐觉得自己像一只丑小鸭，而小 A 却像一位美丽的公主，心里很不是滋味，她认为小 A 处处都比自己强，把风头占尽，时常以冷眼对小 A。大学三年级，小 A 参加了学院组织的服装设计大赛，并获得了一等奖，小 B 得知这一消息先是痛不欲生，而后妒火中烧，趁小 A 不在宿舍之机将小 A 的参赛作品撕成碎片，扔在小 A 的床上。小 A 发现后，不知道怎样对待小 B，更想不通为什么她要遭受这样的对待。

（四）恋爱问题

恋爱问题一直是大学校园里的热门话题，也是大学生们倍加关注的自身问题之一。伴随着大学生生理、心理的逐渐成熟，大学生的性心理也有了较大的发展，产生性的欲望和冲动，有了强烈的结交异性的愿望，恋爱问题是不可避免的。由于大学生接受青春期教育不够，很多学生根本不懂得什么是爱情，对异性的神秘感和渴望交织在一起，由此产生各种心理问题，严重的还会导致心理障碍。他们有的求爱遭遇拒绝后陷入深深的自责和自卑；有的面对"第三者"而焦虑、抑郁；有的单相思或暗恋某人而茶饭不思；有的为失恋而萌发报复和自杀的念头。

◀) 案例小链接

某大学男生李某和女生王某相恋。双方感情发展很快，尤其是王某投入了全身心的感情，陷得很深，但是最终由于各种原因，李某提出了分手。王某苦苦哀求，李某还是没有回心转意。王某从此情绪一落千丈，整天待在寝室，以泪洗面。有一天趁同寝室的同学上课之时，王某写下一封遗书，吞下了安眠药，想以死解脱，幸亏被及时发现，经抢救脱离了危险。

（五）发展道路迷惘问题

为了培养学生的各种工作能力（包括组织能力、策划能力、交往能力、创造能力等），学校为大学生搭建了丰富多彩的校园文化活动平台。学生可以通过这个平台培养、展现自己的各种能力。在各个大学的校园里，我们会发现一个共同的特点：校园里到处都张贴着各种活动的海报，无论你的兴趣爱好如何，你总能够找到自己喜欢的项目；同时也会发现，校园里的很多活动都是学生自己组织的，在各个活动场地上，忙碌的都是学生的身影。学校学生会、学院学生会、各类社团，组织、策划了贴近学生需要的各类活动，教师只是在细节或某些要求上进行指点。虽然很多看起来与学习没有关系，但我们不能小看这些舞台，它是具有广泛意义上的学习，很大程度上提高了我们的能力，完善了我们的人格，甚至激发了我们的潜能。在面对众多选择时，学生有了当家做主的感觉，但同时也体会到了"不做主不知道当家难"的道理。在上百个社团中，我究竟是到舞蹈协会去满足自己"想跳舞就跳舞"的梦想，还是到青年志愿者协会去挥洒自己的热血呢？究竟是做外联的干事，去锻炼自己与人交流沟通的能力，还是去宣传部做干事，发挥自己的绘画优势呢？这些选择就像"鱼"和"熊掌"那样，让我们每天在其中纠结不已。

◀) 案例小链接

悠悠说自己进入大学后的一个重要感受是生活内容多了起来。以前高中的时候，自己喜欢画画，可妈妈总说自己不务正业，画画得再好，也不能代替高考的分数，等于白搭，这让自己特别郁闷。在读大学之前，悠悠的生活都以学习为中心，似乎是为了分数而活，剥夺了她的业余时间，也剥夺了她的业余爱好。而到了大学，悠悠觉得自己一下子有了用武之地，不仅参加了书画社，还竞选了学生会的宣传干事，同学们都很羡慕，自己也很有成就感。但刚进入校园的时候也不是没有迷茫，学校琳琅满目的社团、学生会、勤工俭学……都打出各自的宣传口号吸纳新鲜血液。但究竟选择哪些成为自己的生活内容呢？那段时间，悠悠觉得自己无比忙碌却不知道都忙了些什么。

——《校园成长列车——献给大学新生的礼物》

（六）就业问题

就业方面的冲突往往出现在高年级学生中，完成了大学的学业，总希望找到一份满意的工作。而现如今社会竞争激烈，用人单位的要求也越来越高，加之很多学生在校期间与社会接触少，缺乏对社会的真正了解，这对即将面临毕业的高年级学生造成很大的精神压力，使他们因焦虑、自卑而失去安全感，许多心理问题也随之产生。一项针对大学生的调查显示，68.9%的大学生心里感到茫然和焦虑，7.9%的大学生消极等待，8.4%的大学生认为不太可能找到工作，而4.8%的大学生认为自己根本找不到工作。调查同时显示，有32.9%的大学生认为自身缺乏自信，44.3%的大学生认为缺乏工作经验，20.7%的大学生认为自己学非所用。由此可见，大学生在遭遇就业难的客观困境时，主观上也表现出了明显的无助、失望、不自信等心理问题。

◀)) 案例小链接

小刘是文秘专业的一名应届大学毕业生，在校自我感觉良好，然而就业时却处处碰壁。他看中的单位，人家却看不中他；单位看中他的，他却看不中人家……直到毕业后几个月，小刘还未与一家单位签约，整日处在一种焦虑、犹疑、自卑、不满、无法决断的状态，内心十分困惑、矛盾和痛苦。

二、大学生常见的心理疾病

有必要说明的是，世界上不存在绝对的心理健康，因为心理健康与心理疾病之间不是截然分开的，它们是一个连续谱。也就是说，在我们的生命中不可能100%的时间内都保持良好的生活适应状态，这不现实。如果有85%的时间，我们能具有一种基本良好的生活适应状态、良好的情绪，那么我们就基本上是心理健康的。因为我们生活中总会遇到各种挫折或事件，会出现短期的反应性情绪波动，会悲痛欲绝、抑郁泪流、愤怒狂暴等，这些都很自然，只要这些负面情绪不是延续太久，都可以算作正常范围。如果这些负面情绪延续太久，就会出现心理疾病，甚至影响身体，出现身体疾病。

（一）神经症

神经症是一种非器质性的、大脑神经机能轻度失调的心理疾病。神经症是大学生中最常见的一类心理疾病，神经衰弱、焦虑、抑郁、强迫、疑病、恐怖等都是神经症的临床表现特征。例如，一位学生总是害怕别人的目光，无论是在宿舍里，还是在教室内，他只要感觉到别人的目光，就十分不自在。他也总是尽力克制自己，但又无济于事。为此他非常苦恼，以致严重影响了自己的正常学习和生活。

（1）神经衰弱。神经衰弱是指在某些长期存在的精神因素的作用下，引起脑机能活动过度紧张。例如，由于学业负担过重，有些学生长期用脑过度，就容易导致神经衰弱。神经衰弱的症状主要有情感控制能力差、情绪反应强烈、注意力涣散、记忆力下降、工作效率低、睡眠困难、心悸、多汗、易疲劳等。

（2）焦虑症。焦虑症又称焦虑性神经症，是指由于精神持续的高度紧张而产生的惊恐发作状态，表现出明显的植物性神经功能紊乱，并出现程度不一的头晕、心悸、呼吸困难、口干、尿频、尿急、出汗等躯体不适。这种现象在重大考试（如高考）中容易看到。

（3）抑郁症。抑郁症是指一种以持久的抑郁心境为主，并伴有焦虑、空虚感、疲惫、躯体不适应和睡眠障碍的神经症。

（4）恐怖症。恐怖症也称恐怖性神经症，是指对某些特殊环境或事物所产生的强烈恐惧或紧张不安的内心体验，并出现回避反应的一种神经症。其主要特点是对某一特定事物、活动或处境产生持续的和不必要的恐惧，并不得不采取回避的态度，不能自控，如异性恐怖症、人群恐怖症、动物恐怖症、学校恐怖症等。

（5）强迫症。强迫症又称强迫性神经症，是指以强迫症状为中心的一种神经症，强迫症状就是主观上感觉到有某种不可抗拒、不能自行克制的观念、情绪、意向及行为的存在。虽然患者认识到这些毫无意义，但又难以控制和克服，从而导致严重的内心冲突并伴有强烈的焦虑和恐惧，如反复洗手、总担心房门未锁好、总有些念头挥之不去等。

（6）疑病症。疑病症是指对自己身体出现的现象过分地关心和敏感，不懂医学，但老把身体的一些现象和医学书对照，怀疑自己是这样病那样病，别人得了什么病，也怀疑自己得了这个病，反复就医，医生的检查和解释都不能打消他的疑虑。

（二）人格障碍

人格障碍是指从童年或少年时期开始，并持续终生的显著偏离常态的人格。18岁以前诊断为儿童行为障碍，18岁以后诊断为成年人格障碍。它是一种介于精神疾病与正常人之间的行为特征。常常表现为怪僻、反常、固执、情绪不稳定、不通人情、不易与人相处、常损人利己，甚至损人不利己、以自己的恶作剧取乐，常给周围人带来痛苦或憎恶等，但它又不能归属于精神病范畴。人格障碍常常分为偏执型人格障碍、情感型人格障碍、分裂型人格障碍、暴发型人格障碍、强迫型人格障碍、癔症型人格障碍、反社会型人格障碍等。较多见的有偏执型人格障碍、强迫型人格障碍、情感型人格障碍等。

1. 偏执型人格障碍

偏执型人格障碍是指以多疑敏感为主要表现的人格障碍。其特点如下：

（1）多疑敏感，不信任别人，易把别人的好意当作恶意、敌意。

（2）妒忌心强，对别人的成就、荣誉等感到紧张不安、挑衅、指责和抱怨。

（3）易感到委屈、挫折、怀才不遇，常常产生攻击、报复之心。

（4）骄傲自大，自命不凡，自尊心强，要求别人重视自己，追求权势。

（5）主观固执、好诡辩、经常抗议、反对他人的意见，不易被说服，即使面对事实证据也是如此。

（6）对别人缺乏同情心和热情，从不开玩笑，警惕性很高，常怕被人欺骗、暗算，处处提防他人等。

2. 强迫型人格障碍

强迫型人格障碍是指因刻意追求完美而过分自我关注、带有不完善感的人格障碍。其表现为以下几点：

（1）做事犹豫不决、优柔寡断、忧虑重重、谨小慎微，拘泥于烦琐细节之中。

（2）做事要求十全十美，追求完美无缺，反复检查、修改，直到自己完全满意，否则会感到焦虑、紧张。

（3）过于严格认真，具有强烈的自制心理和自控行为，对自己过于克制与关注，责任感过强，怕犯错误，思想得不到放松，按自己的想法要求别人，妨碍他人自由。

（4）循规蹈矩、按部就班、墨守成规、不思变通，遇到新情况不能灵活处理，显得束手无策、呆板，缺乏兴趣爱好和幽默感，没有创新精神。

（5）心里总是笼罩着一种不安全感，常处于莫名其妙的紧张和焦虑状态，平时焦虑、悔恨的情绪多，愉快、满意的情绪少。

总之，这类患者的个性常常表现为刻板、固执、拘谨、单调、惰性、犹豫、克制，易发展为强迫型神经症。

3. 情感型人格障碍

情感型人格障碍是指以情绪始终高涨，或始终低落，或时而高涨时而低落为主要表现的人格障碍。其可分为以下三种：

（1）情绪高涨性人格障碍。其主要表现：情绪高涨、精力充沛、精神振奋、喜好交往、善于谈笑，给人乐观、诙谐的感觉，对自己的能力评价过高，对周围环境的困难估计太低，做事常有大量的计划和设想，但缺乏深思熟虑、不够实际、有始无终，有时有明显的躁狂表现，因而又称为躁狂型人格障碍。

（2）抑郁性人格障碍。其主要表现：情绪低落、精力不济、精神不振、多愁善感、闷闷不乐、沉默寡言，对自己评价过低，对周围环境困难估计过高，对自己丧失信心，总是内疚自责，对一切不感兴趣，对生活充满悲观色彩，总是抱怨命运不好等。

（3）双向（或称环性）情绪人格障碍。其主要表现：情绪变化不稳定，时而高涨时而低落，在一定时期内交替出现，具有明显的阶段性和两极性。情绪高涨时，表现为情绪高涨性人格障碍的异常人格特征；而情绪低落时，表现为抑郁性人格障碍的异常人格特征。

（三）重性精神病

重性精神病是指人脑机能获得失调，丧失自知力，不能应付正常生活，不能与现实保持恰当接触的严重的心理障碍。精神病的种类很多，大学生常见的主要有精神分裂症、情感性精神病、偏执性精神病等。

（1）精神分裂症。精神分裂症是一种常见的病因未明的精神病，多起病于青壮年，常有认知、情感、意志行为等多方面的障碍和精神活动的不协调，脱离现实，病程迁延。精神分裂症是一种极其严重的精神疾病，在世界的每个角落，平均大约100个人中就有1人患有这种疾病。它对患者的健康、工作、家庭、学习所带来的困难，是普通人所不能想象的。

（2）情感性精神病。人是有情绪的动物，有时愉悦、快乐、兴奋；有时忧虑、沮丧、悲哀，所以，情绪变化本是正常的反应。虽然，高兴和悲哀是人类常见的感情，但大致上悲喜有一定的程度、时间和影响范围。固然或喜或悲，因人因事而异，若过渡和没来由的情绪激动，或因高低起伏太大而影响到社交及职业功能，甚至造成现实感的障碍，就属于情感性精神病。简而言之，情感性精神病就是内在情感的变化产生了问题，而影响到个人的认知、生理功能、思想和行为的障碍，所造成的一种精神疾病，也称为躁狂抑郁症。

（3）偏执性精神病。偏执性精神病又称为妄想型精神病，本型最为多见，起病缓慢，症状以妄想为主，以被害妄想多见，次为夸大、自罪、影响、钟情和妒忌等。妄想可单独存在，也可伴有以幻听为主的幻觉。感情障碍表面上会不明显，智力通常不受影响。

三、增进大学生心理健康的主要途径

当今时代比以往任何时代都更需要有健康、优良的心理素质。尽管说心理健康并不能代表一切，但如果失去心理健康便会失去一切。就大学生个人而言，要从以下几个方面努力。

（一）树立正确的世界观、人生观、价值观

正确的世界观、人生观、价值观不仅能够使大学生正确认识社会发展规律，认识国家的前途命运，认识自己的社会责任，从而为大学生的人生提供导向；也能够直接为大学生提供思想和行为的价值标准、程式、规范，使学生在困难的时候看到成绩、看到光明，化逆境为顺境，变困难为动力。因此，正确的世界观、人生观、价值观有助于大学生坚定自信心，在积极进取中磨炼自己的意志，提高承受挫折和适应环境的能力，保持心理健康。

（二）掌握应对心理问题的科学方法

（1）要掌握科学的思维方法。有了科学的思维方法就能在众多困难和挫折面前，分清轻重缓急、主次先后，通过矛盾分析的方法抓住主要矛盾及矛盾的主要方面各个击破，否则就会焦虑彷徨、手足无措，甚至对自己失去信心，对前途感到迷茫。

（2）要学习心理健康知识，提高心理健康意识，自觉维护自身的身心健康。实践证明，系统学习过心理健康知识的大学生，一般都能够有效地进行自我心理调节与保健。

（3）可以通过听心理健康课或讲座，阅读心理卫生方面的书籍，以及寻求心理咨询人员的帮助等途径，来获得心理健康方面的知识。

（三）合理地调控情绪

情绪对人的生活、学习和工作有重要的影响，欢快、兴奋、愉悦等情绪能提高人们学习工作的效率和生活的质量，而不满、抱怨、悲伤等会降低学习工作的效率，长期处于焦虑、抑郁等不良情绪之中还会消磨自己的意志，甚至降低人的免疫力，易导致心因性疾病的发生。因此，大学生在产生心理困惑时，首先要弄清楚自己的情绪状态，对于不良的情绪和烦恼的心情应及时地采取各种有效的方法进行宣泄或转移，积极进行自我心理调整，保持自身身心健康。

（四）积极参加集体活动，增进人际交往

集体活动可以锻炼大学生的组织能力、表达能力、创造能力和交际能力。健康的人际交往有利于交往双方的学习进步、个性完善、情绪稳定。参加集体活动一方面可以锻炼大学生的组织能力、表达能力、创造能力和交际能力；另一方面，大学生通过集体活动可以增进彼此之间的相互了解和理解，获得真正的友情。健康的人际交往有利于交往双方的学习进步、个性完善；也可以使学生获得一个社会支持系统，当遇到个人一时解决不了的心理问题时，可以求助于他人，以帮助自己解决各种问题。"如果你把快乐告诉一个朋友，你将得到两个快乐；而如果你把忧愁向一个朋友倾吐，你将被分掉一半忧愁。"

◆ 思政话题

思想政治教育与心理健康教育的关系：思政教育与心理健康教育有诸多不同，又有着极为紧密的关系。在教学内容上，两者是可以互相渗透的。高校思想政治教育的实施，其首要目标是使大学生树立正确的思政理念，并对其行为进行规范。心理健康教育的目的是提高大学生的心理素质，而心理素质又是大学生接受思想政治教育的基础。在教学目标上，两者均以培养学生的素质、促进学生的全面发展作为教育教学的目标，期望能有效地解决学生的情感、思想等方面的问题。

学着长大

张艾嘉唱："走吧，走吧，人总要学着自己长大；走吧，走吧，为自己的心找一个家。"当我们了解了大学之后，接下来要做的事就是给自己的心找一个"家"——尽快适应新的环境。因为每个人要经历的人生道路是没有办法省略的，必须学着从依赖到独立、从不适应到适应。

暂时的迷茫和不适应是生活本来的组成部分，因此没有必要害怕和慌张。大学四年甚至是以后更长的时间里，我们都要学习去为这些迷茫寻找出口，把还不够适应的部分调整到适应的状态。

联合国教科文组织发表宣言提到教育的目标：Learn to do（学会做事）、Learn to be（学会做人）、Learn to be with others（学会与人相处）、Learn how to learn（学会学习）。这不仅是教育的目标，甚至我们不断努力成长的各个部分都可以归纳到这四个部分当中。因此，在这里所提到的"四个学会"，可以是大学新生在入学初期努力的航向灯，也可以是大学四年学习努力的部分，甚至可以成为一生成长的方向。

Learn to do——学会做事

学生铛铛说，进入大学后，生活上的"艰难险阻"让他特有感触：做事也是一门艺术、一种能力，我们只有拥有良好的处理能力，才能把生活经营好，才能享受到这份快乐。

学会做事之一是自我心理"断奶"。铛铛说，刚入大学的一个月里，自己经常打电话回家，一是向父母诉苦，嫌食堂饭菜不好吃，早上起来要收拾寝室，还要自己洗衣服；二是向父母求救，说家里每月给自己的800元零花钱，原本以为可以用很久，可一个月才过去一半，钱就花完了，只得请求帮助解决"经济危机"。所以他认为进入大学后要学习自我心理"断奶"，有两点很重要。

一是要摆脱依赖心理，尝试自我处理生活事件。刚进入大学时学生中有个普遍的现象——打电话特别费钱，因为要时不时打电话回家，让家长帮助自己解决"怎么办"的问题；当渐渐学会自己独立解决问题、自己安排生活时，一开始可能会有一个一团糟的过程，但慢慢地发现自己也能熟练地驾驭自己的生活，于是，那种自豪感就油然而生。二是要为自己制订一个预算。有的同学一个月500元钱的生活费就能过得很好，而有的同学800元钱一个月，月末的时候只能吃方便面，这里的关键在于是否懂得理财；我们不妨给自己制订一个生活预算，合理安排自己的财物，否则既不会开源，也不懂得节流，很容易导致"经济危机"。

学会做事之二是培养自己的主动创造能力。铛铛在协会的一次会议上听到"主动创造能力"这段话时，就颇有感触，他也把这段话的精神运用在自己实际的做事过程中。因为受益匪浅，铛铛特别想跟大家分享：新成员在协会工作了一段时间后，协会的指导教师召集大家开会并询问大家在协会工作有什么感触。很多同学回答，要去做的事情实在是太琐碎了，基本上就是借教室、做宣传海报、联络人……给人感觉很没劲。教师又问大家：在做这些事情的过程中，有多少同学发挥了自己的主动性？如果有发挥，自己给这种主动创造性打几分？举个常见的实例来说：借报告厅是一件很简单的事情，但教师经常会接到同学们打来的电话，说报告厅借不到。在这种情况下，有多少同学主动想过，我除依靠教师帮忙外，自己还能想哪些办法解决这个问题？想到的这些办法，又能去尝试哪几种？看似简单的事情，是否主动去做，结果会完全不同。

如果有主动精神、有创造能力，哪怕是借教室这样的事情，我们也能做到最棒。当然，在遇到组织一次活动、策划一个方案等更大型的事件时，主动创造能力带来的亮点会显得更加重要。还有一点也是我们在做事情的过程中需要明白的，即在日常的学习、生活、工作中，绝大部分都是比较琐碎的小事，只有在学会处理这些小事的基础上才有可能培养起运筹帷幄的能力。古人说的"一屋不扫，何以扫天下"，就是这个意思。在大学阶段通过一些小事练习做事的能力，是为进入社会承担社会责任做准备的开始。

Learn to be——学会做人

学会做人之一是成为一个真诚的人。著名教育家陶行知说过："千学万学，学做真人。"做一个真诚的人，用通俗的话来说，就是能以真实的面貌生活。这种真实，首先是作为个体的真实，不伪装自己，能真实地面对自己，有能力为自己做选择；其次是能以真诚的态度对待他人，向他人表达自己的真情实感等。

学会做人之二是给他人多一份宽容。"家里"突然多了几个操着不同口音的兄弟（姐妹），要在同一个屋檐下相处四年。相逢是缘，大家都有各自的优点，可以共同分享；也各有缺点，需要彼此包容。大学里，寝室人际问题是比较常见的，我们要学会和谐相处，学会欣赏他人的优点，学会容忍他人的不足。当自己和同学遇到意见分歧之时，要学会站到对方的立场上想一想，感受他人的感受。另外，幽默也有助于缓和本来紧张的局面，几句俏皮话能使一个尴尬的场面在笑声中消逝。

Learn to be with others——学会与人相处

学会与人相处之一是我们想别人怎么对待我们，我们就要先做到那样的人。例如，我们想要别人真心对我们，我们就要先拿出我们的真心去对待别人。人和人的相处有时没有那么复杂，我们要先打开我们的心，才能通往别人的心里去。

学会与人相处之二是换位思考。在与人相处的过程中，难免会有各种小摩擦和小矛盾，这时候我们就要学会换位思考，多一点包容，多一点理解，以退为进，做一个心胸宽广的人。例如，闹了小矛盾，就要及时沟通，不要冷暴力解决，冷静下来之后再好好聊天，可以找一个咖啡馆慢慢沟通。

学会与人相处之三是与人相处的过程中，尽量去帮助别人，同时也不要忘记在别人帮助我们的时候，说一句"谢谢"。帮助别人的过程，自己也会收获多一份快乐，更有利于我们与人相处。别人帮助了我们也要懂得感恩。

学会与人相处之四是适当的幽默和赞美别人有利于我们与人相处。不要吝啬你对别人发自内心、真诚的赞美。例如，有人很关心父母，可以称赞很孝顺。

学会与人相处之五是每天多反省一下自己。与别人交往过程中，是否大度，是否做到真诚待人，是否用心去帮助别人解决问题。这样更有利于及时发现我们在与人相处过程中存在的问题，及时去解决它。

Learn how to learn——学会学习

学习是快乐的，亚里士多德在《形而上学》中开宗明义地提出：人类天性渴望求知。可是因为和学习相连的考试有太多的承载，使学习充满竞争、攀比等而变得辛苦。

学会学习之一是要接受不完美的自我。一些同学进入大学后，才发现自己原来不是那么优秀，班里的许多同学在中学时都是学习上的佼佼者。在"高手如云"的班集体中，自己原来的优势不复存在了。如果重新排定座次，自己已经不能保持原来在高中时的中心地位和重要角色。所以要适当降低对自己的期望值，接受"不完美"的自己，放松捆绑自己精神的绳索。

学会学习之二是掌握学习方法比掌握知识本身更重要。

小坷是一位学习非常用功的女生，除学校安排的活动外，所有的时间几乎都用来学习，每天早上 6 点起床，晚上 10 点回寝室，可学习成绩总是在中下游徘徊。小坷为此非常苦恼，觉得自己的付出总得不到回报。

大学的学习，除勤奋外，更重要的是掌握学习的方法。随着信息时代的到来，知识更新换代的速度大大提高，很可能现在学的内容，还没等到大学毕业就已经被新的知识所取代。如果不掌握学习方法，培养自己的学习能力，就很难适应新的知识结构的变化与应用；同时还需要从以教室为主导的教学模式转变到以学生为主导的自学模式。要学会这样的转变，经课堂教授知识后，我们不但要消化理解课堂上学习的内容，而且要大量阅读相关方面的书籍和文献资料；不仅要在课堂上、图书馆学习，更要深入实验室、实践基地，将理论和实践结合起来。

除专业学习外，我们还应当涉猎课外知识，使自己丰富起来，并把图书馆作为自己学习的主战场。大学的图书馆收藏着大量的中外书籍和电子读物，可以为我们提供适合自己特点的学习内容资源。我们既可以从中学习专业学科知识，延伸课堂学习内容，也可以根据自己的兴趣爱好，选择阅读课外书籍，还可以根据个人发展目标和参与的社会活动学习多方面的知识。如果我们在四年内很少去图书馆，就等于自己浪费了一大笔财富。

我们都很清楚自己在哪些方面需要改善与进步，但怎样去获得改善与进步的机会，上面的这个小故事给了我们很多启发。虽然在很多人看来这些活动很微小，也很平凡，但正是在这样一点一滴的积累中，我们才会一点一点地进步。而这种进步，在四年甚至更长的时间里，会发生质的改变。

大学生活是一个新的开始，也是人生的重要阶段。从这一站的起航，要扬帆去往何处，主动权已完全掌握在自己手中。

猜猜我是谁

目的：从他人的反馈中认识自己，并体会被人理解的感受。

时间：20分钟。

准备：白纸、笔。

操作：每人发一张白纸，请写下3～5句描述自己的句子，如"我是……"，不能写自己的名字。写完后将纸折叠好，放在团体中央。每人随机抽取一张，打开纸上的内容，让大家猜一猜这一张是谁写的，猜中的人要说出理由。

学习模块二
遇见未知的自己——自我意识

知识目标：

1. 认识自我发展的重要性。

2. 了解并掌握自我意识发展的特点。

3. 了解在自我意识发展过程中出现的偏差及原因。

能力目标：

1. 能够认识自己、悦纳自己。

2. 能够客观评价自己。

3. 能够对自我意识发展过程中出现的偏差进行调适。

素养目标：

1. 从不同角度认识自己，建立积极的自我概念。

2. 正确看待自己的优势与不足。

3. 建立自尊自信的自我意识。

☀ 成长语录

最让自己惊奇的发现就是知道自己能做原来认为不能做的事，我们最大的敌人就是我们自己。

——亨利·福特

👤 案例引入

小凡自述：我内心的想法、情绪总是压抑在心里，但过去很久了，别人也许都忘了，我还不能释怀；别人看我很平静，其实我的内心很痛苦；好多事情因害怕别人有什么看法而不敢做，迟迟不能下决定；终于决定做时，拼命想把它做完美，也许因紧张等原因不能尽如人意，对于别人的建议或批评心里往往比较抵触，觉得是看不起自己和对自己的否定，又让人觉得奇怪或不可理喻。

案例分析

以上案例是小凡的自我认同出现矛盾，不能很好地接纳自己而造成的。大学生中的低自我接纳常表现为：内心的愿望从不敢说出口；总是因害怕做不好而不敢做事；对自己某方面不满意；做任何事情只有得到别人的肯定才放心；总是担心会受到别人的批评和指责；做任何事情之前总是预想到自己会失败；总担心别人看不起自己。

学习单元一　何为自己

如果有人问你："你是什么样的人？"你可能会在不同时刻给出若干不同答案，你可能会说"我是一名大学生。""我是一个爱唱歌跳舞的女孩。""我是一个性情中人。"甚至你可能会说"我是一个连自己也不了解的人。"……就在你回答这个问题的时候，你已经启动了人类最特殊的心理意识：自我意识。

塞万提斯说："把认识自己作为自己的任务，这是世界上最困难的课程。""我是谁？""我从哪里来？""我要成为什么样的人？"这些问题是每个人都应该关注的。很多大学生在评价自己的时候，会表现为过高或过低的评价。高估自我的原因在于自信心过强，对自己的现状或未来都给予充分的肯定；低估自我的原因则可能是自我期望偏高，理想与现实距离较大，过分的自尊心和好胜心难以满足，从而导致的自我否定。大学阶段正是大学生处于自我意识迅速发展并趋向成熟的关键期。在自我意识的发展过程中，大学生发现现实自我和理想自我之间往往有较大的差距，于是出现内心冲突，甚至不安和痛苦。这种自我矛盾是自我意识发展过程中不可避免的，是一种正常现象。但正是这种矛盾和冲突激发个体奋发进取的积极性，促使个体去正确地认识自我，实事求是地修正理想自我，改善现实自我，有效地控制自我，求得自我的统一。

一、自我意识的含义

自我意识也称自我认知，是一种多维度、多层次的复杂心理现象，是指一个人对自己本身的一种意识，如对自己的外貌、智力、能力、性格、气质、需要、兴趣、角色、地位等方面的体验和认识。一般认为，自我意识包括三种成分：一是自我认识，即个体对自己的心理特点、人格特征、能力及自身社会价值的自我了解与评价；二是自我体验，即个体对自己的情感体验，如自尊、自爱、自豪、自卑及自暴自弃等；三是自我监控，属于对自我的意志控制，如自我检查、自我监督、自我调节、自我追求等。美国心理学家威廉·詹姆斯认为，自我由主观、客观两个方面构成，表示主观的"我"（I），即对"自己认识的自我"；表示客观的"我"（Me），乃是一个能称之为人的一切的总和，包括能力、社会性和人格特征及物质所有物等。詹姆斯指出客观的我由三个要素所构成，即物质自我、社会自我和精神自我。这三个要素都包含自我评价、自我体验及自我追求等方面。

（1）物质自我是指真实的物体、人或地点。物质自我还可以区分为躯体自我和躯体外（超越躯体的）自我。其包括身体的组成部分，如对自己身体、外貌、衣着、风度、家庭、所有物等的认识和评价。

（2）社会自我是指人们被他人如何看待和承认。"有多少人认可个体并将对个体的印象印入他们的心中，个体就拥有多少社会自我……但是当人们对这些人进行分类时，可以很实际地说个体有着如此多不同的自我，因为有许多属于不同群体的人。"也就是说，社会自我包括人们所拥有的各种社会地位和所扮演的各种社会角色。但从本质上看，它不仅只有这些特性。如何看待别人对自己的看法更为重要，即如何看待别人对自己的评价，包括对自己在群体中的地位、声望、拥有的财产等知识与评价。

（3）精神自我是指内部自我或心理自我。它由除真实物体、人或地方，或社会角色外的被我们称为我的（My 或 Mine）的任何东西构成。人们所感知到的能力、态度、情绪、兴趣、动机、意见、特质及愿望都是精神自我的组成部分。简而言之，精神自我指的是人们所感知到的内部的心理品质，它代表了人们对于自己的主观体验——对自己有什么样的感受。

成长加油站

点红测试

一般认为人从两岁开始就有了自我意识，标志是通过"点红测试"。所谓点红测试就是悄悄在婴儿的额头上（或鼻子上）抹上一点胭脂，然后把婴儿放到镜子面前，如果婴儿知道镜子中的自己，就会去摸额头（或擦鼻子）。聪明的婴儿在15～17个月时就通过点红测试，大部分的婴儿在18～24个月时都会通过点红测试。

二、自我的主要组成因素

（一）人格

美国心理学家华生说：人格乃是我们所有的各种习惯系统的最后产物；环境改变的程度越高，则人格改变的程度也越高。"人格决定一个人的命运"这句话虽然并不完全正确，但存在一定合理性。如2003年云南大学的"马加爵事件"，由于马加爵过于自卑，在自尊受到伤害时，不能及时调整自己的行为，也不通过努力来改变些什么，而是放纵自己的非理智行为，导致严重后果产生，这与他的人格有密切关系。

人格是一个人内在心理通过行为外化表现出来，它是个体在行为上的内部倾向，它表现为个体适应环境时在能力、情绪、需要、动机、兴趣、态度、价值观、气质、性格和体质等方面的整合，是具有动力一致性和连续性的自我。人格有健康和不健康之分，决定命运的人格与个体的先天、后天因素都有关。

正处于人格发展和完善时期的大学生由于受多种因素的影响，他们的人格形成和发展并非一帆风顺，可以说正在受到各种不健康因素的威胁。概括起来，其主要原因是遗传和环境两个方面。遗传决定了人格形成和发展的基础，环境因素决定了人格的后天发展。具体来说，第一，个体的自身因素主要是指个人特质，它属于一种潜在的、本质的、主观的因素。有些大学生本身情绪发展就不稳定，再加上心理素质的培养和熏陶没有跟上，导致心理承受力差，挫折感时间长、强度大，当事人就会变得自卑、失望、心灰意冷、绝望轻生。第二，家庭环境因素，家庭对个体人格的影响是持续终生的，父母的教养方式、家庭气氛、家庭成员之间的关系等都会影响人格的形成。第三，学校环境因素，教师的人格特质、行为模式与思维方式会对学生产生巨大的影响。洛奇（Lodge）在一项教育研究中发现，在性情冷酷、刻板、专横的教师所管辖的班集体中，学生的欺骗行为增多；在友好、民主的教师气氛区中，学生欺骗减少。另外，不同管教风格的教师对学生人格形成也有影响。第四，社会文化因素，一方面，校园文化作为社会文化的重要组成部分，它用先进的思想、理论和先进的科学文化知识，通过各种校园文化活动形式与载体，教育、引导、帮助大学生实现人格现代化，成为有理想、有道德、有文化、有纪律的四有新人；另一方面，大学生群体中的亚文化对人格形成产生不良影响，如"逍遥自在的小资生活""享受生活"等。第五，生活事件因素，生活中的重大事件，如亲人去世、父母婚变、家庭不和睦、好友关系破裂、学业失败等各种应急事件，如果大学生不能及时适当处理，就会导致人格缺陷的形成。第六，大众传播媒体因素，包括报纸、杂志、广播、电视、网络等，它们无处不在、无所不能，很大程度上影响着大学生的世界观、人生观的形成。大量实证研究证明，媒体暴力会增强收看儿童的攻击或反社会倾向，而且网络空间的自由与空虚容易使人放任自己而不关心现实世界。

成长加油站

在批评中长大的孩子学会了责难；

在敌意中长大的孩子学会了争斗；

在虐待中长大的孩子学会了伤害；

在支配中长大的孩子学会了依赖；

在干涉中长大的孩子则被动与胆怯；

在娇宠中长大的孩子学会了任性；

在否定中长大的孩子学会了拒绝；

在鼓励中长大的孩子学会了自信；

在公平中长大的孩子学会了正义；

在宽容中长大的孩子学会了耐心；

在赞赏中长大的孩子学会了欣赏；

在爱中长大的孩子学会了爱人。

（二）气质

先请同学们做个小测试：某剧院（剧场）门口，演出开始十分钟后，有四位迟到的观众想进去看演出，但剧院规定演出开始十分钟后不允许入场，检票员拒绝他们进去，这时，四位迟到者有不同的反应，第一位是大吵大嚷，怒发冲冠；第二位是软硬兼施，找机会溜进去；第三位是不吵不嚷，虽然遗憾但还是理解剧院的做法，并自我安慰"好戏都在后头"；第四位垂头丧气，委屈万分，认为自己总是很倒霉。如果是你，你会是哪种反应？这里反映的是四种气质类型，分别是胆汁质、多血质、黏液质、抑郁质。

气质是与生俱来的，具有典型的、稳定的心理活动的动力特征。早在古希腊医学家恩培多克勒（Empedocles）的"四根"说中就已经有了气质学说的萌芽。古希腊医生希波克拉底（Hippocrates）把"四根"说进一步发展为"四液"说。他认为，人体内有四种体液，即血液、黏液、黄胆汁和黑胆汁，不同的人体占优势的体液不同。后人在这些理论基础上，逐步形成了气质类型学说，把气质类型分为多血质——血液占优势，血液具有热而湿的性质，因而这种人像春天一般热情；胆汁质——黄胆汁占优势，黄胆汁具有热而干的性质，因而这种人像夏天一般暴躁；抑郁质——黑胆汁占优势，黑胆汁具有寒而干的性质，因而这种人像秋天一般忧伤；黏液质——黏液占优势，黏液具有寒而湿的性质，因而这种人像冬天一般冷漠。具体来说，各种气质类型的特点如下：

（1）胆汁质的特点。胆汁质又称不可遏止型或战斗型，具有强烈的兴奋过程和比较弱的抑郁过程，情绪易激动，反应迅速，行动敏捷，暴躁而有力；在语言上、表情上、姿态上都有一种强烈而迅速的情感表现；在克服困难上有不可遏止和坚韧不拔的劲头，而不善于考虑是否能做到；性急、易爆发而不能自制。这种人的工作特点带有明显的周期性，埋头于事业，也准备去克服通向目标的重重困难和障碍；但是当精力耗尽时，易失去信心。适合职业：管理工作、外交工作、驾驶员、服装纺织业、餐饮服务业、医生、律师、运动员、冒险家、新闻记者、演员、军人、公安干警等。

（2）多血质的特点。多血质又称活泼型，敏捷好动，善于交际，在新的环境里不感到拘束；在工作学习上富有精力而效率高，表现出机敏的工作能力，善于适应环境变化；在集体中精神愉快，朝气蓬勃，愿意从事合乎实际的事业，能对事业心驰神往，能迅速地把握新事物，在有充分自制能力和纪律性的情况下，会表现出巨大的积极性；兴趣广泛，但情感易变，如果事业上不顺利，热情可能消失，其速度与投身事业一样迅速；从事多样化的工作往往成绩卓越。适合职业：导游、推销员、节目主持人、演讲者、外事接待人员、演员、市场调查员、监督员等。

（3）黏液质的特点。黏液质又称安静型，在生活中是一个坚持而稳健的辛勤工作者。由于这些人具有与兴奋过程相均衡的强抑制，所以行动缓慢而沉着，严格恪守既定的生活秩序和工作制度，不为无所谓的动因而分心。黏液质的人态度持重，交际适度，不作空泛的清谈，情感上不易激动，不易发脾气，也不易流露情感，能自治，也不常常显露自己的才能。这种人长时间坚持不懈，有条不紊地从事自己的工作。其不足是有些事情不够灵活，不善于转移自己的注意力；惰性使他因循守旧，表现出固定性有余，而灵活性不足。其具有从容不迫和严肃认真的品德，以及性格的一贯性和确定性。适合职业：外科医生、法官、管理人员、出纳员、播音员、话务员、调解员、教师、人力资源管理师等。

（4）抑郁质的特点。抑郁质的人有较强的感受能力，易动感情，情绪体验的方式较少，但是体验持久而有力，能观察到别人不容易察觉到的细节，对外部环境变化敏感，内心体验深刻，外表行为非常迟缓、忸怩、怯弱、怀疑、孤僻、优柔寡断，容易恐惧。适合职业：校对员、打字员、排版员、检察员、保管员、机要秘书、艺术工作者、哲学家、科学家等。

气质类型与人的生理素质关系尤为密切，不易改变。每个人的气质都有其所长，也有其所短，要了解其特点，扬长避短。多血质的人活泼、敏捷、情绪丰富、工作能力强，容易适应环境，但行为轻率、情感不深、注意力不稳定、兴趣容易转移；胆汁质的人主动、热情、精力旺盛，但暴躁、任性、缺乏耐性；黏液质的人沉着、冷静、坚韧，但容易精神不振，缺乏生气、迟钝、冷淡；抑郁质的人，耐受性差，易感到疲劳，但感情深刻细腻，做事审慎小心，观察力敏锐，善于觉察到别人不易发现的问题。

当然，多数人的气质是一般型气质（某一气质倾向稍高于其他倾向）或混合型气质（两种气质倾向相近，并明显高于其他倾向），典型气质（某一气质倾向明显高于其他倾向）和三四种气质混合型的人较少。

不同的气质都有容易培养的良好品质，如多血质的活泼、易感；胆汁质的迅速；黏液质的安静和耐性；抑郁质的情绪稳定和深刻。同时，要注意防止和克服每种气质易产生的不良倾向，如多血质的精力分散、胆汁质的急躁、黏液质的冷淡、抑郁质的沉沦与个人体验的倾向和过度的沉默。

需要指出的是，气质不决定一个人活动的社会价值和成就的高低，因为在同一领域做出杰出成就的人有各种气质类型的代表，苏联心理学家经过分析认为，普西金属胆汁质，赫尔岑属多血质，克雷洛夫属黏液质，果戈理属抑郁质，他们都成了大文豪。气质不同的人都可以成为高尚的人，都可以成为某一领域人才的杰出代表。

（三）性格

性格是人格结构中表现最明显，也是最重要的心理特征。性格是个体对现实比较稳定的态度及与此相适应的习惯化了的行为方式。它是人的高级神经活动类型与生活环境的"合金"。 性格是指表现在人对现实的态度和相应的行为方式中比较稳定的、具有核心意义的个性心理特征，是一种与社会相关最密切的人格特征，在性格中含有许多社会道德含义。性格表现了人们对现实和周围世界的态度，并表现在其行为举止中。性格主要体现在对自己、对别人、对事物的态度和所采取的言行上。

心理学所划分的性格类型主要如下：

（1）根据知、情、意三者在性格中何者占优势，把人们的性格划分为理智型、情绪型和意志型。理智型的人通常以理智来评价、支配和控制自己的行动；情绪型的人往往不善于思考，其言行举止易受情绪左右；意志型的人一般表现为行动目标明确、主动积极。

（2）根据人的心理活动倾向于外部还是内部，可把人们的性格分为外向型和内向型，见表2-1。

表 2-1

外向型的人	内向型的人
与他人在一起时感到振奋	独自一人时感到振奋
希望成为关注的焦点	避免成为关注的焦点
先行动，再思考	先思考，再行动
喜欢边想边说	在脑中思考
易于被了解，愿与人共享个人信息	注重隐私，只与少数人共享个人信息
说的比听的多	听的比说的多
热情地交流	不把热情表现出来
反应迅速，喜欢快节奏	思考之后再反应，喜欢慢节奏
较之精深更喜欢广博	较之广博更喜欢精深

（3）根据个体独立性程度，把人们的性格划分为独立型和顺从型。独立型的人善于独立思考，不易受外来因素的干扰，能够独立地发现问题和解决问题；顺从型的人易受外来因素的干扰，常不加分析地接受他人意见，应变能力较差。

（4）根据人的社会生活方式及由此而形成的价值观，把人们的性格划分为理论型、经济型、审美型、社会型、权力型和宗教型。

（5）根据人际关系，把人们的性格划分为A、B、C、D、E五种。A型性格情绪稳定，社会适应性及向性均衡，但智力表现一般，主观能动性一般，交际能力较弱；B型性格具有外向性的特点，情绪不稳定，社会适应性较差，遇事急躁，人际关系不融洽；C型性格具有内向性特点，情绪稳定，社会适应性良好，但在一般情况下表现被动；D型性格具有外向性特点，社会适应性良好或一般，人际关系较好，有组织能力；E型性格具有内向性特点，情绪不稳定，社会适应性较差或一般，不善于交际，但往往善于独立思考，有钻研性。

（6）根据色彩与心理学说，根据喜欢的颜色而分析性格类型。如喜欢红色的人是属于精力旺盛的行动派；喜欢绿色的人基本上是一个追求和平的人；喜欢棕色的人个性拘谨，自我价值观很强烈；喜欢蓝色的人很有理性；喜欢紫色的人通常很多都是艺术家，容易多愁善感；喜欢黄色的人富有高度的创造力及好奇心；喜欢黑色和白色的人通常是非分明、爱憎分明，没有中间灰色地带。

另外，也有按人们的体型、血型和星座对性格进行分类的。

拓展阅读

伤痕实验

美国科研人员进行过一项有趣的心理学实验，名为"伤痕实验"。他们向参与其中的志愿者宣称，该实验旨在观察人们对身体有缺陷的陌生人做何反应，尤其是面部有伤痕的人。

每位志愿者都被安排在没有镜子的小房间里，由好莱坞的专业化妆师在其左脸做出一道血肉模糊、触目惊心的伤痕。志愿者被允许用一面小镜子照照化妆的效果后，镜子就被拿走了。

关键的是最后一步，化妆师表示需要在伤痕表面再涂一层粉末，以防止伤痕被不小心擦掉。实际上，化妆师用纸巾偷偷抹掉了化妆的痕迹。对此毫不知情的志愿者被派往各医院的候诊室，他们的任务就是观察人们对其面部伤痕的反应。

规定的时间到了，返回的志愿者竟无一例外地叙述了相同的感受——人们对他们比以往粗鲁无理、不友好，而且总是盯着他们的脸看！

可实际上，他们的脸上与往常并无二致，没有什么不同；他们之所以得出那样的结论，看来是错误的自我认知影响了他们的判断。

这真是一个发人深省的实验。原来，一个人内心怎样看待自己，在外界就能感受到怎样的眼光。同时，这个实验也从一个侧面验证了一句西方格言：别人是以你看待自己的方式看待你。不是吗？

一个从容的人，感受到的多是平和的眼光；一个自卑的人，感受到的多是歧视的眼光；一个和善的人，感受到的多是友好的眼光；一个叛逆的人，感受到的多是挑剔的眼光……

可以说，有什么样的内心世界，就有什么样的外界眼光。

如此看来，一个人若是长期抱怨自己的处境冷漠、不公、缺少阳光，那就说明，真正出现问题的，正是他自己的内心世界，是他对自我的认知出了偏差。

这个时候，需要改变的正是自己的内心；而内心的世界一旦改善，身外的处境必然随之好转。

毕竟，在这个世界上，只有你自己，才能决定别人看你的眼光。

——百度文库

学习单元二 认识自己

◀) 案例小链接

"认识你自己"这几个字刻在德尔斐（Delphi）阿波罗神庙入口处的上方；这座神庙就是神谕（Oracle）之所在。德尔斐的神谕自从公元前 8 世纪兴盛之后，有无数人来这里表达他们的愿望，祈求他们的幸福，憧憬他们的梦想。直到公元 393 年，这里才被信仰基督教的罗马帝国皇帝狄奥多修一世封闭。传世的德尔斐神谕大约有 600 条，在当时都被视为神的声音。在大约 1 100 年的时间里，这里一直是西方世界最神秘的地方。而它给现代人留下的最重要的遗产，大概就是刻在阿波罗神庙墙上的那两句由传说中的"七贤"一起写下的箴言：γνωθισεαυτόν（认识你自己）、μηδεναγαν（凡事勿过度）。"认识你自己"这几个字隐含的意思：在你问任何其他的问题之前，先问生命中最基本的一个问题——我是谁？

大学生处于自我认识形成的关键期，自我认识的意识明显增强。但是，混乱的自我观念和片面的自我评价是自我认识中存在的偏差，严重影响到自我认识与和谐，例如，无法定位自己，不了解自己真正的需要和想法；不知道如何判断和实现自己的价值；生活没有方向，没有前进的目标，对生活感到茫然、空虚、厌烦和无所适从；过分高估自己；过分低估自己等。而正确定位、认识自己就是根据自己现在的现实情况，认清自己，了解自己，在此基础上制订适合自己的学习计划和奋斗目标，以便更好地发展自己。准确而客观的自我观念和自我评价是正确定位自我的关键因素。

一、正确认识自己

（一）四个"我"

每个人的自我可分为 4 个部分（图 2-1）：A 为自己认识到，别人也认识到的公开的我；B 为别人未认识到而自己认识到的隐私的我；C 为别人认识到而自己未认识到的背脊的我；D 为别人和自己均未认识到的潜在的我。其中，一个人 A 的部分越大，自我认识就越正确，自我评价越全面，心理就越健康，越有利于自身发展。因此，大学生应如实地展示自我，并主动地征求他人的

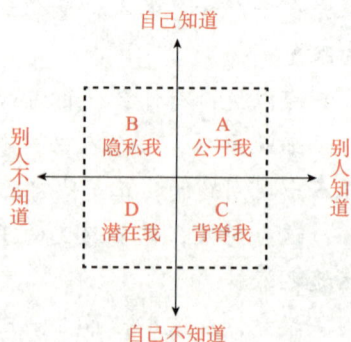

图 2-1

意见，留心观察和分析他人对自己的态度，力求缩小C部分，力争全面认识自我；同时按照自己的本来面目展示自己，决不有意掩饰自我，以缩小B的部分。企图以假象求得别人的好感，将造成沉重的心理负担，不利于自我成长。

（二）如何正确认识自己

德国著名作家约翰·保罗曾说："一个人的真正伟大之处，就在于他能够认识自我。"正确认识和评价自我是自我调控的重要因素，是塑造、完善自我意识的基础。大学生对自己的价值观、愿望、动机、个性等特征及自己的所作所为有一个正确的、全面的认识和评价，就能够取长补短，调控自我、发展自我和完善自我，就能够提高自己参与社会的积极性，协调自己与他人的交往，处理好个人与社会、个人与他人的关系。

要做到正确认识自我，可以有以下几种方法：

（1）在经常的自省中认识自我。"吾日三省吾身。"经常检查自己行为和动机的正确与否，行为过程中有什么不足，结果如何，有哪些收获和缺憾，从中发现长短得失，以便有的放矢地进行自我调整。

（2）在他人的评价中认识自我。"以铜为鉴，可以正衣冠；以人为鉴，可以明得失。"心理学家认为，当一个人的自我评价与别人对他的客观评价有较大程度的一致性时，表明他的自我意识较为成熟。了解他人对自己的看法，常有助于发现自己忽视的问题。个体可以通过他人对自己的态度、期望、评价来进一步认识自己。不少大学生比较在意他人对自己的评价，但值得注意的是对别人的评价应有一个正确的态度，不因过高的评价而飘飘然，也不为过低的评价而失去信心。

（3）在与人的比较中认识自我。有比较才有鉴别。当人们在缺乏客观评价标准的情况下，可以通过与他人的比较来评估自己。与周围普通人比较，能认识自己的实际水平及在群体中的地位；而与杰出人物比较，则能找出自己的差距和努力的方向。与他人比较，最重要的是要选定恰当的而不是盲目的参照系。还要学会用发展的眼光、辩证的方法去看待自己和他人，比较的视野越广阔，方法越科学，自我的位置就定得越恰当。恰当地与他人比较而正确地评估自己的人，就能做到既不妄自尊大，也不妄自菲薄，从而能合乎实际地确定自己的奋斗目标和行动计划。

（4）以活动的成果来认识自我。活动成果的价值有时直接标志着自身的价值，社会衡量一个人的价值主要是通过活动成果认定的。理想的活动成果可以使个体进一步认识自我的能力，发现自我的价值，从而进一步开发潜能、激发自信。

大学生的自我认识具有自觉性、主动性，采用多角度、多层次地进行自我观察和比较，重视自己的外表、言语和行为等外在因素，也关注自己的性格、智力、人际交往能力等内在因素。以下练习将帮助大家从各个角度全面了解自己。

🖥 自我探索小游戏

练习一：探索自我——我是谁？

1. 你认为最理想的快乐是怎样的？

2. 你最希望拥有哪种才华？

3. 你最害怕的是什么？

4. 你目前的心境怎样？

5. 现如今还在世的人中你最钦佩谁？

6. 你认为你最伟大的成就是什么？

7. 你自己的哪个特点让你最痛恨？

8. 如果你能选择，你希望让什么重现？

9. 你最痛恨别人的什么特点？

10. 你最珍惜的财产是什么？

11. 你最奢侈的是什么？

12. 你认为程度最浅的痛苦是什么？

13. 你认为哪种美德是被过高评估的？

14. 你最喜欢的职业是什么？

15. 你对自己的外表哪一点不满意？

16. 你本身最显著的特点是什么？

17. 现如今还在世的人中你最轻视的是谁？

18. 你最喜欢男性（女性）身上的什么品质？

19. 你使用过的最多的单词或词语是什么？

20. 你最伤痛的事情是什么？

21. 你最看重朋友的什么特点？

22. 你这一生中最爱的人或东西是什么？

23. 你希望以什么样的方式死去？

24. 何时是你生命中最快乐的时刻？

25. 你的座右铭是什么？

想一想，对以上问题都能很快回答出来吗，是最真实的吗？这些问题可以帮助你很好地了解自己。

练习二：请写出 10 个"我是……"的句子。

1. 我是 _____。

2. 我是 _____。

3. 我是 _____。

4. 我是 _____。

5. 我是 _____。

6. 我是 _____。

7. 我是 _____。

8. 我是 _____。

9. 我是 _____。

10. 我是 _____。

请几位同学分享。

请问，在我们的"我是……"句子中，有多少是关于"个体特征描述"的？有多少是关于"关系性描述"的？

成长加油站

　　从前，在遥远的海上，有一个美丽的小岛，岛上藏着一部伟大的书，谁得到了这部书，谁就能永生。通往小岛的道路充满了千难万险，无数的英雄为了探寻那部书付出了自己的生命。最终，有一个英雄成功地到达小岛，取得了那部书。他打开一看，每一页都只是一面镜子，照见的是他自己的容颜。

　　请问：你的感想是什么？

　　分析：一个人面对外面的世界时，需要的是窗子；一个人面对自我时，需要的是镜子。通过窗子才能看见世界的明亮，使用镜子才能看见自己的污点。其实，窗子或镜子并不重要，重要的是你内心。你的心广大，书房就大了；你的心明亮，世界就明亮了；你的心如窗，就看见了世界；你的心如镜，就观照了自我。

二、学会悦纳自己

　　心理健康的人首先要有自知之明，对自己能做出恰当评价的人，既能了解自我，又能接受自我，体验自我存在的价值。一个悦纳自己的人，并不意味着他的一切都是完美的，而是他在接受自己优点的同时，也了解自己的缺点，很坦然地承认了自己的不足之处。而后，不断克服缺点，注意自我形象塑造，把握自己做人的准则，不断完善自己，更加自信地面对生活，走向成功，这是一种修养，也是一种难能可贵的品质。认识自我是一种境界，是人们在现代社会应具有的素质。那么首先就应该明白什么是悦纳自我。总的来说，悦纳自我包括三个方面：第一，接受自己的全部，无论优点还是缺点，无论成功还是失败；第二，无条件地接受自己，接受自己的程度不以自己是否做错事情而有所改变；第三，喜欢自己，肯定自己的价值，有愉快感和满足感。只有能够真正地做到如此，人们才能真正地悦纳自我、认识自我。

　　一个人的心理健康与否，有一个重要的指标，就是他能不能接受自我，也称"悦纳自我"。每个人都有优点和不足，关键在于自己如何看待。既要看到自己的优势，树立信心，又要避免骄傲自大；还要了解自身的弱点，认识到没有人是完美的或万能的。只有客观、全面、愉快地接受自我，才能很好地从多角度了解自我，并在此基础上，明确完善自我的努力方向和途径。悦纳自己并不是认为自己的一切都是好的。悦纳自我是心理健康的表现，当快乐地接受了自己，整个心胸便会舒展和开阔，同时会更加容易接受他人。悦纳自己要从以下几点做起：

（1）学会自我沟通。只有在与自己内心沟通的时候，才能与他人沟通。对有的人来说，其内心就像幽静的泉水，只有在独处时才能发现其美。独处是学习喜欢自己的好方法，具体做法：每天抽出时间独处，可以在街道上一边散步一边冥想；可以到大自然中，把自己融入其中；也可以选择静室与自己的心灵对话。

（2）接受和承认自己的缺点和弱点。成熟的人会适度地忍耐自己，不会因自己的一些弱点而感到活得很痛苦，不喜欢自己表现在外的症状之一便是过度自我挑剔。不喜欢自己时，建议使用"ABCDE 整合法"：A——醒觉，遭遇困境，醒觉到自己的脆弱，承认自己的创伤，感受到自己的无助；B——迷惘，不必借助其他的刺激来掩盖自己的迷惘，要敢于承受迷惘，能够承受安静独处时内心的体验；C——忏悔，肯承担自己的过错；D——死亡，此时要把如面子、得失等认为重要的东西放下；E——复活，心灵受到洗涤，再一次光明磊落地面对世界，再也没有需要掩饰的地方。

（3）聆听自我。聆听自我的五个步骤：第一，在安静的房间内，盘腿坐在松软温暖的地方，灯光必须柔和；第二，闭上眼睛，脑中排除一切杂念，心如止水；第三，尽量放松全身肌肉，尝试先从脚部开始，然后由下而上，一直放松到头部；第四，用腹式呼吸，深呼吸多次；第五，每天练习一次或两次，练习时间必须在饭后两小时。

心理学家爱利克·艾里克森认为，青少年阶段主要需要解决的问题：我究竟发生了什么？我到底是什么人？"这就是我自己（自我同一性的达成）"。

其中，核心任务是建立自我同一性，即个体对自己的能力、兴趣、理想、价值观、性格特征、交友方式、职业发展及其他身心特点的基本认识和认可。该时期的成长危险是自我同一性的混乱，即个体对自我的认识和发展产生种种困惑或迷惘，主我和客我矛盾的加剧，两者不能统一，以致不能很好地确定自我形象和人生目标，出现焦虑和不安，甚至产生一定的内心痛苦，人格障碍、精神疾患等均与此相关，爱利克·艾里克森认为，培养与发展自我同一性是青少年心理成熟与健康的焦点。

研究认为，自我同一性的类型见表 2-2。

表 2-2

自我同一性的类型	特点
自我肯定型	这类个体的自我同一属于积极的同一。其特点是正确的"理想我"占优势，"理想我"与"现实我"能通过积极的同一，转化为积极的自我

续表

自我同一性的类型	特点
自我否定型	这类个体的自我同一属于消极的同一。其特点是对现实自我的评价过低，理想自我与现实自我差距过大，心理上常处于一种消极防卫状态。不是通过积极地改变"现实我"去实现"理想我"，而是在一定程度上放弃"理想我"，保持"现实我"，进而在一定程度上否定"现实我"；加之心理上的自我暗示，结果越发自卑
自我矛盾型	这类个体的自我同一比较困难，其特点是内心矛盾的强大或延续时间比较长，新的自我久久不能确立，积极的自我难以产生，表现为自我认识、自我体验、自我调节缺乏稳定性和确定性
自我扩张型	这类个体的自我同一属于消极的同一，且带有危害性。其特点是对现实自我过度高估，虚假的理想自我占优势，理想自我与现实自我的同一是虚假的。这类型的人往往过度欣赏自己、悦纳自己
自我萎缩型	这类个体的自我同一也是消极且带有危害性的。其特点是理想自我极度缺乏或丧失，对现实自我又深感不满，自卑心理非常严重，导致自我拒绝的心理，甚至出现理想自我与现实自我的对抗。严重者可以导致精神分裂症或因绝望而轻生

自我探索小游戏

练习一：接受不完美的我。

请各位同学填写表2-3，把你的优点、缺点填在表2-3中，并列出你可以接受的程度。

表 2-3

项目	优点	缺点	对缺点的接受程度
物质自我（身高、体重、性别、皮肤、发型、出身阶层等）			
社会自我（文化程度、经济收入、职业技能、学习成绩等）			
精神自我（气质、爱好、性格、情商、智商等）			

对于你所具有的特点，哪些是你喜欢的？哪些是你不喜欢的？

练习二：置换不合理信念。

置换不合理信念见表2-4（事件：失恋，女友离开了我）。

表 2-4

项目	信念
情绪	自我否定，抑郁
不合理观念	我失恋了，我什么都不行

续表

项目	信念
自我驳斥	我爱她，就有理由要求她必须爱我吗？如果我爱过谁，就要求她一直爱我，这可能吗？我在谈恋爱这件事上失败了，就代表我什么都不行吗
新观念	我可以希望别人像我对别人那样来对待我，但不能要求别人必须像我对别人那样对待我，我谈恋爱失败了，并不代表我整个人失败了

成长加油站

当我年轻的时候，我的想象力从没有受过限制，我梦想改变这个世界。

当我成熟后，我发现我不能够改变这个世界，我将目光缩短了些，决定只改变我的国家。

当我进入暮年后，我发现我不能够改变我的国家，我最后的愿望仅仅是改变我的家庭，但是，这也不能。

当我躺在床上，行将就木时，我突然意识到：如果一开始我仅仅去改变自己，然后，作为榜样，我可以改变我的家庭；在家人的帮助下，我可以为家、为国家做一些事情；然后我甚至可能改变这个世界。

学习单元三　成就自己

人生是一个自我发挥的故事，我们是编辑者；人生是一个自我践履的实验，我们是设计者。能否成为一个自我实现的人取决于我们能否认识自我、把握自我。这是世上最难的事情，也是人生真正的价值所在。如何才能握住我们的船舵，成功地塑造理想中的自我呢？

一、自我定位

自我定位是自我沟通的重要部分。每个个体都是独一无二、不可重复的存在。个体的生活质量和生活内容都是彼此迥异的，都有着区别于他人的潜力和特质。无论你的出身如何、相貌几分、学历高低，只要你能够正确地认识自我、了解自我、相信自我，找准坐标系中的位置且坚定信念、勇敢地走下去，每个人都可以成功。

自我探索小游戏

请认真填写表2-5，看看现实的你和理想的你的差距在哪里，你是否想改变？如何改变？

表 2-5

项目	现实的我	理想的我	如何改变
身高			
体重			
皮肤			
发型			
出身			
家庭环境			
文化程度			
性格			
气质			
爱好			
智商			
情商			
社会地位			
收入			
职业技能			
……			

一般来说，除极少数人能达到两者的重合外，大多数人的现实自我处于略低于理想自我的位置，两者之间的落差有很重要的意义。适度的差距具有动力作用，指引着我们自我实现的方向，激发我们努力达到目标，获得成就感，促使我们发展自己。但是如果两者相差太远，理想自我过于崇高而无法实现，就会起反作用，使我们对自己总是失望，从而产生自卑心理，陷入痛苦之中，阻碍我们发展。

二、找到自己的信念坐标轴

通常，人们都会在事业坐标轴上寻找到自己安身立命的位置，在那个坐标点上努力奋斗，打造自己的生活。自我沟通除包括自我认知、自我定位外，还包括找到自己的信念坐标轴。在这个坐标轴上，人们寻找着自己的处事原则、自己的信念力量、自己的精神核心，而坚强的信念、强大的精神力量可以帮助我们战胜很多挫折和困难。

杰克·韦尔奇说过，没有什么细节因细小而不值得你去挥汗，也没有什么大事情大到尽了力还不能办到。谁都避免不了经历和体验尘世的艰辛与痛苦，那么与其消极悲观、怨天尤人，不如抖擞精神告诉自己：黑暗不是我的人生色彩，我只是在经历黑暗。当放下那些没有必要的心理负担之后，自然会拨开云雾见月明。天使为什么能飞，不是因为有翅膀，而是因为没有包袱。我们可以没有倾国倾城的姿容，没有令人艳羡的财富，甚至可以长时间渺小如蚂蚁一般，不为旁人所关注——因为这些都不是最可怕的事情，最可怕的是信心和精神力量的缺失。

充分了解自己之后，还需要学会独处、自己与自己聊天等自我沟通的高阶技巧。

三、学会独处

独处不等同于孤独，我们只是从喧嚣的外部世界中暂时抽身出来，回归到自我的家园，体会着自我的价值、信念、理想及自我的完整，并且在这种完整中清晰"照见"自我，感受自我的精神力量和道德坚守，然后用这份力量去追求自己的梦想，达成自己的心愿，对抗外部世界的挑战、压力及尘世间的纷纷扰扰。

有很多人觉得生活节奏如此之快，怎么会有时间去独处呢？其实即便工作压力、生活压力等各种重负如影随形，总会有片刻时光可以供一个人细心品味。你也不必为获得独处的时刻而尽显怪癖偏颇，生活中有很多种简单方法可以完成这样的自我沟通旅程。不妨找个假日，独自一个人在乡下麦田里散步；或者清晨早起，独自去感受黎明破晓的恢宏和壮美；或者在街边花园的长椅上闲坐片刻，吹吹风；还可以伫立在无边空旷中，感受大自然的那份清灵和宽阔。独处时，我们会有时间和机会去重新思考自我定位、价值系统与精神状态。当你用片刻时间去重新温习这些"自我话题"，一定会带来很多积极的作用。

四、学会和自己聊天

对自己评价过低、对于未来没有信心和勇气、莫名地感受到愤怒或抑郁，这些负面情绪是每个人都会经历的体验。对此，不同的个体有着不同的解决方法。有些人习惯向父母倾诉苦衷，有些人选择在爱人的温存中慢慢疗伤，也有些人通过在网络上和陌生人聊通宵来排解内心的不快与郁闷。我们总是在四处寻找那些可以信任的人去疏解自己的失望和无助，但每每这时，我们总会忘记还有一个最忠实的朋友，那就是自己。和自己说说心里话，也是自我沟通的重要方法。

那么和自我对话的时候，究竟该说些什么呢？安东尼·罗宾斯说过，如果我们想要改变自己的人生，就必须谨慎选用字眼，因为这些字眼能使你振奋、进取和乐观。所以，这里就涉及正向自我谈话和负向自我谈话的概念。例如，当你心情低落沮丧的时候，如果你能够像知心好友一样，不断安慰、主动体贴、积极引导自我，那么负面情绪就会得到逐步改善，这种自我谈话方式称为正向自我谈话；但是如果你选择责备自己、过分指责自己、对自我吹毛求疵，那么负面情绪就难以消除，痛苦只会水涨船高，这种自我谈话方式就称为负向自我谈话。

在开展自我谈话的时候，一定要注意谈话的方法，不能让负向自我谈话占据了谈话的主动权，而是要采用建设性的谈话态度、选择那些鼓励性的语言来引导谈话的走向，而不是让自我一味地沉迷在负面情绪中而不能自拔。例如，当情绪低落、恐惧不安的时候，我们可以说：事情也许会有点糟，也许会令人沮丧，但相信我会有能力承受和应对。因此，我们应该学会积极的自我暗示和自我激励。

五、增强自信心

信心是进取心的支柱，是有无独立工作能力的心理基础。自信心对大学生的健康成长和各种能力的发展都有十分重要的意义。自信心是可以提高的，但是需要时间。下面的练习可以改善一个人的自信状况。

（1）为自己的能力划一条界线。不要以为自己是超人，什么事情都能干，天大的困难也不在话下，为逞一时之能，做事不分大小，都想自己逐一完成。这样，由于力所不及就会在屡屡碰壁之下丧失信心。你应该为自己的能力划一条界线，估计自己到底有多大的能量，能完成哪些事情，然后再去尽力而为。这样，做事情的成功率就大得多了。

（2）将注意力集中在自己的优点上。你的长处是什么？你的优点有哪些？你要好好思考，对自己有一个深刻的认识。如果你能将注意力集中在自己的优点上，坚持每天有意识地做些自己最擅长的事情，即使是不足挂齿的事情也要坚持不懈、发挥所长，工作自然会有出色的表现。而自己的成绩无论大小，都能增强、支撑起你的自信心。

（3）自我欣赏与自我激励。将你曾经妥善完成的工作或骄傲的成就清楚地列于纸上进行自我欣赏。这时，你将发觉自己突然勇气倍增，确信自己的办事能力胜人一筹。德国专家斯普林格在其所著的《激励的神话》一书中写到，强烈的自我激励是成功的先决条件。人的一切行为都是受激励产生的，通过不断的自我激励，就会使你有一股内在的动力，朝所期望的目标前进，最终达到成功的顶峰——自我激励是一个人迈向成功的引擎。

（4）与欣赏你的朋友保持密切的联系。要有意识地去结识那些给你留下很深印象，且为你所羡慕的有才华的人。特别是对那些懂得欣赏你的朋友，更应该保持密切的联系，经常把你的理想与计划告诉他们，与他们共同分享你的愉快。由于他们了解你，对你有信心，一旦你对自己的能力感到怀疑时，他们就会有针对性地做些工作，使你不至于丧失把事情完成的决心。

（5）在失败与错误中吸取教训。学习从失败与错误中吸取教训，可以增加智慧，增加反败为胜的机会。因此，无论遇到什么问题，哪怕是面临失败，也不要灰心丧气，你要勇敢地正视它，以积极的态度寻找应变的办法。一旦问题解决，你的自信心将会随之增加。

六、自我暗示

自我暗示是指透过五种感官元素（视觉、听觉、嗅觉、味觉、触觉）给予自己心理暗示或刺激，是人的心理活动中的意识思想的发生部分与潜意识的行动部分之间的沟通媒介。它是一种启示、提醒和指令，它会告诉你注意什么、追求什么、致力于什么和怎样行动，因而它能影响、支配你的行为。这是每个人都拥有的一个看不见的法宝。

自我暗示有三大定律，第一定律：重复定律。要养成一个良好的习惯，就要掌握这一定律，那就是不断地自我暗示，不断地重复暗示。第二定律：内模拟定律。当一个人的内心在想事情时，他的表情会不由自主地模拟什么，称为内模拟。很多人都有这种感觉，如果自己没有一个良好的心态，而要你去看望一个处在痛苦中的病人，你往往没有力量让对方放松心态，你反而会受他的影响，你被他的不舒服，即他的面部不舒服和身体的痛苦所感染，因为你在内模拟。第三定律：替换定律。科学家研究发现，我们的潜意识只能在同一时间内主导一种感觉，用一个积极正面的思想反复地灌输给人脑中的潜意识，原来的思想就会慢慢地衰弱、萎缩，新的思想就会占上风。

积极的自我暗示运用原则如下：

（1）始终要用现在时态而不是将来时态进行暗示。例如，我们应该说"我现在获得了幸福的爱情"而不说"我将来会得到幸福的爱情"，这并非自欺欺人，而是基于这样的事实：每件事物都是首先被人想到，然后才能在客观现实中显现。

（2）肯定我们所需要的，而不是不需要的。不能说"我再也不偷懒了"，而是要说"我越来越勤奋，越来越能干"，这样做可以保证我们总是创造最积极的思想形象。这是因为"潜意识"不会被否定词暗示。例如，自我暗示减肥时，绝对不能说"我不要胖"，因为这时潜意识得到的暗示不是"不胖"，而是忽略了"不"的胖。所以，在减肥时要说"我要瘦"。

（3）一般来说，语句越简短就越有效。一番肯定应该是一番传达出强烈情感的清晰的陈述，情感传达得越多，给我们的印象越强。那种冗长、充满理论性的肯定丧失了情感上的冲击力，变成了一种"头脑游戏"。

（4）始终选择那些对自己感到完全合适的肯定。对一个人有效的肯定，对另一个人也许无效。我们所进行的肯定应该是使自己觉得积极、扩张、自在，或是支撑性的，如果不是这样，就试着改变言语，直到感觉合适为止。

（5）进行肯定时，始终要相信我们在创造新的事物。我们不是试图取消或改变新的事物，这样会引起存在者的冲突和挣扎。我们应该采取的态度是接受并处理那些已经存在的事物，但与此同时，每个时刻我们都开始创造自己确切希望的事物，并获得最幸福的新机会。肯定并不意味着要抵触或努力改变自己的感受或情绪。接受并体验自己所有的情感是很重要的，包括所谓否定性情感，而不是试着改变它们，在这样做的时候，肯定会帮助我们创造出一个对于生活的新的观念，从此我们可以有越来越多的快乐体验。

（6）尽可能努力创造出一种相信的感觉。在进行肯定时，尽可能创造出一种相信的感觉，一种它们已经真实存在的感觉，这样将使肯定更加有效。

自我探索小游戏

语言的自我暗示即在内心不断重复自我激励、积极肯定的话。例如，你可以在内心不断重复"我对自己充满信心""我非常聪明""我很优秀"，在遇到失败的时候对自己说"总会有办法的"。请你每天写几条对自己的积极语言：

1. ＿＿＿＿＿＿＿＿＿＿＿＿＿＿＿＿＿＿＿＿＿＿＿＿＿＿＿＿＿＿＿＿

2. ＿＿＿＿＿＿＿＿＿＿＿＿＿＿＿＿＿＿＿＿＿＿＿＿＿＿＿＿＿＿＿＿

3. ＿＿＿＿＿＿＿＿＿＿＿＿＿＿＿＿＿＿＿＿＿＿＿＿＿＿＿＿＿＿＿＿

然后记录所有令你感觉良好的方式和效果。

拓展阅读

有这样一则寓言，在某小镇上有一个非常穷困的女孩子，她失去了父亲，与妈妈相依为命，靠做手工维持生活。她非常自卑，因为从来没穿戴过漂亮的衣服和首饰。在这样极为贫寒的生活中，她长到了 18 岁。

在她 18 岁那年的圣诞节，妈妈破天荒地给了她 20 美元，让她用这个钱给自己买一份圣诞礼物。她大喜过望，但是还没有勇气从大路上大大方方地走过。她捏着这点钱，绕开人群，贴着墙角朝商店走。

一路上她看见所有人的生活都比自己好，心中不无遗憾地想，我是这个小镇上最抬不起头、最寒碜的女孩子。看到自己特别心仪的小伙子，她又酸溜溜地想，今天晚上盛大的舞会上，不知道谁会成为他的舞伴呢？

她就这样一路嘀嘀咕咕躲着人群来到了商店。一进门，她感觉自己的眼睛都被刺痛了，她看到柜台上摆着一批特别漂亮的缎子做的头花、发饰。正当她站在那里发呆的时候，售货员对她说："小姑娘，你的亚麻色的头发真漂亮！如果配上一朵淡绿色的头花，肯定美极了。"她看到价签上写着 16 美元，就说："我买不起，还是不试了。"但这个时候售货员已经把头花戴在了她的头上。

售货员拿起镜子让她看看自己。当她看到镜子里的自己时，突然惊呆了，她从来没有看到过自己这个样子，她觉得这一朵头花使她变得像天使一样容光焕发！

她不再迟疑，掏出钱来买下了这朵头花。她的内心无比陶醉、无比激动，接过售货员找回的 4 美元后，转身就往外跑，结果在一个刚刚进门的老绅士身上撞了一下。她仿佛听到那个老人叫她，但已经顾不上这些，就一路飘飘忽忽地往前跑。

她不知不觉就跑到了小镇最中间的大路上，她看到所有人投给她的都是惊讶的目光，她听到人们在议论说，没想到这个镇子上还有如此漂亮的女孩子，她是谁家的孩子呢？她又一次遇到了自己暗暗喜欢的那个男孩，那个男孩竟然叫住她说："不知今天晚上我能不能荣幸地请你做我圣诞舞会的舞伴？"这个女孩子简直心花怒放！她想：我索性就奢侈一回，用剩下的这4美元回去再给自己买点东西吧。于是她又一路飘飘然地回到了小店。刚一进门，那个老绅士就微笑着对她说："孩子，我就知道你会回来的，你刚才撞到我的时候，这个头花也掉下来了，我一直在等着你来取。"

这个故事结束了。真的是一朵头花弥补了这个女孩生命中的缺憾吗？其实，弥补缺憾的是她自信心的回归。

七、挖掘潜能，自我超越

每个人都有很多潜力尚未得到开发利用，能否将其挖掘出来，主要看自己，关键是要相信自己肯定能行，只有这样才能大胆地自我开放，同时，也使自己的各方面能力得到锻炼。你可以尝试以下行为：

（1）在课堂讨论中成为第一个打破沉默的人，当众表达自己的意见或看法；

（2）大胆地在同学面前适当地讲述自己的成绩；

（3）主动与学历比自己高、资历比自己老、阅历比自己多的人交流，有自己的见解要尝试提出来；

（4）敢于冒险，尝试一些新事物，破除不合理的习惯等。

❯ 思政话题

"青年者，国之魂也。"青年一代的理想信念、精神状态、综合素质，是一个国家发展活力的重要体现，也是一个国家核心竞争力的重要因素。青年是新时代的生力军，是民族复兴的中坚力量。只有正确认识自己，才能正确认识他人，从而提高明辨是非的能力，坚定自己的理想信念，树立正确的人生价值观，最终将个人的价值同国家的命运紧紧联系在一起。

❯ 成长阅读

1960年，哈佛大学的罗森塔尔博士曾在加州一所学校做了一个著名的实验。新学期开始时，罗森塔尔博士让校长把三位教师叫进办公室，对他们说："根据你们过去的教学表现，你们是本校最优秀的教师。因此，我们特意挑选了100名全校最聪明的学生组成三个班让你们执教。这些学生的智商比其他孩子都高，希望你们能让他们取得更好的成绩。"

三位教师都高兴地表示一定尽力。校长又叮嘱他们，对待这些孩子，要像平常一样，不要让孩子或孩子的家长知道他们是被特意挑选出来的，教师们都答应了。一年之后，这三个班的学生成绩果然排在整个学区的前列。这时，校长告诉了教师真相：这些学生并不是刻意挑选出来的最优秀的学生，只不过是随机抽调的最普通的学生。教师们没想到会是这样，都认为自己的教学水平确实高。这时校长又告诉他们另一个真相，那就是，他们也不是被特意挑选出的全校最优秀的教师，也不过是随机抽调的普通教师罢了。这个结果正是博士所料到的：这三位教师都认为自己是最优秀的，并且学生是高智商的，因此对教学工作充满了信心，工作自然非常卖力，结果肯定非常好。

在做任何事情以前，如果能够充分肯定自我，就等于成功了一半。当你面对挑战时，你不妨告诉自己：你就是最优秀和最聪明的，那么结果肯定是另一种模样。

▶ 练习自测

你的气质类型是什么?

下面是有关气质的 60 道问答题，没有对错之分，回答时不要猜测什么是正确答案，请根据你的实际情况与真实想法作答。对于每道题，你认为非常符合自己情况的，在表 2-6 中对应的题号下填 "+2"，比较符合的填 "+1"，不确定的填 "0"，比较不符合的填 "-1"，完全不符合的填 "-2"。

1. 做事力求稳妥，一般不做无把握的事情。
2. 遇到可气的事情就怒不可遏，只有把心里话全说出来才痛快。
3. 宁可一人做事，不愿很多人在一起。
4. 很快就能适应一个新环境。
5. 厌恶那些强烈的刺激，如尖叫、噪声、危险镜头等。
6. 和人争吵时，总是先发制人，喜欢挑衅。
7. 喜欢安静的环境。
8. 善于和人交往。
9. 羡慕那种善于克制自己感情的人。
10. 生活有规律，很少违反作息制度。
11. 在多数情况下，情绪是乐观的。
12. 遇到陌生人会觉得很拘束。
13. 遇到令人气愤的事，能很好地自我控制。
14. 做事总是有旺盛的精力。
15. 遇到问题时常常举棋不定、优柔寡断。
16. 在人群中从不觉得过分拘束。
17. 情绪高昂时觉得干什么都有趣；情绪低落时觉得干什么都没意思。
18. 当注意力集中于某一事物时，别的事物很难让自己分心。
19. 理解问题总比别人快。
20. 遇到危险情况时，常有一种极度恐惧感。

21. 对学习、工作、事业抱有极大的热情。

22. 能够长时间做枯燥、单调的工作。

23. 符合兴趣的事情，干起来劲头十足，否则就不想干。

24. 一点小事就会引起情绪波动。

25. 讨厌做那种需要耐心、细心的工作。

26. 与人交往不卑不亢。

27. 喜欢参加热烈的活动。

28. 爱看感情细腻、描写人物内心活动的文学作品。

29. 工作学习时间长时，常感到厌倦。

30. 不喜欢长时间讨论一个问题，愿意实际行动。

31. 宁愿侃侃而谈，不愿窃窃私语。

32. 别人说我总是闷闷不乐。

33. 理解问题常比别人慢一些。

34. 疲倦时只要经过短暂的休息就能精神抖擞，重新投入工作。

35. 心里有话时，宁愿自己想，不愿说出来。

36. 认准一个目标就希望尽快实现，不达目的，誓不罢休。

37. 同样与别人学习、工作一段时间后，常比别人更疲倦。

38. 做事有些莽撞，常常不考虑后果。

39. 教师和师傅讲授新知识、新技术时，总希望他讲慢些，多重复几遍。

40. 能够很快忘记不愉快的事情。

41. 做作业或完成一件工作总比别人花的时间多。

42. 喜欢运动量大的剧烈活动，或参加各种娱乐活动。

43. 不能很快地把注意力从一件事上转移到另一件事上去。

44. 接受一个任务后，就希望迅速完成。

45. 认为墨守成规比冒风险好一些。

46. 能够同时注意几件事情。

47. 当我烦闷的时候，别人很难让我高兴。

48. 爱看情节起伏跌宕、激动人心的小说。

49. 对工作认真严谨，具有始终如一的态度。

50. 与周围人的关系总是处不好。

51. 喜欢复习学过的知识，重复检查已经完成的工作。

52. 希望做变化大、花样多的工作。

53. 小时候会背许多首诗歌，我似乎比其他人记得清楚。

54. 别人说我"出语伤人"，可我并不觉得这样。

55. 在体育活动中，常因反应慢而落后。

56. 反应敏捷，头脑机智灵活。

57.喜欢有条理而不麻烦的工作。

58.兴奋的事情常常使我失眠。

59.教师讲新的概念时，常常听不懂，但是弄懂以后就很难忘记。

60.如果工作枯燥无味，马上情绪就会低落。

计分方法和结果分析：

1.将每题得分填入表2-6中相应的"得分"栏内。

表 2-6

胆汁质	题号	2	6	9	14	17	21	27	31	36	38	42	48	50	54	58	总分
	得分																
多血质	题号	4	8	11	16	19	23	25	29	34	40	44	46	52	56	60	总分
	得分																
黏液质	题号	1	7	10	13	18	22	26	30	33	39	43	45	49	55	57	总分
	得分																
抑郁质	题号	3	5	12	15	20	24	28	32	35	37	41	47	51	53	59	总分
	得分																

2.计算每种气质类型的总分。

3.气质类型的确定：如果某类气质得分明显高出其他三种，均高出4分以上，则可定为该类气质。另外，如果某类气质得分超过20分，则为典型型；如果某类得分在10～20分，则为一般型；如果两种气质类型得分接近，其差异低于3分，而且又明显高于其他两种，高出4分以上，则可定为两种气质的混合型。如果三种气质得分均高于第四种，而且相互接近，则为三种气质的混合型。

学习模块三
学习是一种生活态度——学习与时间管理

成长语录

明日复明日，明日何其多。我生待明日，万事成蹉跎。世人苦被明日累，春去秋来老将至。朝看水东流，暮看日西坠。百年明日能几何？请君听我明日歌。

——（清）钱福

案例引入

学生小李进入大学后，学习勤奋刻苦，每天早晨 5 点半起床，晚上 10 点多才回到寝室。经常最先到教室，上课十分用心，他的笔记在同学中广泛传阅。期中考试以前，同学们都认为他的成绩肯定会在班级名列前茅。但是在同学自己组织的期中考试中，他的高等数学和无机化学均考了不到 40 分的成绩。同学们十分惊讶，他也感到十分意外，但仍然不知道自己的问题出在哪，认为还是付出不够。

📚 案例分析

　　从中学到大学是人生的重大转折，大学学习生活的特点表现在：生活上要自理，管理上要自治，思想上要自我教育，学习上要求高度自觉。尤其是学习的内容、方法和要求上，比起中学的学习发生了很大的变化。因此要想真正学到知识和本领，除像小李那样要继续发扬勤奋刻苦的学习精神外，还要适应大学的教学规律，掌握大学的学习特点，选择适合自己的学习方法，这些对于刚入大学的新生来说尤为重要。

学习单元一　大学学什么

　　某校对新生学习状况做了广泛的调查，调查的问题主要包括专业兴趣、学习方法、课余时间利用、上课效率、上课的状况、教师讲课、课后作业、是否能跟上上课节奏等。调查反映出85%的学生不知道在大学如何学习，还沿用高中的学习方法，学习以上课教师讲的为主，缺乏主动学习的热情；72%以上的学生感到课余时间太多，不知道如何利用，有时经常在图书馆或自习室一待就是一天，但又觉得什么都没做，要么就去上网；40%的学生感到课堂上教师讲课太快，跟不上；65%的学生认为多媒体上课容易犯困，不能跟上上课节奏。调查显示，近一半学生对大学学习很茫然，没有固定的教室上自习，有时候不知所措、感觉孤独等。

　　从跨入学校、进入读书的天地以来，就与学习朝夕相处、息息相关，每天都得到学习的滋润，每天在学习中潜移默化地成长。但让你付出心血的"学习"是什么？其实，"学习"二字出自我国的思想家、教育家孔子的"学而时习之"这句话。"学"就是效仿，即从别人或书本、环境、媒体等处获得知识、增长智慧等；"习"的原义是小鸟频频起飞，这里指从自身实践经验中获得知识技能等，如幼儿在被烫伤后才知道热火炉不能摸，这是他习得的知识，如果他从大人口中得知热火炉不能摸，这是学得的知识。

　　上面是孔子所认为的学习，你心目中的学习是什么呢？学习是不得已的吗？学习是乏味的吗？学习是无奈的吗？学习是父母的强迫吗？学习是前途吗？学习是满足吗？学习是爱好吗？学习是自觉的行动吗？每个人心中对学习的诠释可以不同，但有以下几点值得去思考和认清：

　　（1）学习是否可以帮助你成为有知识、有文化的人？

　　（2）学习是否可以使你变得更聪明？

　　（3）学习是否可以使你成为对国家和社会更有用的人？

　　（4）学习是否可以帮助你理解和解决许多困惑？

（5）学习是否可以帮助你拓宽视野、了解世界？

（6）学习是否可以使你明白社会的各项制度和行为准则？

（7）学习是否可以使你不断得到发展？

（8）学习是否可以充实你的精神生活？

一、学习的概念

我国著名心理学家潘菽对人类的学习下了这样的定义：人的学习是在社会实践中，以语言为中介，自觉地、积极主动地掌握社会和个体的经验的过程。这个定义说明，人类的学习需要个人的自觉行动、积极参与、主动获取；吸收的内容可以是知识，可以是技能，也可以是智慧；学习的范围既可以是整个社会，也可以是某个个体。如果不自觉、不主动、不积极，就不会产生学习的行为。从某种意义上说，你到学校注了册，并不意味着进入了学校的学习。

作为一名大学生，其学习是在大学的特定环境中，按照教育目标的要求，在教师的指导下，有目的、有计划、有组织地进行的，是一种特殊的认识过程。

学习就是会使你更快乐、生活质量更好、更有自尊、对社会贡献更大的一种素质提高的过程。人类的学习可以看作是个体或群体为了弥补自身的缺陷（包括物质的和精神的、心理的和生理的）和适应环境而进行的旨在获取知识、经验或智慧的吸收过程。从微观角度看，学习是指个体为了自身的生存和发展，而愿意接受外界信息因子刺激人的神经功能因子（含功能性物质），引发微观生理性可逆反应（言语信息转换），产生人类能接受的语言因子而被人脑所破译，并被相关功能因子储存和传递的过程。

学习会获得许多成长所必需的"能源"，学习会带来更多的希望，学习会让你拥有更多的"资本"。但同时，学习也使你付出许多，其中包括努力、钻研、时光、心血和汗水等。

学习是将知识、能力、思维方法等转化为私有产权的重要手段，是"公有转私"的重要途径。人的一生无法离开学习，学习是人类最忠实的朋友，它会听从召唤，它会帮助人们走向一个又一个成功。因此，不要轻易让学习从生活中消失，不要让愚昧和恶习占据和玷污心灵，不要让学习伤心地离你而去。学习是帮助人认识社会、认识世界、认识未来的助手，有了学习的帮助，就不会在自己的成长道路上束手无策，就不会面对成长的十字路口而一脸茫然。每个人要想身心健康，都离不开锻炼，而锻炼可分为体魄锻炼和智能锻炼。体魄锻炼有利于人的身体健康；智能锻炼有利于人的心理、思想健康。一个人如果重视读书学习，乐于读书学习，善于读书学习，既可立德，又可增智。

学习是个人生存和发展的基本手段。人既是自然人，又是社会人，而人的本质在于人的社会性。自然人是婚姻的产物，社会人则是学习的产物。在学校里学习学科知识，所获得的不仅是学科知识，还会获得做人的原则、知识运用的技巧、分析问题与解决问题的思维方式等。

学习犹如登山，有的人注重最终目标（是否已爬上山巅，是否已达到自己所认可的学习终点），有的人则注重前进的过程（注重品味登山沿途的古树奇花、摩崖石刻等景致，注重品味在学习过程中所获取的探究体验和阶段性成绩），无论哪种，都有其各自丰富的内涵，无孰优孰劣之分，只要觉得适合即可。

二、大学阶段学什么？

当我们在高中的时候，总是梦想着上大学，梦想着自己能够成为大学里各种活动的主角，甚至有时会以为大学里面不用学习。而高中的教师也会经常告诉我们，考上一个好的大学是如何的自由和美好。经过激烈的高考拼搏，我们一路过关斩将挤进大学校门。走进梦寐以求的大学校门发现是那么迷茫，不知道前进的方向，找不到进步的源泉。一直在渺茫中度过每一分每一秒，有时候觉得相当萎靡，力不从心。该如何度过大学生活？又该学习什么呢？

（一）大学里应该做的事情

（1）要学会做人。与许多来自全国各地的同龄人近距离相处，带着不同的生活阅历，要学着宽容、谦让，信任别人，对同学友善；学会取己之长和换位思考。学会做人是步入社会的关键核心和前提，也是教育的目的和根本。不会做人，何以生存？每个人都是社会的一部分，每天都得与很多人打交道。对于大学生来说，室友、班级同学、学校教师都是不可避免的交往对象。所以，我们要学会与人相处，和睦和平相处既是人格的完善和提高，也是促进学习的保障。现如今的企业、单位都在讲团队精神，其实这也是需要人们之间懂得相处。学会做人自然就是大学生现在乃至终其一生要学习的内容。我们相信只要用心学习，一定能够学会做人之道，正所谓外圆内方，既结交了朋友，又不委屈自己。

（2）要学会学习，但不是"学会知识"。在大学里，一个人的学习时间是宝贵的，精力是有限的，所以，不要想在这几年里把所有今后可能会用到的知识都学到，这也是不可能的。我们需要培养和巩固良好的学习习惯。科技的发展日新月异，知识的更新速度越来越快，这都要求我们必须学会学习，在校学习其实就是掌握最基本的学习工具和方法，将来利用这些工具和方法去学习新的东西。我们也只有学会学习，不断地掌握一些新的东西，才能在这个竞争激烈的社会里永不落伍。

（3）培养和巩固良好的学习习惯。大学中有许多课程是这辈子根本用不上的，也有些课程没上前感觉会有用，可毕业后发现与社会严重脱节，但是，有时候重点不是学了什么，而是怎么学。我们要习惯接受并不熟悉的东西，静下心来闻着墨香，遨游于文字之中，哪怕那只是马克思政治经济学；同时，学好基础知识也是非常重要的，虽然在知识爆炸的今天，知识更新速度很快，但万变不离其宗，一些基础性的知识和规律是不会改变的。而且，在学习其他知识的时候必须以基础知识为基础。基础知识的学习是完成大学阶段学习任务的基础，也是终身学习的奠基工程，所以，在大学期间一定要好好学习基础知识，在以后学习新知识时有基础知识做基础，就具备了较强的迁移能力。

（4）大学应该学会修身养性。大学不只是学好专业课知识，还应多参加各项文体活动，这些都是锻炼自己能力的好机会，要珍惜这些机会，没有哪个用人单位会认为你代表了你的学校或你的专业，既然是概率，就存在不止一种可能性，而且现如今跨专业早已成为一种流行、一种时尚，也不可一业不专或只专一业。在这个现实的社会，真正实现个人价值才是最体面、最有面子、最有尊严的事情。如果你的专业恰好是你喜欢的或是将来可能用得上的，那么一定要认真听课，因为以后如果要学习同样的东西，花掉的钱就不是那么一点点了。

（5）要学着去工作，为将来进入社会做铺垫。通常，人们把大学当作学习的殿堂，当作象牙塔，总之不是一个可以工作的地方，随着社会的发展，现如今的大学生再也不是人们心目中的天之骄子了，谁又敢说，在大学里面，只要把学习搞好就行了。一个很现实的问题就是部分大学生毕业即失业，那么，为了解决这个问题，当代大学生必须在大学期间就掌握一些工作知识，积累一些工作经验，既为今后的工作奠定了基础，还可以缩短大学生毕业后较长的适应工作、适应社会的周期。那么，我们怎样在大学学习工作呢？可以从以下两个方面进行：一是兼职打工；二是在校多参加学生活动或社团活动。把学习之外的时间用来做兼职是拓宽视野的一种方式。例如，在研究机构工作，可以学到最新的科技；在市场部门打工，可以理解商业的运作。多参加学生活动或社团活动，既可以锻炼自己的组织管理能力，又可以增强自己与人交际的能力，还可以培养自己的团队精神。

大学是人生的关键阶段。因为这可能是一生中最后一次有机会系统性地接受教育，这是最后一次能够全心建立你的知识基础，这可能是最后一次可以将大部分时间用于学习的人生阶段，也可能是最后一次拥有较高的可塑性、集中精力充实自我的成长历程，这也许是你最后一次能在相对宽容的、可以置身其中学习为人处世之道的理想环境。

在这个阶段里，所有大学生都应认真把握每个"第一次"，让它们成为未来人生道路的基石；在这个阶段里，所有大学生也要珍惜每个"最后一次"，不要让自己在不远的将来追悔莫及。在大学几年里，大家应该努力为自己编织生活梦想，明确奋斗方向，奠定事业基础。

宁愿笑着流泪，也不能哭着说后悔。在大学应该是灿烂地度过，即使有挫折，即使有眼泪，但只要我们努力过，只要我们尽全力去做过，努力本身就是一种最好的学习和锻炼，让你在困难来临时沉着冷静，让你在遭遇失败时收拾好情绪从头再来，我们收获更多的会是成功和欢笑。大学应该读什么？大学应该学什么？这是我们一直在思考、一直在探索的。人生有很多十字路口，大学阶段，我们需要的是一个三岔路口的抉择。不走弯路就是捷径，我们在大学的时候思考更多，学习更多，将来毕业的时候就会有更多的自信。学会享受大学生活，充实地过好每一天，因为这每一天也许都将决定着我们的未来，需要我们努力奋斗。

（二）大学应该培养的能力

大学学什么？除知识外，最关键、最基本的是人的能力，大学生应该培养各种能力，如人际交往能力、创新思维能力、掌握信息能力、学习能力和自立能力等。在大学期间，必须学会三种学习和思考的能力，这三种能力可以帮助我们从应试教育的束缚中摆脱出来。

（1）第一种是最重要的一种能力，即自学的能力。读中学时，教师会一次次重复课本内容，但进入大学后，教师只能充当引路人，学生必须积极主动地探索、学习和实践。在大学四年，要学会从一个被填充知识的人，变为自学知识的人；不能只会背诵，还必须要有理解的能力——包括举一反三的能力、知其然也知其所以然的能力、无师自通的能力等。

该怎样培养自学能力？很简单，你必须学会问"为什么"。在应试教育体系中，只要学会"什么"就可以及格了，但在大学里，一定要学"为什么"。当真正理解一件事情为什么如此时，才能举一反三、无师自通。问"为什么"，要有打破砂锅问到底的决心，随时发问，上课问、上网问、问同学、问朋友……只有这样，才真正学懂了、学到了。

（2）第二种能力是从理论到实践的能力。不要只知道公式是什么，理论是什么，还要知道在实际工作中如何运用。很多人进入社会才知道，以前学的会计、统计、哲学、文学之类，可能都不是老板要求你掌握的知识。有人说，其实在大学里学到的真正有用的知识，只是一生中要用到的 5% 而已。

所以，更重要的是要知道如何学以致用。例如，教师教了你怎么写英文，你要知道怎么把英文技能应用到写一个真正的公关稿上；再如，教师教了你怎么编程，你要知道编程如何转换成商业价值，成为一个真正的产品。

这需要在学习时多问一个问题——"有什么用"。李开复女儿小时候非常不喜欢学数学，她觉得像指数之类的东西没有实际用处。直到有一天，李开复问她："如果有 100 元钱，存在银行，每年 10% 的利息，10 年以后你会有多少钱？"当她知道这个问题的答案居然不是 200 元，而是 259 元的时候，她突然对数学有了兴趣，她想知道为什么。李开复当时就告诉她，指数和其他很多数学知识都是非常有用的，关键在于融会贯通，知道如何将理论付诸实践。

（3）第三种能力是批判式思维的能力。每件事情都有多方看法，不是只有一个非黑即白的答案。不同的人有不同的意见，每个意见都值得了解和珍惜。不要被教条束缚，要学会用不同的观点来看问题。怎样培养批判式思维能力呢？每遇到一个知识点的时候，不仅要学会问"为什么"，还要学会问"为什么不"。为什么一定是这样？为什么不可能是那样？这会让你更深入地了解问题的本质，帮助你掌握自学的能力、实践的能力和批判式思维的能力。

自我探索小游戏

专业知多少

我的专业：

1. 我对我的专业的了解：_____。

2. 我对专业的总体感觉：_____。

3. 我的专业今后可以做：_____。

4. 我的专业需要的学习方法：_____。

5. 上述练习给我的启发：_____。

学习单元二　学习的自助与成长

进入大学的学生，第一次不再由父母安排生活和学习中的一切，而是有足够的自由处置生活和学习中遇到的各类难题，支配所有属于自己的时间；第一次有机会在学习理论的同时亲身实践；第一次独立参与团体和社会生活；第一次开始追逐自己的理想、爱好。

一、大学生学习活动的特点

（一）学习内容

1. 专业性和综合性

大学教育的主要任务是为社会培养各专业的高级人才。从报考大学的那一刻起，专业方向的选择就提到了考生面前，被大学录取，专业方向就已经确定了。几年大学学习的内容都是围绕着这一大方向来安排的。

同时，大学生所学的专业是随着社会对本专业要求的变化和发展而不断深入的，为适应当代科技发展的既高度分化又高度综合的特点，通常只能是一个大致的方向，而更具体、更细致的专业目标是在研究生学习期间以至在将来走向社会后，才能最终确定下来。

因此，大学在进行专业教育的同时，还要兼顾到适应科技发展特点和社会对人才综合性知识的要求，尽可能扩大综合性，以增强毕业后对社会工作的适应性。

2. 丰富性和结构性

大学课程门类多，内容复杂，大学生要掌握的知识量大而广。一般来说，大学生在大学期间要了解和掌握三大类知识，即学科知识、文学科学知识和社会知识。学科知识包括所学专业的基础知识、专业知识及相关专业的基础知识、专业知识；文学科学知识是指除学科知识外的文化科学知识，如文学艺术修养、影视鉴赏等；社会知识是指大学生在大学期间学习、生活所需要的各种生活知识、人际交往知识，以及大学生走出校园、进入社会时所需要的一些必要的人际交往知识和社会常识等。而从学习内容的结构来说，又可分为公共基础课、专业基础课、专业课、公共选修课。

3. 应用性和实践性

大学的学习作为一种高层次的专业学习，是为毕业后参加职业活动做准备的，因此，也就非常强调其应用性。大学生应将培养自己的专业应用能力作为一个重要方面。

4. 前沿性和探索性

大学生在专业学习中，不仅要掌握本专业各学科的基础知识和基本理论，还要了解这些学科的最新研究成果及其发展趋势。大学生学习的内容还包括一些有争议的、没有定论的学术问题。大学生不但要有学习能力，而且要具备探索、研究的本领，能够在学习过程中对书本结论之外的新观点进行钻研。

（二）学习方法

1. 自学方式日益占有重要地位

大学学习不像中学时代一样有教师的监督与管理，教师在授课之后的理解、消化和巩固等各个环节主要靠学生独立完成。

2. 学习的独立性、自主性和选择性不断增强

大学的学习必须充分发挥主观能动性，发挥自己在学习中的潜力。这种充分体现自主性的学习方式，将贯穿于大学学习的全过程，并反映在大学生活的各个方面，如学习的自主安排、学习内容和学习方法的自主选择、实践教学环节的完成等。

3. 学习方式具有多样性和广泛性

大学是开放式的教学方式，除课堂教学外，课外实习、课程设计、科研训练计划、学年论文、在图书馆查阅资料、听各种学术讲座和报告及社会实践、咨询服务等，也都是大学生学习的重要途径。

二、大学阶段如何学习

（一）培养学习的自觉性

常言道："师傅领进门，修行在个人。"在学习活动中，学生是主体，学生应有"我要学"的自觉性，而不是被强迫的"要我学"。那么，如何培养学习的自觉性呢？

1. 明确学习目的，认识学习的必要性

每个学生应根据自己的具体情况，确定学习的长远目标和近期目标，做好当下的事情。

2. 勤于内省

自己是否会主动安排学习活动？是否有固定的学习时间、地点，能否独立学习？是否能对自己进行客观的评价？自己长期的学习目标是什么？短期内要达到什么目标？今天的学习是否自觉？哪些不足之处应改正？认真思考这些问题，对培养自己的学习自觉性是有帮助的。

3. 锻炼自己的意志和自制力

学习是长期的活动。不能今天下了决心，学习很自觉，明天受了挫折就自暴自弃。应该用自己的意志克制自己，逐步形成自觉学习的习惯。

（二）形成良好的学习习惯

习惯是经过反复练习而形成的较为稳定的行为特征。它的作用是双向的，好习惯结好果，坏习惯酿恶果。为此，应加强良好的学习习惯的培养。

没有教师、家长的督促，要有自学（预习及考试的准备）的习惯；记笔记的习惯；总结归纳的习惯；反思的习惯；切磋琢磨的习惯；勤于观察的习惯；适应教师的习惯。

（三）制订学习计划，明确努力的目标

目标是指人们在某一特定的时间内想要达到的特定的行为标准。目标的作用有导向作用、激励作用和评价作用。学习目标本身并不直接导致学习成绩和其他方面的积极变化，但是目标的特性和类型却影响着学生的动机与学习。

1. 短期目标和长期目标相结合

长期目标在时间上太遥远，效果可能不明显；而短期目标则更具有刺激性，可为应采取的行为提供及时的指导。因此，既要有长期目标，也要设置短期目标，通过一系列短期目标，最终达成长期目标。

2. 确定行为（掌握）目标，而不是结果（成绩）目标

行为目标是指一个学生要完成学习任务的标准；结果目标是指学生将注意力集中于最终是否能够获胜上。由于学生只能控制自己的学习行为，而结果受多方面因素的影响，因此，行为目标比结果目标更有效。

3. 确定具有挑战性的目标，而非轻而易举的目标

目标应具有挑战性而又不是太难，应该根据学生的发展水平、年龄特征制定恰当的目标。

4. 设置现实、具体的目标，切忌制定非现实、笼统的目标

现实、具体的目标给学生希望和正确的指导，是能够通过努力实现的；而非现实、笼统的目标无法付诸实施，只能使学生陷于幻想之中。

有了目标，就要有相应的计划使目标付诸实施。在制订学习计划时，考虑要全面，做好时间管理，安排好常规学习时间和自由学习时间；要设想自己在大学要达到的目标，达到什么样的知识结构，学习完哪些科目，培养哪几种能力等。可以按不同的时间段制订计划，如大学四年的计划、一学年的计划、一学期的计划等。

拓展阅读

　　有人做过一个实验：组织三组人，让他们分别向着 10 千米以外的三个村子步行。

　　第一组：不知道村庄的名字，也不知道路程有多远，只告诉他们跟着向导走就是。结果刚走了两三千米就有人叫苦；走了一段时有人几乎愤怒了，他们抱怨为什么要走这么远，何时才能到达；走到一半时有人甚至坐在路边不愿意走了，越走他们的情绪越低落。

　　第二组：知道村庄的名字和路段，但路边没有里程碑，他们只能凭经验估计行程时间和距离。走到一半时大多数人就想知道已经走了多远，比较有经验的人说："大概走了一半的路程。"于是大家又簇拥着向前走，当走到四分之三时，大家情绪低落，觉得疲惫不堪，而路程似乎还很长，当有人说"快到了！"大家又振作起来加快了步伐。

　　第三组：知道村庄的名字、路程，而且每一千米就有一块里程碑，人们边走边看里程碑，每缩短一千米大家便有一小阵的快乐。行程中他们用歌声和笑声来消除疲劳，情绪一直很高涨，所以很快就到达了目的地。

（四）灵活运用学习策略，掌握学习方法

　　大学学习仅凭勤奋和刻苦精神是远远不够的，必须掌握适合自己的学习策略和方法。学习策略是指学生从事各种学习任务的一般方式，或处理一项特定学习任务时的选择方式。这种方式一般意味着为实现目标而采取的最佳方式。

　　上了大学后，有的学生进入了学习的"高原期"，甚至还有一小部分学生为进入不了学习状态而难受、痛苦，原来都是学习的佼佼者，有的学生却到头来什么也没学好，考试不及格现象比比发生。

　　"高原现象"是一种正常的学习心理现象，是指在学习或技能的形成过程中，出现的暂时停顿或下降的现象。从某种意义上来说，高原现象是一件好事，说明我们进入了一个较高的学习层次。高原现象并不可怕，在突破高原现象后，又可以看到上升趋势。

　　高原现象产生的原因除个人意志和知识方面的因素外，主要在于学习方法不适当。因此，这时需要寻找适合新的学习内容的方法和策略。大学生正确的学习方法应遵循以下几个原则。

1. 循序渐进的原则

按照学科的知识体系和学习者自身的智能条件，系统而有步骤地进行学习。应注重基础，切忌好高骛远、急于求成。因此，学习一要打好基础；二要由易到难；三要量力而行。

2. 熟读精思的原则

"熟读"要做到"三到"：心到、眼到、口到。"精思"要善于提出问题和解决问题，用"自我诘难法"和"众说诘难法"去质疑问难。

3. 自求自得的原则

充分发挥学习的主动性和积极性，尽可能挖掘自我内在的学习潜力，培养和提高自学能力。自求自得的原则要求不要为读书而读书，应当把所学知识加以消化，变成自己的东西。

4. 博研结合的原则

根据广博和精研的辩证关系，将广博和精研结合起来，做到学习时既广泛阅读，又能有重点地精读。这就需要了解阅读的一些技巧（SQ3R）。

5. 知行统一的原则

根据认识与辩证的关系，将学习和实践结合起来，切忌学而不用。因此，要在实践中学习，同时将学习得来的知识用在实际工作中，解决实际问题。

三、大学生常见的学习心理问题及其调适

（一）学习动机不当

动机是由某种需要所引起的有意识的行动倾向。它是激励或推动人去行动以达到一定目标的内在动因。大学生学习动机是直接推动学习的内部力量，也是一种学习的需要。

心理学家耶基斯－多德森（Yerkes & Dodson，1908）的研究表明，各种活动都存在一个最佳的动机水平。动机不足或过分强烈，都会使工作效率下降。研究还发现，动机的最佳水平随任务性质的不同而不同。在比较容易的任务中，工作效率随动机的提高而上升；随着任务难度的增加，动机的最佳水平有逐渐下降的趋势，也就是说，在难度较大的任务中，较低的动机水平有利于任务的完成。这个规律称为耶基斯－多德森定律。

1. 学习动机不当的形式

（1）动机缺乏。

①学习松弛。进入大学后，许多学生从心理上摆脱了高中时沉重的学习压力，思想上逐渐松懈，有些学生甚至产生了"革命到头"的感觉，上课不专心，不能集中精神思考问题，课后不肯下功夫复习和巩固所学的知识。

②没有学习热情，上进心不足。主次颠倒，将大量时间和精力放在娱乐等与学习无关的活动上，如看电影、上网玩游戏、聊天、经商、过分热衷于社交活动。

③学习肤浅，满足于一知半解。学习焦虑过低，缺乏自尊心和自信心，对学习好坏和考试成绩不在乎。

（2）动机过强。学习动机过强与学习动机缺乏相同，会降低学生的学习效率，更容易造成心理障碍和生理不适。学习动机过强的主要表现有以下几点：

①成就动机过强。学生的抱负水平与期望远远超出自己的能力和现实情况时，争强好胜，将精力全部用于学习上，并坚信只要自己勤奋努力，就一定会取得优异的成绩；非常

看重自己的分数、名次；希望得到他人的表扬和肯定。

②奖励动机过强。一心想得到奖励，避免惩罚。以考试为中心，精神极度紧张，注意力总在学习上，兴趣单一，学习方法不够灵活。

③学习强度过大。每天用于学习的时间过长，缺乏体育锻炼和休息，常常处于身心疲惫状态。为了追求完美，常常给自己定过高的目标。一旦无法完成，就会责备自己，给自己施加更大的压力。常常不满于现状，总认为自己会做得更好，即使成功了也没有多大喜悦之情。

原因：目标太高、认知失调、社会期望过高。

2. 学习动机不当的调适

（1）要有正确的动机归因。动机过弱的人会有这样的认知模式：学习上的失败或挫折在于自己能力不够、笨，从而产生自卑感，久而久之，就会丧失自信心和学习动力。因此，要树立正确的动机归因模式，把成功归因于自己的内部因素，如能力、努力，这样可以体验到成功感；失败归因于自己的努力不够，这样才能不严重挫伤自己的学习积极性和自信心。而学习动机过强的人应该改变"成功在于自己的努力"的认识，要认识到自己的能力、学习内容、学习方法等因素对学习的影响，建立"只有努力才有可能成功"的认知模式。

（2）要有恰当的动机水平。耶基斯－多德森定律告诉人们，在中等强度的动机水平下，人的学习效率最高。

（3）正确对待外部诱因。例如，奖学金、各种荣誉、父母的奖励和惩罚、考研、出国留学等。淡泊名利得失，克服虚荣心。

（4）培养学习兴趣。大学生对自己的专业是否有兴趣会直接影响学习热情，进而影响整个学习面貌。

（5）制定恰当的目标。学生目标要适当，不能定得太高或太低。目标太高，最终无法实现，容易丧失信心；目标太低，无须努力就能达到，不利于进步。

（二）学习焦虑

学习焦虑是指由于学生在学习过程中不能达到预期目标或不能克服障碍的威胁，导致自尊心、自信心受挫，或失败感、内疚感增加而形成的一种紧张不安、带有恐惧的情绪状态。

1. 学习焦虑的主要表现

（1）学习中心理压力太大，情绪处于压抑状态。

（2）怀疑自己的学习能力，总担心自己学不好，对可能取得的考试成绩顾虑重重、信心不足、忧虑过度，以致寝食难安。

（3）夸大学习中的难度，经常惶惶不安、焦虑万分。中等焦虑有助于学习效果。

2. 学习焦虑的成因

（1）生理原因。生理原因主要是由于考前睡眠时间减少、过度疲劳，或平时缺乏锻炼，身体素质差，或身体有疾病等。

（2）心理原因。一是自信心不足；二是成就动机过强，总期望自己处于领先地位，害怕失败和落后，从而造成焦虑；三是心理素质较弱，容易产生焦虑；四是考试准备不足，平时不认真学习，没有真正掌握知识，遇到考试就容易产生焦虑。

3. 学习过度焦虑的调适

（1）学会自我调节，控制焦虑程度。多给自己积极的自我暗示，相信优等生不是天生的，自己并不笨。学会诉说，有时将焦虑表达出来有助于减缓焦虑心理。

（2）客观评价自我，调整学习目标。正确认识和评价自己的能力，正视失败，自我接纳，培养自信心，制定切合自身实际的学习目标。

（3）合理调节情绪。保持良好的、积极的心理状态。

（4）正确看待考试。不可过分夸大考试的作用。

（5）有准备地应考。做到有备应考，即知识准备、心理准备、技能准备。

（三）学习疲劳

学习疲劳是大脑的一种保护性抑制，因长时间持续学习，从而在生理、心理方面产生劳累，致使学习效率下降，持续学习受到影响。

1. 学习疲劳的表现

学习疲劳主要表现在生理和心理方面。生理方面：腰酸背痛、动作不准确、打瞌睡等；心理方面：注意力不集中、思想迟钝、情绪躁动、精神萎靡不振、学习效率下降、错误增多、出现失眠等。

2. 学习疲劳的成因

（1）缺乏正确的学习方法，学习时过分紧张。

（2）持久的积极思维和记忆，注意力高度集中，学习强度高，过度用脑，缺乏劳逸结合。

（3）学习的内容单调乏味，缺乏学习兴趣。

（4）睡眠不足，搞疲劳战术和突击战术。

（5）学习环境恶劣。

3. 学习疲劳的调适

（1）增强学习动机，强烈的内在动机可以抵御心理疲劳。

（2）培养对学习的兴趣。

（3）学会科学的学习方法。

（4）学会科学用脑。

（5）根据大脑两半球的分工不同，变换活动内容或使活动内容丰富化。

（6）劳逸结合，保证睡眠。

（7）适当增加营养。

（8）把握自己的生物钟。

(四) 注意力不集中

注意力是心理活动对一定对象的指向，具有指向性、选择性和集中性。注意力是知识的窗户，没有它，知识的阳光就照射不进来，所以，注意力是重要的学习心理因素。

1. 注意力不集中的表现

上课不专心听讲，大脑容易开小差；易受环境的干扰；参加活动（如体育运动或看一场电影）后，久久沉浸在情节的回忆中。

2. 注意力不集中的成因

身体过于疲劳；缺乏学习兴趣；大学生发展任务多，因而导致压力与心理冲突加剧，特别是恋爱、性幻想等更容易引发注意力问题；应激性生活时间造成的思想负担过重、精力分散。

3. 注意力不集中的调适

（1）培养学习兴趣，要有不倦的好奇心。

（2）学会注意力转移，遇到生活应激事件与挫折，能尽快从中解脱出来。

（3）要有顽强的意志，培养积极的情绪意志品质，增强注意的自控性与能动性。

（4）建立有效的学习规律，保持良好的学习状态。

(五) 记忆力问题

记忆力是学习活动的基本心理条件。记忆力有某些缺陷或发生局部的、暂时的障碍，就会给人的生活、工作和学习带来极大的困难。

1. 记忆力问题的表现

记忆力差、容易遗忘，具体表现为：识记速度慢、保持时间短；记忆不精确，信息提取有困难。

2. 记忆力差的原因

（1）病理原因：脑损伤、功能退化，神经衰弱，营养健康状况。

（2）非病理原因：记忆动机不强、记忆方法不当、过度疲劳、情绪紧张。

3. 记忆力问题的调适

（1）明确识记目标。任务明确，就能调动心理活动的积极因素，全力以赴地实现记忆的任务。任务越明确、越具体，记忆效果就越好。

（2）掌握记忆的方法。有效记忆的方法多种多样，可以根据学习内容的特点，统筹安排最佳记忆时间，选择适合自己的记忆方法。

（3）避免学习材料的相互干扰。学习材料的相似度会影响到记忆效果。

①前摄抑制：先学习的材料对后续学习材料的识记发生干扰现象；

②倒摄抑制：后学习的材料对先前学习材料的识记发生干扰现象。

（4）合理地组织复习。

①了解遗忘规律。德国心理学家赫尔曼·艾宾浩斯最早研究了遗忘的发展进程，他发

现遗忘在学习之后立即开始，遗忘的进程是先快后慢，逐渐趋于平缓。

遗忘存在序列位置效应，即对学习材料前后的内容容易记忆，对中间的内容容易忘记。

②过度学习。过度学习是指对学习的内容已初步掌握时仍不停止，继续进行学习以达到完全巩固的程度。如学习 10 个词语，经过 4 次学习就会背、会写了，在 4 次练习后再追加 2～4 次练习，这就是过度学习。凡对学习材料未能达到准确背诵的，称为低度学习。低度学习的材料容易遗忘，过度学习的材料记忆效果要好一些，研究证明50%～100% 效果最佳。

（5）试图回忆。试图回忆适用于较抽象，也就是概念较多的材料。所谓试图回忆，就是在把材料初读一遍后，自己可以在显示或看到材料之前试图预测那些接下来将出现的材料。试图回忆在相对无意义的材料中，比在高度有意义的、组织妥善的材料中好处更大。

学习单元三　有效管理时间

你是不是觉得自己很努力，完成的事情却不多？是否觉得总是很忙，却没有对等的收获？

在试图管理、操纵时间以获得利益和享乐的过程中，人们发现他们变成了时间的奴隶，而不是时间的主人。时间或时间缺乏，现如今被认为是很多人生活中的首要压力源。

大学几年的时间很短，一眨眼就要毕业了，这是很多经历过大学的人的真实感受。时间是最公平的，每个人每天有 24 小时，一分不多一分不少；时间又是最无情的，它总是头也不回朝前走，不把握这一秒就意味着永远失去，时光倒流只可能出现在虚幻故事中。大学新生进入大学后，不再受制于中学时期的限制，往往会松懈下来，其意识不到时间管理的重要，谁知考试、提交报告及功课转眼将至。要避免受排山倒海的工作和杂乱无章的时间表所困扰，新生必须及早学习、有效地分配时间，做好时间管理。

乔布斯在 2005 年斯坦福毕业典礼的演讲中说：你们的时间有限，不要将时间浪费在重复他人的生活上；不要被教条束缚，那意味着你活在其他人思考的结果中；不要被他人的喧嚣遮蔽了自己内心的声音、思想和直觉，它们在某种程度上知道你真正想成为什么样子，所有其他的事情都是次要的。时间是每个人与生俱来的一笔财富，而善于掌握和运用这笔财富，则是一种对生命的经营。将身旁的每一分每一秒的时间利用起来，将会积累一大笔财富，不要让它们从自己身边匆匆溜走，否则，你会追悔莫及。如果你对未来迷茫，希望你能把握时间，找到自己的天赋和兴趣，这样，你在大学毕业的时候，才会真正拥有一片充满自信的天空。

一、时间管理的概念

时间管理是在日常事务中执着并有目标地应用可靠的工作技巧，引导并安排管理自己及个人生活，合理有效地利用可以支配的时间。

时间管理是指利用一系列技巧、工具和方法来完成具体的任务、项目和目标。

时间管理的目的就是将时间投入与自己的目标相关的工作，达到"三效"，即效果、效率、效能。

二、时间管理的重要性

一个人是否能获得成功取决于他的态度和思维方法，态度决定行动，思维方法决定方向，也就是说，一个人朝着正确的方向行动是一定能成功的，即有效的行动和正确的思维方法是成功的保障。如果要想成功，管理自己的时间是一个很重要、很关键的因素，一个人的成就与他时间管理得好坏是成正比的。

时间管理好的人，是时间的主人，否则就是时间的奴隶；时间管理得好，能提升人的生活品质；时间管理好的人，是一个很忙碌的人，忙而有序，忙而有效。每个人每天的时间都是一样的，时间是一种特殊的、珍贵的、稀缺的资源，它不能再生，也不能被储存下来，必须利用好每一天的时间，如果能利用好零碎的时间，则时间是可以增加的，当然不是说一天变成了 25 个小时，这是一个相对的概念，这种概念性的时间观念，作为大学生是要慢慢养成一个好的时间观念的，这对以后的工作有很大好处。人与人的区别就在于对时间的利用，如果每天能省出一些时间花在学习上，你的学习进步将是惊人的，有很多学生经常上网，如果你每次一开计算机就在网上先学习 10 分钟外语后再来干别的，外语水平不会差。如果善于从不同的事务之间进行迅速的切换，就能更加有效地利用好每一细小单元的时间，如果在每一项事物中的每一个时间单元里专注，就能产生高效益。

三、常用的时间管理方法

1. 计划管理

关于计划，时间管理的重点是待办单、日计划、周计划、月计划。

（1）待办单：将你每日要做的一些工作事先列出一份清单，排列出优先次序，确认完成时间，以突出工作重点。避免遗忘、未完事项留待明日。

（2）待办单主要包括的内容：非日常工作、特殊事项、行动计划中的工作、昨日未完成的事项等。

（3）使用待办单的注意事项：每天在固定时间制定待办单（一起床就做）、只制定一张待办单、完成一项工作就划掉一项、待办单要为应付紧急情况留出时间，最关键的一项：每天坚持。

每学期期末做出下一学期的学习工作规划；每季季末做出下季末的学习工作规划；每月月末做出下月的学习工作计划；每周周末做出下周的学习工作计划等。

2. 时间"四象限"法

究竟是什么占据了人们的时间？这是一个经常令人困惑的问题。著名管理学家科维提出了一个时间管理的理论，他把工作按照重要和紧急两个不同的程度进行了划分，基本上可分为四个"象限"（图 3-1），即紧急又重要（如学习任务、英语四六级考试等）、重要但不紧急（如建立人际关系、新的机会等）、紧急但不重要（如电话铃声、不速之客进入等）、既不紧急也不重要（如客套的闲谈、无聊的信件、个人的爱好等）。时间管理理论的一个重要观念是应有重点地把主要的精力和时间集中地放在处理那些重要但不紧急的学习与工作上，这样可以做到未雨绸缪，防患于未然。在大家的日常生活工作中，很多时候往往有机会去很好地计划和完成一件事，但常常又没有及时地去做，随着时间的推移，造成学习和工作质量的下降。因此，应把主要的精力有重点地放在重要但不紧急这个"象限"的事务上是必要的。要把精力主要放在重要但不紧急的事务处理上，需要很好地安排时间。

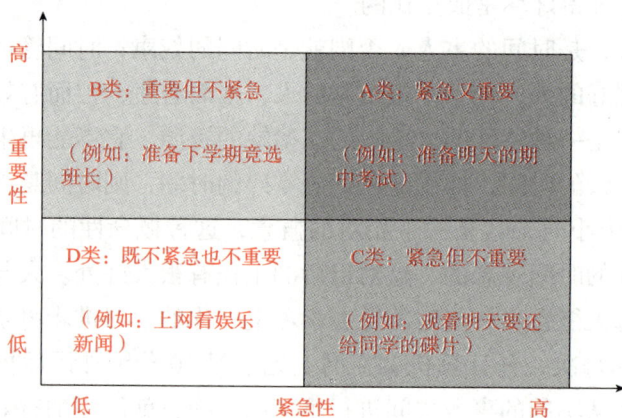

高

重要性

B类：重要但不紧急

（例如：准备下学期竞选班长）

A类：紧急又重要

（例如：准备明天的期中考试）

D类：既不紧急也不重要

（例如：上网看娱乐新闻）

C类：紧急但不重要

（例如：观看明天要还给同学的碟片）

低

低　　　　紧急性　　　　高

图 3-1

3. 时间 ABC 分类法

将自己的工作按轻重缓急分为 A（紧急、重要）、B（次要）、C（一般）三类；安排各项学习和工作优先顺序，粗略估计各项学习和工作时间及占用百分比；在学习和工作中记录实际耗用时间、每日计划时间安排与耗用时间对比，分析时间运用效率；重新调整自己的时间安排，更有效地工作。

4. 考虑不确定性

在时间管理的过程中，还需要应付意外的不确定性事件，因为计划没有变化快，需要为意外事件留出时间。有三个预防此类事件发生的方法：第一是为每个计划都留有多余的预备时间；第二是努力使自己在不留余地，又饱受干扰的情况下，完成预计的工作，这并非不可能，事实上，工作快的人通常比慢吞吞的人做事精确些；第三是另准备一套应变计划，迫使自己在规定时间内完成工作，对自己能力有了信心，仔细分析将要做的事情，然后把它们分解成若干意境单元，这是正确迅速完成它们的必要步骤。

在学习和工作中要很好地完成就必须善于利用自己的工作时间。学习和工作是无限的，时间却是有限的。时间是最宝贵的财富。没有时间，计划再好，目标再高，能力再强，也是空的。时间是如此宝贵，但它又是最有伸缩性的，它可以一瞬即逝，也可以发挥最大的效力，时间就是潜在的资本。要充分合理地利用每个可利用的时间，压缩时间的流程，使时间价值最大化。

四、大学新生如何管理自己的时间

1. 对学习和工作事先制订计划

每天、每周给自己制订学习计划、工作计划与目标，对所学的和感兴趣的知识进行系统学习与记录，一般是当时做出记录，不得已的情况下可事后回忆补记，尽量做到事前控制；应准备一个待办事项清单、时间记录本或效率手册，以备分析检查或查阅待办事项；在宿舍的台历或记事本上，标注当天或预定的学习与工作计划，以备遗忘，也可在计算机系统或电子记事本设置发声装置以便及时提醒；设身处地考虑自己是否浪费别人时间，或对别人有无帮助，如情况消极应及时纠正。若一项工作别人做得更好或更适合去做，则应及时转交他人。根据个人生活规律，选择每天精力最充沛、思想最集中的时间，去处理最重要的事情，如背单词、做练习，这会达到事半功倍的效果。克服"办事拖延"的鄙习，推行一种"限时办事制"，规定在限定时间内（如4小时、8小时、当天）将学习或工作办完；将一些不太重要的事情集中起来办或联办。

2. 现在就做

许多人习惯"等候好情绪"，即花费很多时间以"进入状态"，却不知道状态是干出来而非等出来的，最佳时机是需要把握的。请记住，栽一棵树的最好时间是20年前，第二个最好的时间是现在，手中的鸟比林中的鸟更有效。

3. 学会说"不"

计划赶不上变化是经常遇到的情况，很多时候自己原本已经安排好了的计划，但是经常会临时出现一些变化。例如，朋友拉你打牌或喝酒，会占用你大部分自由时间，在这种情况下，要学会恰当地拒绝，这是时间管理中摆脱变化和纠缠的一种很有效的方法。但是拒绝时要讲究技巧，不宜直截了当，而要委婉，用他人觉得确实合理的理由来拒绝。要学会限制时间，不仅是给自己，也是给别人。不要被无聊的人和无关的事情缠住，也不要在不必要的地方逗留太久，不要将整块的时间拆散。一个人只有学会说"不"，才会得到真正的自由。同时也要避开高峰，如避免在高峰期乘车、购物、进餐，可以节省许多时间。

4. 要有时间价值观念

避免"一分钱智慧，几小时愚蠢"的事例，如为省两元钱而排半小时队，为省两角钱而步行三站地等，都是极不划算的。对待时间，就要像对待经营一样，时刻要有一个"成本和价值"的观念，要注重时间的机会成本，使时间产生的价值最大化。

5. 积极参加休闲

不同的休闲运动会带来不同的结果。积极的休闲运动应该有利于身心的放松、精神的陶冶和人际的交流，有利于提高办事效率；而且随着经济和生活水平的发展，一些休闲运动也能放松性地解决问题，例如，通过打篮球、网球等共同爱好来结识不同的朋友也能提高办事效率。

6. 集腋成裘

生活中有许多零碎的时间不为人注意，其实这些时间虽短，但可以充分利用起来做一些事情。例如，等车的时间可以用来思考下一步的工作、翻翻报纸乃至记几个单词；运动时可回想遇到困难的事情和亟待解决的事情等。在疲劳之前休息片刻，既避免了因过度疲劳导致的超时休息，又可使自己始终保持较好的"竞技状态"，从而大大提高了工作效率。

7. 搁置的哲学

不要固执于解决不了的问题，可以把问题记下来，让潜意识和时间去解决它们。这就有点像踢足球，左路打不开，就试试右路，总之，尽量不要"钻牛角尖"。不要开展无谓的争论，不仅影响情绪和人际关系，还会浪费大量时间，往往也解决不了什么问题。说得越多，做得越少，聪明人在别人喋喋不休或面红耳赤时常常已走出了很远的距离。

成长加油站

人体生物钟见表3-1。

表3-1

时间段	身体状态	适宜做的事情
6—7时	第一次最佳记忆时期	背诵、学习
7—8时	血液加速流动	早餐
8—11时	精力旺盛，记忆力强	学习、从事脑力劳动
11—12时	此时最为清醒	决策、解决问题
12—14时	进入困乏期	午餐、午休
14—15时	下午低沉期	处理不重要的事情
15—16时	思维又开始活跃	进行长期记忆
16—17时	听觉敏锐	练习外语听力
17—18时	人体的体温最高	体育锻炼
18—19时	有饥饿感	晚餐
19—22时	反应异常迅速、敏捷	学习
22时以后	人体各脏器活动开始减慢	休息

五、大学新生应该如何安排课余时间

大学校园的课余生活丰富多彩。除日常的教学活动外，还有各种各样的讲座、讨论会、学术报告会、文娱活动、社团活动、公关活动等。这些活动对于大学新生来说，的确是令人眼花缭乱，对于如何安排课余时间，大学新生常常心中没谱。如果完全按照兴趣，随意性太大，很难有效地利用高校的有利环境和资源。

（1）要合理地安排课余时间，首先对自己在近期内的活动有一个理智的分析。看看自己近期内要达到哪些目标，长远目标是什么，自己最迫切需要的是什么，各种活动对自己发展的意义又有多大等。然后做出最好的时间安排，并且在执行计划中不断地修正和发展。

（2）最好能专门制订一份休闲计划，对一些较重大的节假日和休闲项目做出妥当的安排，这样能使你的休闲运动和学习有条不紊地交叉进行，使身心得到有效的放松和调适。一旦制订出了既愉快又切实可行的休闲计划，那么在这一时间尚未到来之前，你的心情会是愉快而充实的，能精神振奋地投入学习和工作之中。

（3）要留出足够的时间来进行体育锻炼，最好能根据自己的身体状况和客观条件制订出一个体育锻炼计划，务必拥有一个健康强壮的身体。要知道，身体是从事一切活动的"本钱"，也是一个人心理健康的物质基础。

（4）大学新生要善于利用课余时间，开展一些有益的文娱活动，如唱歌、跳舞、下棋等；培养自己的兴趣爱好，如集邮、剪贴、垂钓等，这样可以增添情趣，使生活充实丰富、生机勃勃。若能够拥有一项或多项自己有兴趣而又擅长的爱好，那是再好不过的了。有些学生能写一手好字，或制出精妙的手工艺品，或打一手好乒乓球，这无疑会给他们的人生增添无穷的乐趣，也有利于建立自信心，增强社会适应能力。

（5）可以利用课余时间阅读一些自己喜欢的书籍或报纸。以读书为乐事，既可以排遣烦忧、愉悦性情，又可以获取知识、增长智慧，对大学新生身心的健康发展非常有利。

❯ 思政话题

既然时间的流逝是一种大自然的客观规律，不以人的意志为转移，那么我们能做的只有合理地规划、利用和管理自己的时间，通过强化时间管理意识，学习与掌握时间管理方法，制订并执行时间管理规划，检验时间管理效果，并不断修正时间管理方案，高效完成日常工作生活中相关事宜，充分利用大自然所赋予我们的这一宝贵资源来创造自己的价值。

❯ 成长阅读

一个关于时间管理的故事

在一次时间管理的课堂上，教授在桌上放了一个罐子，从桌子下面拿出几块鹅卵石，放入罐子将其填满，问学生："这罐子满了吗？"学生异口同声回答说："是。"教授笑了，再从桌子下面拿出一袋碎石子，往罐口倒下去，再问学生："这罐子现在是不是满的？"这回学生不敢回答了。教授又从桌子下面拿出一袋沙子慢慢倒进罐子，再问："现在你们告诉我，这个罐子是满的呢还是没满？"全班学生这下学乖了，大家都很有信心地回答说："没有满！"教授又从桌子下面拿出一大瓶水，把水倒在看起来已经被鹅卵石、小碎石、沙子填满的罐子。之后，教授郑重其事地问学生："你们说说，我为什么做这个实验给大家看呢？"班上一片沉默，一位自以为聪明的学生回答："您是想告诉我们，无论我们的行程多满，总能挤出一些时间来，可以多做些事情。"这名学生回答完后心中很得意，心想："这门课程到底讲的是时间管理啊！"教授听到这样的回答后，点一点头，微笑道："这个答案也不错，但这并不是我要告诉你们的。"说到这里，这位教授故意停顿了一会儿，说："我想告诉各位的是先后次序的原则：如果你不先把鹅卵石放进罐子中，你也许以后永远没机会把它们再放进去了。我们都会用小碎石、沙子和水去填满罐子，但却一直忘了把这块鹅卵石放进你的人生。"

▶ 练习自测

看看你的时间管理能力如何

根据自己日常学习与生活中对待时间的方式与态度，选择最适合自己的一个答案。

1. 星期日，你早晨醒来时发现外面正在下雨，而且天气阴沉，你会怎么办？
   A. 接着再睡　　　　　　　　　　B. 仍在床上逗留
   C. 按照一贯的生活规律穿衣起床

2. 吃完早饭后，在上课之前，你还有一段自由时间，你怎样利用？
   A. 无所事事，根本没有考虑学习点什么，不知不觉地过去了
   B. 准备学点什么，但又不知道学什么好
   C. 按照预先制订的学习计划进行，充分利用这一段自由时间

3. 除每天上课外，对于所学的各门课程，在课余时间里怎样安排？
   A. 没有任何学习计划，高兴学什么就学什么
   B. 按照自己最大的能量来安排复习、作业、预习，并紧张地学习
   C. 按照当天的课程和明天要学的内容制订计划，严格有序地学习

4. 你每天晚上怎样安排第二天的学习时间？
   A. 不考虑　　　　　　　　　　　B. 心中和口头做些安排
   C. 书面写出第二天的学习计划

5. 我为自己拟定了"每日学习计划表"，并严格执行。
   A. 很少如此　　　B. 有时如此　　　C. 经常如此

6. 我每天的休息时间表有一定的灵活性，以使自己拥有一定时间去应付预想不到的事情。
   A. 很少如此　　　B. 有时如此　　　C. 经常如此

7. 当发现自己近来浪费时间比较严重时，你有何感受？

  A. 无所谓   B. 感到很痛心

  C. 感到应该从现在起尽量抓紧时间

8. 当你学习忙得不可开交的时候，而又感到有点力不从心时，你怎么处理？

  A. 开始有些泄气，认为自己脑袋笨，自暴自弃

  B. 有干劲，有用不完的精力，但又感到时间太少，仍然拼命学习

  C. 开始分析检查自己的学习时间分配是否合理，找出合理安排学习时间的方法，在有限的时间里提高学习效率

9. 在学习时，常常被人干扰打断，你怎么办？

  A. 听之任之   B. 抱怨，但又毫无办法

  C. 采取措施防止外界干扰

10. 当学习效率不高时，你怎么办？

  A. 强打精神，坚持学习

  B. 休息一下，活动活动，轻松轻松，以利再战

  C. 暂时停止学习，转换一下兴奋中心，待效率最佳的时刻到来，再高效率地学习

11. 阅读课外书籍，应怎样进行？

  A. 无明确目的，见什么看什么，并常读出声来

  B. 能一面阅读一面选择

  C. 有明确目的进行阅读，运用快速阅读法，加强自己的阅读能力

12. 你喜欢什么样的生活？

  A. 按部就班、平静如水的生活   B. 急急忙忙、精神紧张的生活

  C. 轻松愉快、节奏明显的生活

13. 你的手表或闹钟经常处于什么状态？

  A. 常常慢   B. 比较准确

  C. 经常比标准时间快一些

14. 你的书桌井然有序吗？

  A. 很少如此   B. 偶尔如此   C. 常常如此

15. 你经常反省自己处理时间的方法吗？

  A. 很少如此   B. 偶尔如此   C. 常常如此

计分方法：

选择 A，得 1 分；选择 B，得 2 分；选择 C，得 3 分。

将各题的得分加起来，然后根据下面的结果判断出自己的时间管理能力和水平。

结果分析：

35～45 分，有很强的时间管理能力。在时间管理上，你是一个成功者，不仅时间观念强，还能有目的、有计划、合理有效地安排学习和生活时间，时间的利用率高，学习效果良好。

25～34分，较善于对时间进行自我管理，时间管理能力较强，有较强的时间观念，但是，在时间的安排和使用方法上还有待进一步提高。

15～24分，时间自我管理能力一般，在时间的安排和使用上缺乏明确的目的性，计划性也比较差，时间观念较淡薄。

15分以下，不善于时间管理，时间自我管理的能力很差，在时间的自我管理上是一个失败者，不但时间观念淡薄，而且不能合理地安排和支配自己的学习、生活时间。你需要好好地训练自己，逐步掌握时间管理的技巧。

学习模块四
弥足珍贵人间情——人际关系

知识目标:

1. 了解人际交往的意义、特点及类型。
2. 了解影响大学生人际交往的因素。
3. 了解人际关系障碍的类型及调适方法。

能力目标:

1. 能够及时发现人际交往和沟通中存在的问题。
2. 能够掌握基本的交往原则和技巧。
3. 能够懂得和掌握成功交往的艺术,养成良好的人际交往能力。

素养目标:

1. 培养成功交往的心理品质。
2. 保持乐观的情绪和良好的心境,乐于交往。
3. 以理解、宽容、友谊、信任和尊重的态度与人相处。

💡 成长语录

好的支持系统是岁月的馈赠,它包含着沧桑和真情。要知道,选择一条喜爱的人生路线比较容易,创造一个由知心朋友构成的称心的生活圈子却很困难。

——毕淑敏

👤 案例引入

大二学生兰兰是一名品学兼优的学生,并担任班长一职。在本学期的班委重选之前,她一直认为自己各方面都表现不错,肯定会蝉联班长职位,竞选一定会成功。但是,这次改选让她失望了,选票也只有出乎意料的几张而已,为了这件事情,兰兰伤心了一个多星期。兰兰是一个做事手脚麻利的人,性情有时也有一些急躁,她总是以自己的要求和想法去衡量身边的同学及朋友。有一次在服装设计室里做设计，同一小组的一位同学动作稍慢，她就急切地说："你速度太慢了吧，这样下去我们小组成绩就没了。"一句冷冰冰的话，让那位同学感到很难堪。兰兰觉得很孤独，虽然很想和周围的朋友、同学处理好关系，但是她不知道如何是好。因此，她开始郁郁寡欢，人也变得越来越沉闷了。

案例分析

以上案例是兰兰因为不能及时妥当地处理人际关系而造成的。她脾气急躁、以自己的想法去要求和衡量身边的人、不能换位思考，从而导致人际关系紧张。以上情况反映出兰兰在人际交往过程中没有很好地认识自我，缺少在交往过程中优良的个性和心理品质，不了解人际交往艺术，没有掌握一旦发生人际冲突或人际关系紧张的原因和应对策略，最终导致不能融入集体，情绪低沉。

学习单元一　人际关系概述

俗话说："人生不能无群"，在当今社会生活中，一个人若离开了他人、离开了社会和群体，就很难独立存在于世。人们为了生存，必须与周围的人建立起各种关系，与他人交流信息，形成不同的群体，从而建立起各种人际关系，如朋友关系、亲人关系、同学关系和师生关系等。从某种意义上说，人际关系已经不仅是一个人与他人关系好坏的反映，而且是其心理健康水平、社会适应能力的综合体现。影响人际关系不和谐的主要原因是我们无法适应成长中遇到的各种困难和挫折，无法面对自己的软弱、内向及周围人对自己的帮助。和谐的人际关系正如同空气之于人、水之于鱼一般重要。

一、人际关系的基本含义

人际关系是社会交往的结果，每个人都需要从社会交往中获得情感和观念的支持及认同。拥有良好人际关系的前提是要有对人际关系意义的正确理解。人际关系是指人们在人与人交往的过程中，发展起来的一种心理和社会的关系。其本质是在交往过程中双方形成的心理距离。

人际关系是一种人与人之间形成的社会的关系，是大学生不可回避的一种重要的社会关系。人际关系的特点具有以下几个方面：

（1）人际关系是在人们进行交往过程中发生的。

（2）人际关系是一种心理状态，虽然没有实际存在的形式，但是人们可以清晰地感觉到它的存在。例如，在学校里教师和学生可能是一种师生关系，但是从人际关系的层面上来说，可能他俩已经成为朋友。

（3）人际关系和人的情绪有很大的关系，个体的不同可以引起人与人之间的心理吸引和排斥的现象。

二、人际关系的阶段性

尽管人际关系的建立在形式上是多种多样的，有的自幼为邻居，有的十年同窗，有的志趣相投，有的同甘共苦……但是，从互不相识到形成友谊，一般要经历以下三个逐渐深化的过程。

1. 觉察阶段

觉察是人际关系发展的前提，谁也不会生下来就有朋友，总是从互相以对方作为知觉和交往对象开始的。在茫茫的人海之中，有的对面相逢，有的擦肩而过，由于没有交往的动机，没有特别注意，时过境迁也就消失得无影无踪了。只有一方已觉察到另一方的存在，并进行详细的知觉和判断，才说明有了结交的表示，有了面对面的交往。

2. 表面接触阶段

表面接触阶段是人际间最为普遍的关系，如一般同学、同事和邻居，虽然经常见面、经常打交道，但仅此而已。来则聚之，去则散之，只是角色性的接触而无进一步感情上的融合。

3. 亲密互惠阶段

经过一个阶段的交往彼此从熟悉到了解，从了解到主动、热情地关心和帮助对方。这种亲密互惠的关系又可分为以下三种水平：

（1）合作水平。例如，科研团体的成员；业余兴趣小组的成员；同班同学；同一教研组的教师等。这种以共同行为联结起来的人际关系，感情的依赖性不是很强，分开可能就彼此淡漠了，只是在共同活动过程中，能够互相融洽相处。

（2）亲密水平。彼此情感的依赖性较大而内心沟通不足。双方不仅共同活动，平时也常在一起相处，不分彼此，在一起生活、学习和工作感到很愉快；分离时，彼此惦念，久不见面十分想念。

（3）知交水平。彼此在对方心目中占有极高的地位，无话不谈、相互引为知音、心心相印。双方不但有着强烈的情感依恋，而且在观点态度、志向目标上都趋向一致，任何外力都难以拆散。正如孟子说过："人之相识，贵在相知；人之相知，贵在知心。"这乃是人际关系的最高境界。

三、影响人际和谐的因素

良好的人际关系可以促进人的成功；反之，不良的人际关系则可能导致一个人产生消极情绪对人、对物，从而产生人际失调等不和谐的状况。总的来看，影响大学生人际和谐的因素主要由以下两个方面组成。

（一）环境因素

1. 社会因素

现代社会是一个高度开放的社会，国与国之间的概念越来越淡化，"地球村"的村民们正在不断被拉近相互之间的距离。随着我国经济建设的不断开展，人们的思维方式、思想观念、价值取向等都发生了很大的变化，并呈多元化的趋势发展。这些现象都潜移默化地影响着大学生的人际交往状态。中国人民大学曾经对当代大学生的人际关系状况进行调查，结果显示：大学生们对日益复杂的人际关系显得手足无措，相当一部分大学生对人际关系感到迷惘。

2. 学校因素

学校既是学生生活、学习的主要场所，又是学生开展人际交往的重要场合。由于现如今大学生大多为独生子女，所显示出来的一些任性、好强、清高、自傲等特点，常常让他们因一些鸡毛蒜皮的小事情发生矛盾，从而阻碍了正常的人际关系的发展。

3. 家庭因素

家庭是人生的避风港湾，家庭成员之间人际交往的态度、处事方式，会对大学生产生潜移默化的作用。良好的家庭环境氛围，以及父母对子女优良的引导方式对大学生建立积极的人际关系起着不可忽视的促进作用。

（二）个人因素

1. 认知因素

所谓认知，通俗来说就是人们对一件事物的认识或看法。大学生在人际交往过程中的认知因素包括对自己、对他人和对交往本身的认知。认知关键是对自我评价的正确与否，如果过高地评价自己，在人际交往中容易盛气凌人或显得不屑与人交往。但是，如果平时过低地评价自己，则容易在人际交往中显得不安、焦虑甚至产生恐惧的心理，如社交恐惧症等。正是由于评价不当，所以导致了现如今部分大学生存在着两种对立的认知态度，一种是极度地以自我为中心、我行我素、清高自傲；另一种则是过分自卑，遇到事情想到的总是忍让。这两种态度导致了不同的人际交往状态，从而也会影响个人的人际关系水平。

2. 人格因素

人格因素是人际交往中的重要因素，良好的人格特质（如理解人、关心人、富有同情心、真诚、宽容等）有利于人际关系的发展，促进人与人之间的感情；反之，不良的人格特质（如自私、嫉妒、猜疑、自卑、固执等）不利于人际关系的发展。现如今的大学生多数是独生子女，年龄在 18 ～ 22 岁，他们的人格特质尚未完全成型，应该在人际交往过程中培养良好的人格品质。

3. 情绪因素

在人际交往中，良好的情绪应该是适度的，引起情绪变化的原因也应该与情景相称，并随着客观情况的变化而变化。如果一个人不分场合地对一件事情反应过于强烈，往往会引起他人的疑惑。情绪反应激烈，会使人觉得感情用事；情绪反应过于冷漠，则会被视为麻木无情。大学生处于思维高度活跃期，情绪反应变化很快，有时对人、对事过于敏感，从而产生一些不良的情绪和行动，导致人际关系缺失，造成人际交往障碍。

四、人际关系中的"心理效应"

在人们生活的空间中，每天都需要与人进行交流，在与人交流的同时形成着这样或那样的印象。人们形成的印象往往与真实情况有所差别，是什么原因导致这种现象的呢？其实是一些"效应"在作怪。积极地了解一些交往心理学知识，了解印象形成的一些"效应"，可以学会怎样留给他人一个好印象，同时，也可以帮助人们克服这些效应的消极作用。

（一）首因效应

【小阅读】一位广告专业的毕业生正急于寻找工作。一天，他到某广告公司对总经理说："你们需要一个文员吗？""不需要！""那么美工呢？""不需要！""那么打字和录入工人呢？""不需要，我们现在什么空缺也没有了。""那么，你们一定需要这个东西。"说着他从公文包中拿出一块精致的小牌子，上面写着"满额，暂不雇用"。总经理看了看牌子，微笑着点了点头，说："如果你愿意，可以到我们策划部工作。"这个大学生通过自己制作的牌子表达了自己的机智和乐观，给总经理留下了美好的"第一印象"，引起其极大的兴趣，从而为自己赢得了一份满意的工作。这种"第一印象"的微妙作用，在心理学上称为首因效应。

首因效应是指第一印象对人以后认知产生的影响。通俗来说，首因效应就是人与人第一次交往中给他人留下的印象。人们常说的"给人留下一个好印象"，一般就是指的第一印象，这里就存在着首因效应的作用。因此，在交友、招聘、求职等社交活动中，我们可以利用这种效应，给人展示一种极好的形象，为以后的交流打下良好的基础。当然，这在社交活动中只是一种暂时的行为，更深层次的交往还需要自己的硬件完备。这就需要加强在谈吐、举止、修养、礼节等各方面的素质，否则会导致另外一种效应的负面影响，即近因效应。

（二）近因效应

【小阅读】玲玲和倩倩是一对多年的好朋友。玲玲比倩倩大一岁，平时就像姐姐一样关心倩倩。倩倩从心底里感激玲玲，把玲玲当作知心朋友。每次倩倩在学校受了同学的欺负，玲玲总是挺身而出，极力维护她。大家都知道她们关系非常密切。可是最近，玲玲和倩倩却因为一件小事情闹翻了。倩倩生气地对别人说："我把她当姐姐一样的尊重，她却这样对待我。""唉，我对她一直都很关照，却因为最近得罪了她一次，她居然就不理我了。"玲玲伤心地说道。原来，因为最近玲玲不小心"得罪"了倩倩，倩倩便把以往与玲玲的友情全给抹杀了。从此，两人形同陌路。

由于最近了解的东西掩盖了对某人一贯了解的心理现象称为近因效应。与首因效应相反，近因效应是当多种刺激同时出现时，印象的形成主要取决于后来出现的刺激，即在交往过程中，我们对他人最近、最新的认识占了主体地位，掩盖了以往形成的对他人的评价，因此也称为"新颖效应"。多年不见的朋友，在自己的脑海中的印象最深的，其实就是临别时的情景；一个朋友总是让你生气，可是谈起生气的原因，大概只能说上两三条，这也是一种近因效应的表现。心理学家研究表明，对陌生人的知觉，第一印象有更大的作用；而对于熟悉的人，对他们的新异表现容易产生近因效应。

（三）从众效应

【小阅读】一位老者携孙子去集市卖驴。路上，开始时孙子骑驴，爷爷在地上走，有人指责孙子不孝；爷孙两人立刻调换了位置，结果又有人指责老头虐待孩子；于是两人都骑上了驴，一位老太太看到后又为驴鸣不平，说他们不顾驴的死活；最后爷孙两人都下了驴，徒步跟驴走，不久又听到有人讥笑："看！一定是两个傻瓜，不然为什么放着现成的驴不骑呢？"爷爷听罢，叹口气说："还有一种选择就是咱俩抬着驴走了。"这虽然是一则笑话，但是却深刻地反映了我们在日常生活中习焉不察的一种现象——从众效应。

所谓从众效应，是指个体受到群体的影响而怀疑、改变自己的观点、判断和行为等，以与他人保持一致。在生活中，每个人都有不同程度的从众倾向，总是倾向与跟随大多数人的想法或态度，以证明自己并不孤立。研究发现，持某种意见的人数的多少是影响从众的最重要的一个因素，"人多"本身就是说服力的一个明证，很少有人能够在众口一词的情况下还坚持自己的不同意见。

（四）光环效应

【小阅读】美国心理学家戴恩等人有个研究，让被试者看一些照片，照片上的人分别是有魅力的、无魅力的和魅力中等的，然后让被试者从与魅力无关的方面去评价这些人，如他们的职业、婚姻、能力等，结果发现，有魅力的人在各方面得到的评分都是最高的，无魅力者得分最低，这种漂亮的人各方面都好实际上就是光环效应的典型表现。

当对某个人有好感后，就会很难感觉到他的缺点，就像有一种光环在围绕着他，这种心理就是光环效应。"情人眼里出西施"，情人在相恋的时候，很难找到对方的缺点，认为他的一切都是好的，做的事情都是正确的，就连别人认为是缺点的地方，在对方看来也无所谓，反之则认为对方一无是处，这就是光环效应的表现。光环效应有一定的负面影响，在这种心理作用下，很难分辨出好与坏、真与伪，容易被人利用。

（五）思维定式

【小阅读】有一位很有名的魔术大师，他可以在很短的时间内打开无论多么复杂的锁，从未失手。有一次他来到一个小镇准备解开小镇居民为他制作的难题，居民们特别打制了一个坚固的铁牢，配上一把看上去非常复杂的锁，请他来看看能否从这里出去。魔术师自信地接受了这个挑战。魔术师穿上特制的衣服，走进铁牢中，小镇居民关上了牢门后，就都远远走开了。很快，时间过了30分钟，魔术师没有打开锁；一个小时过去了，魔术师头上开始冒汗，他的耳朵紧贴着锁，紧张工作着；两个小时过去了，魔术师始终听不到期待中的锁簧弹开的声音。他筋疲力尽地将身体往门上一靠，沮丧地坐在地上，结果牢门却顺势而开。原来，牢门根本没有上锁，那看似很厉害的锁只是个样子。在很多时候，人们都会陷入固定思维，不知道脑筋急转弯。因此，尽管全身心地去解决问题，还是无法顺利地得到答案。此时，不妨试试脑筋急转弯，事情也许会迎刃而解。

所谓思维定式是由先前的活动而造成的一种对活动的特殊的心理准备状态或活动的倾向性。在环境不变的条件下，思维定式使人能够应用已掌握的方法迅速解决问题；而在情境发生变化时，它则会妨碍人采用新的方法。

（六）投射效应

【小阅读】一天晚上，在漆黑偏僻的公路上，一个年轻人的汽车抛了锚——汽车轮胎爆了。年轻人下来翻遍了工具箱，也没有找到千斤顶，怎么办？这条路半天都不会有车子经过。他远远望见一座亮灯的房子，决定去那个人家借千斤顶。可是他又有许多担心，在路上，他不停地想："要是没有人来开门怎么办？""要是没有千斤顶怎么办？""要是那家伙有千斤顶，却不肯借给我，该怎么办？"顺着这种思路想下去，他越想越生气。当走到那间房子前，敲开门，主人一出来，他冲着人家劈头就是一句："你那千斤顶有什么稀罕的！"主人一下子被弄得丈二和尚摸不着头脑，以为来的是个精神病人，就"砰"的一声把门关上了。佛家说："佛心自观"，你看见别人是什么，就表示你自己是什么。心理学研究发现，人们在日常生活中常常不自觉地把自己的心理特征（如个性、好恶、欲望、观念、情绪等）归属到别人身上，认为别人也具有同样的特征。例如，自己喜欢说谎，就认为别人也总是在骗自己；自我感觉良好，就认为别人也都认为自己很出色……心理学家称这种心理现象为"投射效应"。

由于投射效应的存在，我们常常可以从一个人对其他人的看法中来推测这个人的真正意图或心理特征。由于人有一定的共同性，有一些相同的欲望和要求，所以，在很多情况下，我们对其他人做出的推测都是比较正确的，但是，人与人之间毕竟有差异，因此，推测也会有出错的时候。在日常生活中，我们常常错误地把自己的想法和意愿投射到其他人身上：自己喜欢的人，以为别人也喜欢，总是疑神疑鬼。人与人之间既有共性，又有个性，如果投射效应倾向过于严重，总是以己度人，那么我们既无法真正了解别人，也无法真正了解自己。

（七）刻板印象

【小阅读】一次期末考试有三个学生没有参加，有一个学生竟然同时缺考了两门专业课程的考试。当教师问到原因时，这几个缺考学生的理由都是：因为自己前几次没有考好，所以这次考试担心再考不好。还有一个学生说，根据自己的考试"规律"，是一次好，一次坏，上一次考得不错，这一次要是再参加，肯定考不好。而那个缺考两科的学生的理由更是让人吃惊："我每次考试都有一门考不好，上几次分别是英语、数学和化学，这一次如果参加考试，就应该这两门了，所以干脆就不来参加考试。"

刻板印象是指个人受社会影响而对某些人或事持稳定不变的看法。它既有积极的一面，也有消极的一面。积极的一面表现在：对于具有许多共同之处的某类人在一定范围内进行判断，不用探索信息，直接按照已形成的固定看法即可得出结论，这就简化了认知过程，节省了大量时间、精力；消极的一面表现在：被给予有限材料的基础上做出带普遍性的结论，会使人在认知其他人时忽视个体差异，从而导致知觉上的错误，妨碍对他人做出正确的评价。

成长加油站

人际关系的距离

根据美国人类学家埃特瓦特·霍尔的观察，人际关系可通过八种距离来断定。

1. 密切距离——接近型（0.15 米）

这是为了爱抚、格斗、安慰、保护而保持的距离，是双方关系最接近时所具有的距离。这时语言的作用很小。

2. 密切距离——较近型（0.15～0.45 米）

这是伸手能够触及对方的距离。这是关系比较密切的同伴之间的距离，也是在拥挤的电车中人与人之间不即不离的距离。

3. 个体距离——接近型（0.45～0.75 米）

这是能够拥抱或抓住对方的距离。这个距离对于对方的表情一目了然。男人的妻子处于这种位置是自然的；而其他女生处在这个距离内，则易产生误解。

4. 个体距离——稍近型（0.75～1.2 米）

这是双方同时伸手才能触及的距离，是对人有所要求时应有的一种距离。

5. 社会距离——接近型（1.2～2.1 米）

这是超越身体能接触的界限，是办事时同事之间所处的一种距离。保持这种距离，使人具有一种高雅、庄严的气质。

6. 社会距离——远离型（2.1～3.6 米）

这是为便于工作保持的距离，工作时既可以不受他人影响，又不给别人增添麻烦。夫妻在家时保持这种距离可以互不干扰。

7. 公众距离——接近型（3.6～7.5米）

如果保持4米左右的距离，说明说话人与听话人之间有许多问题或思想待解决与交流。

8. 公众距离——远离型（7.5米以上）

这是讲演时采用的一种距离，彼此互不干扰。

如果能将以上八种距离铭记于心，就能准确、顺利地判断出你与对方所处的关系与密切程度。

学习单元二　培养成功交往的心理品质

良好的人际交往能力及良好的人际关系是人们生存和发展的必要条件。大学生作为一个特殊群体，面对激烈的竞争和日益强大的社会心理压力，如何认识和正确处理在人际交往中存在的问题具有极其重要的意义，人际交往障碍会给大学生的学习、生活、情绪、健康等各个方面带来一系列不良影响；通过分析大学生在人际交往和沟通中存在的问题及原因，说明了大学生如何保持和提高良好人际关系交往及沟通能力。同时，形成一种团结友爱、朝气蓬勃的人际交往环境，也将有利于大学生形成和发展健康的个性品质。

一、大学生人际交往的特点

1. 时代性

社会总是在不断向前发展的，而不断向前发展的社会必然会给大学生的人际交往注入新的内容和要求，为大学生的人际关系打上深深的时代印记。

二十世纪五六十年代，我国大学生的人际关系较多地表现为"同一战壕的战友"，而今，改革开放为大学生的人际交往开拓了一片崭新天地。例如，现如今的大学生在人际交往中既注重平等互助，又注重友好竞争，希望在竞争中表现自己、发展自己。

2. 广泛性

高等学校以教育活动为基本活动，这种教育活动具有多学科、多层次的内部结构，具有先进的信息环境和知识密集、人才密集、生活区密集等特点。这些环境特点导致了大学生人际交往内容的广泛性，可以交流思想、探讨人生、研究学习、传递信息、开发智力等。而且，与中学不同的是，大学师生之间、同学之间朝夕相处，接触机会多，相互依赖和相互帮助多，情谊也比较亲密和持久。

3. 自主性

由于大学生一般知识面较宽，兴趣较广泛，自我意识明显增强，社会经验也不断增多，这使得他们在人际交往中开始凭自己的观点、个性、情趣、爱好来为人处世，自由地选择交往对象和交往方式，自主地开展交往活动，按照自己的意愿去建立人际关系。这种自主性主要表现在大学生的交往观念比较开放，在交往方式上喜欢标新立异，在交往范围上不拘泥于自己生活中的小圈子。值得注意的是，大学生人际交往的自主性，往往会导致他们交往关系的开放性、多彩性和多变性。

4. 发展的不平衡性

发展的不平衡性是由大学生自身素质的差异决定的。大学生人际交往大致可分为以下三种情况：

（1）人缘型。人缘型的学生与人交往积极主动，交际面较广，大约占大学生总数的20%。

（2）孤僻型。孤僻型的学生平日沉默寡言，不善交往，在人际冲突中自我调节能力差，大约占大学生总数的3%。

（3）中间型。中间型的学生占大多数，其特点是处于前两类之间，一般表现不突出，人际交往范围较窄，行为上随大流，不爱显露头角。

比起中学生，大学生的人际交往更为复杂、更为广泛，独立性更强，更具有社会性，个体开始独立地步入了准社会群体的交际圈。大学生们开始尝试独立的人际交往，并试图发展这方面的能力。而且，交往能力越来越成为大学生心目中衡量个人能力的一项重要标准。大学生处于一种渴求交往、渴求理解的心理发展时期，良好的人际关系是他们心理正常发展、个性保持健康和具有安全感、归属感、幸福感的必然要求。然而，并不是每个大学生都能处理好人际关系。在这一过程中，有相当数量的人会产生各种问题。认知、情绪及人格因素都影响着人际关系的建立，一旦在这一过程中受挫，就可能表现为自我否定而陷入苦闷与焦虑之中，或因企图对抗而陷入困境，并由此产生心理问题。

大学生在人际关系中的困惑、不适可分为以下五种情况：

（1）缺少知心朋友。这类大学生通常多能正常交往，人际关系也不错，但自感缺乏能互吐衷肠、肝胆相照、配合默契、同甘共苦的知心朋友，为此，有时不免感到孤独和无奈。

（2）与个别人难以交往。这类大学生与多数人交往良好，但与个别人交往不良，他们可能是室友、同学或父母等与自己关系比较近的人，由于与这些人相处不好常会影响情绪，成为一块"心病"。

（3）与他人交往平淡。这类大学生能与他人交往，但总感到与人相处的质量不高，缺乏影响力，没有关系比较密切的朋友，多属点头之交，没有人值得他牵挂，也没有人会想念他，他们难以保持和发展良好的人际关系。这类学生多会感到空虚、迷茫、失落。例如，某高校06级一学生，因同学关系不好，倍感孤独、压抑，最后离校出走。在离学校较近的几个中小城市闯荡了一圈后又回到了学校，在校园中与接到通知后连夜赶到学校的陈某父母不期而遇，此时，悲喜交加的陈某父子面对的，除学校因陈某不假离校、旷课 50 多个学时而给予的勒令退学处分和校方师生的同情外，谁也无力给予陈某更多的安慰。

（4）感到交往有困难。这类大学生渴望交往，但由于交往能力有限、方法欠妥或个性缺陷、交往心理障碍等原因，致使交往不尽人意，很少有成功的体验，他们往往感到苦恼，很希望改变社交状况。例如，大一年级女生小张，她在家里一直养尊处优，家务活全部由父母包办，自理能力不强；进入大学后，紧张的学习使她觉得不安，她开始独来独往，渐渐地，她有种异样的感觉，好像全寝室同学都看不起她，打开水也要她去，扫地也叫她，她觉得自己成了别人"差使"的对象，越发闷闷不乐，上课也毫无兴趣，成绩一落千丈。

（5）社交恐惧症。这类大学生对人际交往特别敏感、害怕，极力回避与人接触，不得不交往时则紧张、恐怖、心跳加快、面红耳赤，难以自制，总是处于焦虑状态；他们害怕自己成了别人注意的中心，害怕自己在别人面前出丑，害怕被别人观察；总担心自己会出现错误而被别人嘲笑，总处于一种莫名的心理压力之下；与人交往，甚至在公共场所出现，对他们来说都是一件极其恐怖的任务。

二、大学生在人际交往和沟通中存在的问题

在大学阶段的学习生活中，由于主观和客观的原因，其中一部分人往往会出现人际交往和沟通不畅的情况，影响其身心健康和学习进步。近年来，由于各种因素的影响，大学生人际交往困难成为大学生活中的一个普遍问题。同学们在调查中回答"通过择业你感到自己特别欠缺的素质是什么"问题时，选择人际交往能力的比例高达 34.8%，位列首位。大学生在人际交往和沟通中存在的问题主要有以下几种类型。

1. 自我中心型

在与别人交往时，"我"字优先，只顾及自己的需要和利益，强调自己的感受，而不考虑别人的感受。在与他人相处时，不顾场合，不考虑别人的情绪，自己高兴时，就高谈阔论，眉飞色舞，手舞足蹈；不高兴时，就郁郁寡欢，谁都不理，或乱发脾气，根本不尊重他人，漠视他人的处境和利益。

2. 自我封闭型

自我封闭型有两种情况，一种是不愿意使别人了解自己，总喜欢把自己的真实思想、情感和需要掩盖起来，往往持一种孤傲处世的态度，只注重自己的内心体验，在心理上人为地建立屏障，故意把自我封闭起来；另一种情况是虽然愿意与他人交往，但由于性格原因却无法让别人了解自己。这样的人一般性格内向孤僻，形成了一种自我封闭的状态，喜欢一个人独来独往，不喜欢与他人接触，做什么都一个人，很难融入大集体中，产生一种极不和谐的情况。

3. 社会功利型

任何人在交往过程中都有这样或那样的目的、想法，都有使自己通过交往得到提高、

进步的愿望，这些都是好的。但如果过多、过重地考虑在交往中的个人愿望、利益是否能够实现和达成，实现的可能性有多大等，就很容易被拜金主义、功利主义等错误思想腐蚀、拉拢，使个人交往带上极其浓厚的功利色彩。现如今，有部分学生把市场经济通行的"等价交换原则"用于人际交往，靠吃吃喝喝建立感情，靠拉拉扯扯、吹吹拍拍以实现个人目的；或"唯利是图"；大利多交，小利少交，无利不交，冷落不能给自己"实惠"的人，滥交乱捧能给自己"实惠"的人。个别学生把个人利益看得很重，最好荣誉、成绩都属于自己，别人都不如自己，在分队与分队之间，甚至区队与区队之间也存在类似的问题，对于本分队、本区队的工作都尽力完成，但在其他分队区队有困难的时候不愿意伸手帮助，希望自己所在分队、区队一枝独秀。

4. 猜疑妒忌型

猜疑心理在交往中一般表现：以一种假想目标为出发点进行封闭性思考，对人缺乏信任，胡乱猜忌，说风就是雨，很容易暗示。猜疑是人际关系和谐的蛀虫。另外，心理学认为，任何人都有不同程度的嫉妒心，这是常事，一定的嫉妒心可以激发人奋发向上的积极性。一旦这种嫉妒心超过限度就会走向反面，影响人与人之间正常的关系。在人们平时的交往中嫉妒心主要表现为对他人的成绩、进步不予承认，甚至贬低；自己取得了成绩、获得了荣誉就沾沾自喜，同时又焦虑不安，对他人过分提防，害怕他人赶上；有的甚至因此怨恨他人的所作所为。嫉妒心，嫉的是贤，妒的是能，这就是所谓的"嫉贤妒能"。若自己不能很好地调整心态，发展到极端就会产生同归于尽的心理，自己得不到的东西，别人也别想得到；自己不成功，他人也休想成功。能够坐在校园里的，都是通过高考这拥挤的羊肠小道的幸运者，一帆风顺，优越感自然而然地滋生；但进入大学校园情况就不同了，大学的优秀者云集，有的学生不能够保持优秀，学业上优越地位的失落，很容易产生忌妒心理，轻者出现内向、躲避，重者出现精神妄想、自杀甚至犯罪等。

5. 江湖义气型

有些学生热衷于江湖义气，对所谓的江湖好汉、义士崇拜得五体投地，与其他同学称兄道弟、拜把子，管它什么军纪、国法、集体利益，不惜为哥们两肋插刀，大有豪气冲天的勇者风范。而实际上，这是对革命同志关系的玷污，它是封建社会的产物，是维护个人和小团体私利的宗派团伙意识，与以革命原则为基础的同志友谊有着本质的区别。在平时交往中，一定不能搞小团体、小圈子，应当坚持团结合作，珍惜互相之间的情谊，这样才能做到"人伴贤良智更高"。

6. 人际交往复杂、困惑、迷茫

人际交往复杂、困惑、迷茫是很多大学生的心灵写照，熟悉了周围的环境，认识了周围的同学，才发现校园的生活并不像自己想象的那么简单，人的想法也不再像高中那样单纯了，人们说校园就是个亚社会，每天自然少不了待人接物，然而待人接物并不简单，大学校园汇集着来自五湖四海、四面八方的同学，风俗习惯、观点看法难免不同，正是这些风俗习惯和观点看法的不同，使我们的生活总是充满着小摩擦，总是不能风平浪静。调查显示，有 78.8% 的在校学生都反映人际关系复杂难处，其中宿舍关系就占 45%。人际交往与我们的生活息息相关，每天都在为人际关系发愁，从而使人产生郁闷。

7. 面子问题

爱美之心，人皆有之，爱面子更是大学生的一大怪癖，大学生的许多人际冲突都是发生在没有什么原则问题的小事情上，往往是一次无意的碰撞、不经意的言语伤害或区区小利等，本来只要打个招呼、说声道歉，也就没事了，但双方都"赌气"，不打招呼、不道歉，而是出言不逊，结果争吵起来。更有甚者，一个不让，一个拔拳相向，头破血流，事后懊悔不迭。双方都在用不适当的方法维护自尊，即典型的面子心理，仿佛谁先道歉就伤了面子，谁在威胁面前低了头谁就是懦夫，于是层层升级，以悲剧而告终。

拓展阅读

从前，有两个饥饿的人得到了一位长者的恩赐：一根鱼竿和一篓鲜活硕大的鱼。其中，一个人要了一篓鱼，另一个人要了一根鱼竿，于是他们分道扬镳。得到鱼的人原地就用干柴搭起篝火煮起了鱼，他狼吞虎咽，还没有品出鲜鱼的肉香，转瞬间，连鱼带汤就被他吃了个精光，不久，他便饿死在空空的鱼篓旁。另一个人则提着鱼竿继续忍饥挨饿，一步步艰难地向海边走去，可当他已经看到不远处那片蔚蓝色的海洋时，他浑身的最后一点力气也使完了，他也只能眼巴巴地带着无尽的遗憾撒手人间。

又有两个饥饿的人，他们同样得到了长者恩赐的一根鱼竿和一篓鱼。只是他们并没有各奔东西，而是商定共同去找寻大海，他俩每次只煮一条鱼，他们经过遥远的跋涉来到了海边，从此，两人开始了捕鱼为生的日子，几年后，他们盖起了房子，有了各自的家庭、子女，有了自己建造的渔船，过上了幸福安康的生活。

点评：人与人之间，通过合作能弥补各自的缺陷才能真正实现共赢，如果案例中首先出现的两个饥饿的人懂得分工合作、相互支持，必定不会落得如此悲惨的下场。

三、培养成功交往的心理品质

良好的心理素质（如真诚、感恩、尊重、理解、互利等）是人们进行广泛社交活动的必要条件，也是语言技巧、交际才能得以充分发挥的前提；相反，心理状态不佳，会形成某些隔膜和屏障，在一定程度上阻碍了人们交朋结友和适应社会。因此，我们在生活和学习中应该注重自身修养，努力克服种种人际交往中的病态心理。

1. 真诚待人

古希腊曾有一句名言"认识你自己"。这句希腊古训，不仅要求人们如实地肯定自己的力量和美德，同时还要求人们坦诚地揭露自己的一切缺点和错误，它所要求的一切，归根到底就是人生的纯朴和真诚。有一位心理学家做过一次实验，他设计了一种表格，里面包含 500 多个描述品品的形容词，在评价最高的几个词中关于真诚、忠实、真实、信赖和依靠等词语占据首位，可见，真诚在人际交往中扮演了一个重要的角色。

2. 相互尊重

一次，英国维多利亚女王与丈夫吵了架，丈夫独自回到卧室，闭门不出。

女王回卧室时，只好敲门，丈夫在里边问："谁？"维多利亚傲然地回答："女王"，没想到里边既不开门，又无声息，她只好再次敲门，里边又问："谁？""维多利亚。"女王回答，里边还是没有动静。女王只得再次敲门，里边再问："谁？"女王学乖了，柔声回答："你的妻子。"这一次，门开了。这个小故事说明了无论什么人，无论地位高低，渴求得到平等受到他人的尊重的心情是一样的。

相互尊重让我们知道只有尊重别人，自己才能获得别人的尊重。虽然因为年龄、个性、外貌等原因人与人之间存在着各种差异，但是，无论是地位高低、贫富差距或是来自哪里，都应该相互尊重，人与人应该是平等的。

3. 主动交往

人们一般都有相当强烈和迫切的交往愿望，希望有一个丰富的人际关系世界。人与人在交谈之前的心理是一样的，当你在犹豫的时候，别人或许也在犹豫，这个时候应该主动上前，聊最近热门的话题，或者问对方最近在看什么电视、在看什么书等，这样就可能拉近交谈双方的距离。

另外，在与朋友、同学交往的时候，要注意察言观色，不是说要附和别人，而是注意别人的情绪，注意自己的言辞，给别人一个好印象，这样别人下次会比较愿意和你继续交谈。

4. 学会宽容

在与人相处时，应当严于律己，宽容待人，接受对方的差异。俗话说，"金无足赤，人无完人"。在交往中，对别人要有宽容之心，如"眼睛里容不得一粒沙子"般斤斤计较，苛刻待人，或者得理不让人，最终将会成为孤家寡人。另外，要有宽容之心，还须以诚换诚，以情换情，以心换心，善于站在对方的角度去理解对方，会柳暗花明、豁然开朗。

5. 懂得感恩

感恩是一种处世哲学，更是一种生活中的智慧，一个懂得感恩的人，不会为自己的得失而斤斤计较，也不会一味索取和使自己的私欲膨胀。懂得感恩，为自己已有的而感恩，感谢生活给予的一切，这样才会有一个积极的人生观，才会有一种健康的心态。

6. 学会互利

有这样一个故事，在一个寒冷的冬天，一个卖炭的和一个卖馒头的人同时来到一间破屋子过夜，卖炭的人很饿，卖馒头的人很冷，他们心里却坚信对方会先恳求自己。于是卖馒头的吃自己的馒头，卖炭的烤自己的火，不久他们两个人就一个饿死、一个冷死在破屋子中。互利是指在双方相互满足对方需要的同时，又得到对方的回报。在人际交往中如果只是一味追求索取，不懂得报答，双方的关系就会越来越疏远；反之，如果双方互利性越高，交往双方的关系就会越稳定。在人际交往中，"学会互利"更多的是指双方精神层面的互惠互利，满足双方友谊的需要，促进双方的关系良性发展。

拓展阅读

小王大学毕业后到一个单位工作，刚进单位，他决心积极表现一番，以给领导和同事留下好的第一印象。于是，他每天提前到单位打水扫地，节假日主动要求加班，领导布置的任务有些他明明有很大困难，也硬着头皮一概承揽下来。

本来，刚刚走上工作岗位的年轻人积极表现自我是无可厚非的，但问题是小王此时的表现与其真正的思想觉悟、为人处世的态度和模式相差很远，夹杂着"过分表演"的成分，因而就难以有长久的坚持性。没过多久，他水也不打了，地也不扫了，还经常迟到，对领导布置的任务更是挑肥拣瘦。结果，领导和同事们对他的印象由好转坏，甚至比那些开始来的时候表现不佳的青年所持的印象还不好。因为大家对他已有了一个"高期待、高标准"，另外，大家认为他刚开始的时候是"假装"的，而"诚实"是社会评定一个人的"核心品质"。

四、掌握成功交往的艺术

人际关系是一门学问，人际交往是一门艺术，其中蕴含着深刻的道理和技巧。如果能够运用正确的方法和技巧与人交往，那么在与人交流的过程中就会事半功倍。19世纪英国杰出的作家约翰·罗斯金说过：为别人尽最大的力量，最后就是为自己尽最大的力量。人际关系状况不仅反映了一个人的心理健康水平，更是对人获得精神支持、满足心理需要的力量源泉。人际关系是一种能力，也是一种技术，可以通过学习和训练来培养与提高，为了建立良好的人际关系，我们有必要学习一些人际交往的技巧。

1. 换位思考

【小阅读】一对夫妇坐车去游山，半途中下车。听说后来车上其余的乘客没有走多远，就遇到了小山崩塌，结果全部丧命。女人说：咱们真幸运，下车下得及时。男人说：不，是由于咱们的下车，车子停留，耽误了他们的行程，否则就不会在那个时刻恰巧经过山崩的地点了……

换位思考是人与人之间的一种心理体验过程。将心比心、设身处地是达成理解不可缺少的心理机制。它客观上要求我们将自己的内心世界，如情感体验、思维方式等与对方联系起来，站在对方的立场上体验和思考问题，从而与对方在情感上得到沟通，为增进理解奠定基础。换位思考的实质就是设身处地为他人着想，即想人所想，理解至上。人与人之间少不了谅解，谅解是理解的一个方面，也是一种宽容。我们都有被"冒犯""误解"的时候，如果对此耿耿于怀，心中就会有解不开的"疙瘩"，但是，若我们能深入体察对方的内心世界，或许能达成谅解。一般来说，只要不涉及原则性问题，都是可以谅解的。谅解是一种爱护、一种体贴，更是一种宽容、一种理解。

2. 以微笑面对他人

【小阅读】一名应聘者到一家刚刚成立的公司参加应征，看到公司内部设施简陋，脸上便愁容满面，提不起精神。老板一看他的表情，便失去了继续交谈的兴趣。而另一位应聘者从进来到离开办公室，一直面带微笑。他对老板说："我如果能够来到这里工作，会非常高兴，我一定会努力工作。"老板对他产生了好感，很快面试就通过了。

微笑是一种令人愉快的表情，它在人际交往中有很重要的作用。微笑可以在瞬间缩短人与人之间的心理距离。在生活中，没有什么东西能比一个灿烂的微笑更能提升个人魅力、更能打动人心的了。在现实生活中，无论真笑、假笑，只要投入笑都对身心有益。当感到失落、郁闷、难过时，对着镜子，提起嘴角，眯起眼睛，尽量做出一个真笑动作，感受笑容带给你的放松与宽心。而在人际交往中，微笑也是制胜法宝。

3. 要给人以真诚的赞美

【小阅读】某大型公司的一个清洁工，本来是一个最被人忽视、最被人看不起的角色，但就是这样一个人，却在一天晚上公司保险箱被窃时，与小偷进行了殊死搏斗。事后，有人为他请功并询问他的动机时，答案却出人意料。他说，当公司的总经理从他身旁经过时，总会不时地赞美他，"你扫的地真干净"。

心理学家认为，赞美能够释放一个人身上的能量，调动人的积极性。赞扬不但能够使人们获得战胜恐惧的心情，而且可以让受伤的神经得到休息和力量，给身处逆境的人以成功的决心。

人人都渴望赞美，但会赞美别人同样也是一种能力，怎样才算会赞美呢？首先，赞美要具有差异性。例如，当你看见一个男人新发了一张自己的照片，可能已经有很多人在照片下面留言"哇，真帅""穿西装真好看""特别有气质"等。若要体现赞美的差异性，就可以说"都说人的左右脸会有所差别，有一半会更好看些，你照片里总是左脸，我觉得特别帅，看来你也更欣赏自己的左脸咯？""把每个字都唱出一种以前从未有过、以后也绝不会再有的意义。"这是对赞美差异性最好的诠释。其次，要尽量把赞美的具体事情提高到抽象的角度。如果你被一张照片打动，你可以说"这张照片色调真是太美了"或"构图真棒"，但更出色的赞美是"你真是一个伟大的摄影家，你总是那么有洞察力，深邃却又细腻，你的照片就像是你的第三只眼，透过它呈现出来的世界是那么动人"。"你总是""你每次""你永远"这些词语都是抽象的、带有总结性的，应该多在赞美里说，绝不能在批评里说。最后，赞美别人最关键的是热情，不要说一些敷衍塞责的话，赞美别人不仅可以从大处着眼，更要从小处发挥，这样才能显示出赞美者的细心与热诚，缺乏热诚的人是不会注意到细节的。

4. 正确地评价他人

【小阅读】猎人救了一只小熊，熊妈妈对他感激不尽。有一天，猎人迷路走到熊窝，熊妈妈热情地款待了他。第二天一早，猎人对熊妈妈说："你招待得很周到，但是我唯一不满意的是你身上的臭味。"熊妈妈听后说："作为补偿，请用刀砍我吧。"若干年后，猎人再次来到熊窝，问熊妈妈伤好了没，熊妈妈说伤口早就好了，但心里的伤还是会隐隐作痛。

在批评和评述他人的时候请注意，不要随意而为之，特别是要注意技巧和场合。古人说："金无足赤，人无完人。"每个人的起点都不同，有的人生在富贵之家，从小就有一种优越的成长环境；有的人出身贫寒，困境使他丧失了许多应该得到却没有得到的机会，埋没了他应该发挥却没有发挥出来的才能；即使是同胞兄弟姐妹，他们也不是完全一样的。所以，在评价他人时，应坚持从与人为善的愿望出发，在对照标准的同时，着重把他的现在与过去相比较，如果他比以前进步了，那么就应该给予肯定和鼓励。请你谨记：当你把别人推向优秀的时候，你其实也从中受益了，因为太阳不发光，你就永远不会被照亮，你也将永远生活在黑暗中。

5. 学会倾听

【小阅读】一位汽车推销员有一次向顾客推荐一种新型车，他热忱接待，并详尽地为顾客介绍了车子的性能、优点，顾客很满意，准备办理购买手续。岂料，从展厅到办公室，短短几分钟，顾客的脸色却越来越难看，突然决定不买了，眼看就要成交的生意就这样黄了。

这位顾客为什么突然变卦？推销员辗转反侧，不能入眠。他回忆着自己的每一句话，并没有发现讲错的地方，也没有冒犯顾客的地方，真是百思不得其解。于是他忍不住给那位顾客拨了电话，询问原因。顾客告诉他："今天你并没有用心听我说话。就在我签字之前，我提到我儿子即将进入密歇根大学就读，我还跟你说到他喜欢赛车和将来的抱负，我以他为荣。可你根本没听我说这些话！你只顾推销自己的汽车，根本不在乎我说什么。我不愿意从一个不尊重我的人手里买东西！"

原来，那位顾客的儿子考上了名牌大学，全家人异常高兴，并决定凑钱买辆跑车送给儿子。顾客谈话中数次提及儿子，而他却一味强调车子。

学会倾听不仅可以获取更多的信息，更重要的是一种尊重他人的表现，也是一个人具有良好修养的表现。谁都希望别人能够静静地倾听自己的讲话，同样，别人也希望你能静静地倾听他的讲话；谁也不喜欢别人打断自己的讲话，同样，别人的讲话也不希望被打断。只有站在对方的立场上，耐心听取别人的讲话，才能够赢得别人的尊重。

倾听小技巧：

（1）听别人说话，要看着对方的眼睛，不东张西望。

（2）听别人说话，要面带微笑，表情随对方的谈话内容有相应的变化。

（3）听别人说话，要专心致志，不做其他无关的事情。

（4）听别人说话，要让对方把话说完，不中途打断。

6. 善用身体语言

【小阅读】对于面试的态度和注意事项，百事公司人事部经理曾对刚毕业即将加入找工作队伍的大学生有如下忠告：正式面试时，面试者要注意眼神的交流，这不仅是相互尊重的表示，也可以更好地获取一些信息。眼神的交流不是盯着看，看面试官就是要与他们的眼睛形成"交流"、与他们的动作达成默契。面试时，应聘者往往都会口若悬河，回答问题的时间远远超出面试官的限制，这令主面试官们非常疲劳，因而在过程中不断做出看手表、变换坐姿等动作。应该注意到这些动作是在暗示："我很累了，你们超出时间了"，可是很少有人理会这些举动，依旧滔滔不绝。

实验发现，一个人要向外界传达完整的信息，单纯的语言成分只占7%，声调占38%，另外55%的信息都需要由非语言的体态语言来传达，而且因为肢体语言通常是一个人下意识的举动，所以它很少具有欺骗性。下面，我们将介绍一些常见的肢体语言的含义，希望能够在你的人际关系中起到一定的交际作用。

（1）头部姿势。头侧向一旁，说明对谈话有兴趣。头挺得笔直，说明对谈话和对话人持中立态度。低头不语，说明对对方的谈话不感兴趣或持否定态度。

（2）肩部姿势。肩部舒展放松，说明有决心和责任感。肩部耷拉，说明心情沉重，感到压抑。肩部收缩，说明有紧急的事于心，处于紧张状态。肩部耸起，说明处在惊恐之中。

（3）腿部姿势。一个人如果跷起二郎腿，两手交叉在胸前，收缩肩膀，则说明他已感到疲倦，对眼前的事不再感兴趣。如果一个人坐在你的对面，跷起的腿呈一个角度，则说明他这个人很执拗，性格刚强和好斗，如果他还双手抱膝，则说明谈话结果很难预料，因为这个人不会让步，口齿伶俐，反应快，很难说服他。如果一个人叉腿站着，说明他不自信，紧张而不自然。如果一个人是收紧脚踝站着，说明他在发火，在千方百计地控制自己。

（4）手部动作。手在耳朵部位瘙痒或轻揉耳朵，说明对方已经不再对谈话感兴趣。用手指轻轻触摸脖子，说明对方对谈话的内容持怀疑或不同意态度。把手放在脑袋后边，说明对方有意辩论。用手挡住嘴或稍稍触及嘴唇或鼻，说明对方想隐藏内心的真实想法。用手指敲击桌子，说明对方无聊或不耐烦（用脚敲击地板同此理）。用手托腮，手指顶住太阳穴，说明对方在仔细斟酌谈话内容。轻轻抚摸下巴，说明对方在考虑做决定。手指握成拳头，说明对方小心谨慎，情绪有些不佳。手放在腰上，说明对方怀有敌意，随时准备投入行动。谈话对方在仔细清除衣服上看不见的灰尘，说明内心不同意谈话内容，但因某种原因不说出来。

（5）坐姿。坐在椅子边上，说明对方不自信，还有几分胆怯，在做随时"站起来"和中断话题的准备。如果一个人使劲扒着桌子坐着，说明此人对话题很感兴趣，也表现出几分不拘小节。骑在椅子上，说明对方抱有敌意或在采取一种寻衅斗殴的自卫立场。手脚伸开懒洋洋地坐在椅子上，说明此人相当自信，对谈话对象稍有些瞧不起。

7. 具备幽默感

【小阅读】有位年轻人，一面查看那辆崭新摩托车被撞后的残骸，一面对周围的人说："唉，我以前总说，有一天能有一辆摩托车就好了。现在我真有了一辆车，而且真的只有一天。"周围的人哈哈大笑起来。对这个年轻人来说，车被撞已无可挽回，但他并没有看得很重，而是利用幽默的力量，既减轻了自身的痛苦和不愉快，又给围观的人带来了一片欢乐。

在人生道路上，挫折和失败是常有的事情，如果忍受挫折的心理能力得不到提高，则焦虑和紧张就会常常困扰我们的身心。假如你拥有幽默，也就具有了随环境变化不断调节自我心理的有力武器，即可利用幽默减轻生活中因失败带来的痛苦。

幽默常会给人带来欢乐，其特点主要表现为机智、自嘲、调侃、风趣等。确实，幽默有助于消除敌意、缓解摩擦、防止矛盾升级，还有人认为幽默能激励士气、提高生产效率。美国科罗拉多州的一家公司通过调查证实，参加过幽默训练的中层主管，在 9 个月内生产量提高了 15%，而病假次数减少了一半。实验证明了沉闷乏味的人和具有幽默感的人在智商、人际关系、工作业绩、对待困难的表现等方面存在着差异，而这些差异正是幽默感心理调节功能和作用所在。

掌握幽默的基本技巧：一是必要时先"幽自己一默"，即自嘲，开自己的玩笑；二是发挥想象力，把两个不同事物或想法连贯起来，以产生意想不到的效果；三是提高语言表达能力，注重与形体语言的搭配和组合。幽默就是力量。如果在交往中逐步掌握了幽默技巧，就会巧妙地应付各种尴尬的局面，很好地调节生活，甚至改变人生，使生活充满欢乐。

学习单元三　人际交往问题连连看

一、人际交往受挫，大一新生欲退学

在长春某重点高校读热门专业的大一学生小蕾（化名）几次找到班主任要求退学。小蕾的班主任说："小蕾写得一手好文章，还弹得一手好钢琴。入校不久，她就因文笔出众，被校内文学团体破格吸收为会员。"听说她要退学，大家都很吃惊。小蕾要退学的理由主要是：觉得同学们瞧不起她，总在背后议论她，以至于她感觉"大家都挺虚伪的，一回到寝室，就胸口发闷"，甚至觉得"活着没意思"。教师们也描述说："当小蕾讲到这一点时，就变得烦躁不安，最后竟然泪流满面。"

心理点评：人对环境的适应，主要是对人际关系的适应。有了良好的人际关系，人才有了支持力量，有了归属感和安全感，心情才能愉快。小蕾主要由于在适应大学的人际关系环境中遇到了挫折，在人际交往中出现人际关系敏感问题，对同学比较敏感和多疑，心里感到紧张和不安，进而觉得自己与周围的人格格不入，产生心理压力，于是产生退学想法。

视频：入学新生
看过来

二、为什么周围的人都讨厌我

蔡某，女，20 岁，某大学二年级学生。主诉为"我入学已一年半了，但和同学关系总是相处不好。不知道从什么时候起，周围的人好像都不喜欢我、讨厌我。有的人一见到我就掉头走开；有的人还在背后嘀嘀咕咕议论我。为此，我心里很烦，不知道周围的人为什么不喜欢我。老师，您能不能告诉我，一个人怎样才能获得他人的好感与尊重呢？"

心理点评：小蔡的苦恼主要表现在人际关系方面，同学关系相处不好，不为别人接纳，认为大家都不喜欢自己，为此心烦。一方面她有与同学处好关系，被他人信任和尊重，让别人喜欢的愿望，但另一方面又缺乏必要的知识。因此，建议她学习和掌握一些人际交往的基本原则和必要知识，同时，要冷静地从自己的为人态度、性格特征、思想方法等方面找找原因，也可态度诚恳地主动找几个同学聊天，请他们帮助自己找找原因。

三、我和室友关系处得很糟糕

我是一名女生，今年 20 岁。上高中的时候我学习很刻苦，除了学习没有其他的爱好，也没有什么朋友。因高考成绩不理想，补习了一年。考入大学后，班主任安排我当寝室长，我也想好好与寝室同学相处。但时间一长，我发现自己真的无法与室友们相处，我习惯早睡，她们却喜欢聊到深夜；我比较爱干净，她们却喜欢乱丢乱搭，把寝室搞得乱七八糟。我以寝室长的身份给她们提出一些建议和要求，她们不但不听，反而恶言相骂。就这样我与室友经常因为一些琐事发生争执，我认为自己是对的，但她们并不理睬，几乎没人跟我说话。现在我和室友的关系很糟糕，已经到了孤立无援的地步。

心理点评：该名学生的问题主要是在与室友相处的过程中，由于性格内向只顾学习而缺乏人际交往的锻炼，来到大学后过上了集体生活，各自生活习惯的不同，导致生活节奏无法与室友保持同拍，产生一定差距，需要大家一起慢慢磨合。而在磨合的过程中，她因为担任寝室长，可能没有较好地遵循人际交往的"平等""尊重"及"宽容"等原则，致使沟通受阻、误会加深，甚至发生人际冲突，受到孤立，导致人际关系僵化。

四、我们真回不到以前了吗

我叫李强（化名），有件事情困扰我已经大半年了，我怎么也想不通，我们宿舍有八个兄弟，大家关系都不错，我与王风走得更近一些，王风计算机学得好，有时饭都顾不上吃，更别提学习了，我就常催他按时去吃饭，考试前他也总找我帮助他复习功课。

大二的一次考试前，我正焦头烂额地在自习室复习，突然收到王风的短信："你在哪儿？"我知道他又找我帮助他考前突击复习。当时我真是自顾不暇，于是就回复他："现在特忙，自己都顾不过来了。"发完这个短信后，我压根儿没当回事，继续复习。晚上回到宿舍后，我依然像往常一样和大家有说有笑。可当我跟王风打招呼时，他却看都不看我一眼，像没听到一样。我想可能他心情不好，也没在意。等我洗完脸回来，准备在他床边跟他说一件有意思的事情时，他偏偏歪在一旁摆弄收音机，仿佛我根本不存在。我有点蒙了：他真的生气了？

接下来的几天我一直主动跟他说话，甚至私下问他是不是生气了，他依然对我不理不睬的。有时候我问烦了，他就回一句："别磨叨了行不行？我啥事没有。"接下来的日子，我们之间就一直这样，我在他面前好似空气。真不明白，这几年的友谊就因为这么一件小事没了吗？看见我很苦恼，其他兄弟也安慰我："没事的，他就那样，别跟他一般见识。"

本来挺好的关系就因为一件小事情突然变得尴尬起来。只要王风一回宿舍，我的心就莫名其妙地堵得慌。他和兄弟们兴高采烈地聊什么时，我也不插嘴，自己在一边待着。时间一长，我有了一种被人孤立的感觉。

他过生日那天，王风邀请大家出去吃饭。他瞅着其他人说："大家一起走啊……"当时我就在旁边，可他看都没看我一眼。别的兄弟拽我一起去，我先说"吃过了"，大家一定要我也去，拗不过，我就一同去了。而王风自始至终什么都没说。席间，他和大家挨个喝酒，唯独没有和我。我感觉自己很多余。

之后，我几乎夜夜失眠，总是在纠缠一个问题——"是不是自己有不对的地方"，可却想不明白他怎么能这么对我。这大半年其实细想想也是有点交往的。例如，有时候我接到找他的电话，也会转告给他，他也会多问两句，这可能就是我们最多的交流了。想起这些零星的交往，多少会让我心里好受一些，只是转瞬即逝。

我们真回不到以前了吗？我到底做错了什么？

心理点评：李强的所有问题和苦恼有一个共同点——琐碎。对琐碎事物的执着追求恰恰磨损了男儿气质，也磨损了他和王风之间的友谊，过多地沉溺和敏感于这一交往中的小事，让他深感痛苦、力不从心。要知道在人际交往中别人喜欢我们是他的自由，别人不理我们也是他的自由，别人误解我们就给他理解的机会。这就是说别人如何看待我们、如何对待我们完全是他权利范围内的事情。当你把做人的权利还给他时，你的心情与命运的开关也就不会握在他人手里。李强该给哥们儿做人的权利。

五、自我封闭

刘某，男，20岁，某高职院校三年级学生。该生自述从小性格内向、不善言辞，甚至是笨嘴拙舌，家中有一弟弟却非常外向灵活，特别能说，他很羡慕弟弟。刘某平时几乎不开口说话，怕自己说错话得罪人，甚至有时候别人问他话也经常不回答。自己在大学期间朋友特别少，只跟自己同宿舍的两个同学接触较多，甚至自己班上到现在还有几个同学不认识，与女生更是没有接触。刘某内心感到非常孤独、苦闷，觉得自己就像是行尸走肉，不知道自己活着有什么意义。

心理点评：刘某由于自己的性格非常内向，认为自己不善言谈，所以拒绝了与人交流和接触的机会，甚至有人主动与他交谈时，他都闭口不言。这样严重影响了他的社会交往功能，阻断了他与外界之间的交流和沟通，而人是一种群体动物，需要与人、与社会保持密切的联系，这样才能得以成为一个正常的人。所以他的内心非常孤独，失去了生活的价值感和意义感。

六、人际关系僵化，无法继续学业

林某，男，20岁，某本科院校二年级学生。他自认性格十分内向、孤僻，不善言谈，不会处事，很少与人交往。进入大学一年多来，他和班上同学很不融洽，跟同宿舍人发生过几次不小的冲突，关系相当紧张。后来他竟擅自搬出宿舍，与外班的同学住在一起。从此，他基本上不与班上同学来往，集体活动也很少参加，与同学的感情淡漠，隔阂加深。他认为自己没有一个能相互了解、相互信任、谈得来的知心朋友，常常感到特别的孤独和自卑，情绪烦躁，痛苦至极，而巨大精神痛苦无处倾诉，长期的苦恼和焦虑使他患上了神经衰弱症。

经常的失眠和头痛使他精神疲惫、体质下降、学习效率极低、成绩急剧下降，考试竟出现了不及格的现象。他的心境和体质也越来越坏，深感自己已陷入病困交加的境地而无力自拔，失去了坚持学习的信心。他开始厌倦学习，厌恶同学和班级，一天也不愿意在学校待下去了。于是，他听不进教师的劝告，也不顾家长的劝阻，坚持要求休学。

心理点评：小林由于内向孤僻，不愿意交往、不善于交往，在与同学交往过程中引发人际冲突，与周围同学关系紧张，无法融进新的大学班集体，心理上感到非常孤独、痛苦，进而引起神经衰弱、失眠、头痛、学习效率降低、失去自信。他不但搞僵了人际关系，而且搞垮了身体，荒废了学业，最终还造成被迫休学的结局。人际关系问题是大学生中存在的最常见的问题，由于社会影响，以及家庭教育和自身素质的原因，相当多的大学生都存在着不同程度的人际关系不良和心理障碍问题。它十分影响学生的正常学习和生活，妨碍他们的健康成长和顺利成才，是造成留级、休学、退学的主要原因。

七、社交焦虑症

黄某，男，18岁，大学一年级学生。小时候父母的同事、朋友或亲戚到家里来，他不敢打招呼，总是想办法躲起来。高中以后稍微好一点，但在集体场合他还是不敢讲话。除非大部分人都很熟悉，一般的聚会、集体活动他都不会参加。尤其不敢和女孩子讲话，不敢看女孩子的眼睛，一讲话就脸红。读大学后，大部分时间都用在学习上，虽然成绩很好，但内心很痛苦，别人无法理解。

心理点评：这是社交焦虑症的一个案例。主要表现为在与他人交往过程中表现出不自然、严重害羞的心理，脸红、心情紧张，举止表情不自然，口干、盗汗等。像黄某这样的社交焦虑者应学会自我调节，如学会放松自己，缓解焦虑情绪，不断提高自我意向，积极看待自己，以及增加自己的交往吸引力等。

八、社交恐惧症

小A，女，23岁。大约七年前在高中读书时，她有一次在食堂中遇到一个同班的男同学，互相对视一下。这个男同学学习好，长得也很健美，自己早就对他有好感，但没有说过话。这次面对面的对视，她忽然觉得自己脸红了，怕被同学们看出她对那个男同学的爱慕之情。以后，见到别的男同学她也感到表情不自然、脸红，心情抑郁、沉闷。考入大学后不久，她见了女同学也脸红起来，觉得女同学也看出了她的心思。近一年来，无论是见到熟人、生人、男人、女人，她都感到脸红、心慌、无地自容，好像心里有愧。因此，她尽量避开人，不到食堂吃饭，一个人躲在教室角落里读书，与父母、姐姐也很少交往。她曾想到自杀或过隐居生活，感到实在难于控制自己，才想到可能是精神上有障碍了，不得已来求医。

心理点评：本案例中的当事人表现出社交恐惧症的典型症状：不敢见人，与人交往时面红耳赤，神经处于一种非常紧张的状态，严重者拒绝与任何人发生社交关系，自我孤立，抑郁消沉。社交恐惧症患者对自己的神态举止和言谈过分敏感，生怕自己在别人面前失态出丑。他们越是害怕，就越是无法控制自己的失态行为，反而在别人面前感到异常紧张，极不自然。他们越是提醒自己不要脸红，越是脸红得厉害，而不自然的面部表情和行为更加强了紧张意识，形成恶性循环。在交往中的受挫经验、消极的自我暗示，会使他们对交往情境形成一种条件反射般的害怕心理，以至于变得神经质。

九、好朋友之间该不该有个人隐私？

大学生小A和小B是一对要好的朋友，学习、生活中经常形影不离。后来小A觉察到小B常常周末不在教室自习，问她去做什么，小B不肯说，又担心小A多心，影响两人的关系，内心很矛盾。小A则很不高兴，认为两个好朋友之间不该有个人隐私，若保留个人隐私就不是真正的友谊。

心理点评：个人隐私是个人感的重要体现，没有个人感就没有个人隐私，没有个人隐私也就无所谓个人了。隐私之所以重要，在于它接纳了每个人私生活的合法性和独立性。小A、小B没有掌握好友谊和个人隐私的分寸，因而两人都十分苦恼。个人隐私如同我们每个人的"内衣"，其中包含的绝大部分秘密属于生活中不可言说的部分，它必须保密。所以它不能与人随意分享。在人际交往中，无论是同性还是异性间，都应尊重他人，保护他人的隐私，不能强迫别人暴露。尊重、真诚、宽容、信任是人际交往中非常重要的原则。

十、如何克服"小心眼儿"的毛病？

小翠，女，某大学一年级学生。自述由于自己爱计较，也就是有些"小心眼儿"，往往为了一点小事哪怕是同学的一句话生起气来，从而在与同学的交往过程中经常闹别扭，弄得大家都很不开心，自己心里也总是不能平静，总想着那些细枝末节，放也放不下，很是烦恼，为其所累。其实自己也不想这样，但又不知道该如何改变。

心理点评：有"小心眼儿"的人，多半是由于神经系统过于敏感，杞人忧天，小题大做，庸人自扰。"小心眼儿"的人往往患得患失，吃一点亏就如鲠在喉；特别计较别人的一言一行，总感到是针对自己的。本案例中的小翠也认识到了自己的问题，有主动求变的意愿。她应懂得人际交往的互酬心理，即不要只想到自己的私利，生怕自己吃亏，甚至还想从交往中捞点好处；要明白自己付出多少，也会得到多少。因此，首先应遵守人际交往的宽容原则，学会"待人以宽"，豁达大度，只要不是原则性的问题，就不必过于计较。其次，要避免"以自我中心"，缩小"自我"，不要凡事都先想到自己，一旦触及自己就觉得别人是有意针对自己的，即使的确是针对自己而来的，也不妨"左耳进，右耳出"，免得烦心。最后，应充实自己的知识、拓宽自己的知识面、开阔眼界，因为人的"心眼"与其知识修养有密切联系。

十一、性格懦弱者如何与人交往？

小玲，大学一年级女生，在宿舍里和年龄最大的小敏是上下铺。小玲在班上学习成绩中等，为人胆小、性格懦弱、不爱说话，宿舍里总是有两个同学大声斥责她，以为她不生气。其实，她心里很难受，又总是没有勇气说出。这一天，小敏对着小玲大叫着："小玲，小玲，你怎么又把鞋放我床底下……""我、我，我就放了，怎么啦？我睡上铺，不放那儿放哪？"虽然声音颤抖，但小玲还是紧绷着脸，终于忍不住顶撞了小敏。同学们都用异样的眼光看着小玲……

心理点评：像小玲这样既害怕得罪同学，又为自己的懦弱而苦恼的人在大学校园里并不少。其实，大学生之间的平等、尊重是人际交往的首要前提。性格懦弱的同学在人际交往中应注意保护自己的尊严，要克服懦弱个性，从观念上强化自己作为一个人的权利和尊严。在交往中，虽然要做出适时的、有分寸的忍让和妥协，但这也要有一个限度。交往中过多的退让只是强化了别人不适宜的行为和态度，相当于教会对方不把当事人的感受放在眼里。

十二、如何与蛮横的同学交往？

小马，大学一年级男生，家在农村，老实、怯懦。因为一件小事得罪了班上一个同学，这个同学不仅家庭条件好，还自恃身强力壮，与同学交往中从不吃亏。"这个最凶的同学就是对上我了，处处和我过不去。他说：'我就是要你不痛快，你不痛快我就高兴。'他常常把我水壶里的水倒掉，把我的衣服扔一边，晚上还常常故意把我关在宿舍门外……"

心理点评：人群中，总有几个特别横、特别难相处的人。对这类人既不能得罪又不能过于亲近，最好是敬而远之，离他远点。可不幸遇到这种人又无法远离他的情况下，跟他对着干或一味地忍让都不能解决问题。本案例中的小马老实懦弱，更不可能与这种蛮横的同学对着干，最好是"无为而治"，不理睬，管他怎样凶，既不对他开战，也不屈服于他。如晚上他故意把小马关在门外，小马只管敲门，一直敲下去，而且越来越使劲，直到宿舍里有人开门。毕竟宿舍里人多，大家都看在眼里。另外，要与宿舍中的多数人搞好关系。有一个人际交往的策略，就是"敌人的朋友，不一定是自己的敌人，不要因为自己与他有矛盾，就同他的朋友也闹矛盾"。要注意自己的意见只能针对这一个人，千万不要拉扯一大片；否则，就会使自己因树敌太多而受到孤立，这种孤立会使自己的心理受到很大的伤害。因此，小马不必生气、不必骂战。有同学来开门后，反而要简短地对大家说声对不起和谢谢。

视频：宿舍你我他

思政话题

20 世纪 80 年代，习近平到正定县任职，与作家贾大山建立了深厚的友谊。在与贾大山作为知己相处的同时，习近平更多地把他作为了解社情民意的窗口和渠道，作为从政的参谋、为人的榜样。十余年历久弥坚的交往，感人至深，早已传为佳话。"益者三友，友直，友谅，友多闻"。重温习近平与贾大山的交往故事，人们可以深刻理解领导干部怎样做知识分子的"挚友、诤友"，怎样以识才的慧眼、爱才的诚意、用才的胆识、容才的雅量、聚才的良方，广开进贤之路。

成长阅读

沙子与石头

穿行在沙漠中的两个人是一对好朋友。途中，两人发生了激烈争执，其中一个人因为情绪过于激动就打了另一个人一个耳光。被打耳光的人什么话也没有说，只是在沙子上写道："今天，我最好的朋友在我的脸上打了一耳光。"他们继续行走，终于发现了一个绿洲，两人迫不及待地跳进水中洗澡，很不幸，被掌耳光的那个人深陷泥潭，眼看就要被溺死，他的朋友舍命相救，终于脱险。被救的人什么话也没有说，在石头上刻下一行字："今天，我最好的朋友救了我的命。"打人和救人的这个人问："我打你的时候，你记在沙子上，我救你的时候，你记在石头上，为什么？"另一个人答道："当你有负于我的时候，我把它记在沙子上，风一吹，什么都没有了。当你有恩于我的时候，我把它记在石头上，什么时候都不会忘记。"虽然是轻描淡写的一句话，但是它最好地诠释了人际关系的真谛。

练习自测

交流和沟通是人们进行人际交往时的主要途径，如何才能进行有效的交流，增加同学之间、朋友之间的亲密度，使自己的人际关系形势变得不那么紧张，这些在我们生活中显得尤为重要。

活动方法：

（1）所有同学面向圈内围成一个大圈，然后报数。

（2）让所有单数的同学向前走一步，然后向后转，面向圈外，并移动一下以面对一个外圈的同学，所有双数的同学原地不动，依次面向内圈的一个同学。

（3）指导者给出一个具有实质意义的讨论主题，要求面对面的两个同学在 3 ~ 5 分钟的时间进行分享和交流。

（4）指导者要求所有内圈的同学向逆时针方向移动一个位置，重新面对一个新的同学，同时更换讨论主题，开始新一轮的交流。以此类推，直到每个内圈的同学都与不同外圈的同学有过交流为止。

自我测试：大学生人际关系测试

这是一份关于人际关系行为困扰的问卷，一共有28个问题，请根据自己的实际情况，逐一对每个问题做"是"或"否"的回答。然后查看后面的评分标准、计分方法和结果分析。

1. 关于自己的烦恼有口难开。

2. 和生人见面感觉不自然。

3. 过分地羡慕和忌妒别人。

4. 与异性交往太少。

5. 对连续不断的会谈感到困难。

6. 在社交场合感到紧张。

7. 时常伤害别人。

8. 与异性来往感觉不自然。

9. 与一大群朋友在一起，常感到孤寂或失落。

10. 极易受窘。

11. 与别人不能和睦相处。

12. 不知道与异性如何适可而止。

13. 当不熟悉的人对自己倾诉他（她）的生平遭遇以求同情时，自己常感到不自在。

14. 担心别人对自己有什么坏印象。

15. 总是尽力使别人赏识自己。

16. 暗自思慕异性。

17. 时常避免表达自己的感受。

18. 对自己的仪表（容貌）缺乏信心。

19. 讨厌某人或被某人所讨厌。

20. 瞧不起异性。

21. 不能专注地倾听。

22. 自己的烦恼无人可申诉。

23. 受别人排斥，感到冷漠。

24. 被异性瞧不起。

25. 不能广泛地听取各种意见和看法。

26. 自己常因受伤害而暗自伤心。

27. 常被别人谈论、愚弄。

28. 与异性交往不知如何更好地相处。

计分方法： 选择"是"的得 1 分，选择"否"的不得分。

结果分析：

如果你的总分为 0～8 分，说明你在与朋友相处上的困扰较少。你善于交谈，性格比较开朗，主动关心别人。你对周围的朋友都比较好，愿意和他们在一起，他们也都喜欢你，你们相处得不错。而且你能从与朋友的相处中得到许多乐趣。你的生活是比较充实且丰富多彩的，与异性朋友也相处得很好。一句话，你不存在或较少存在交友方面的困扰，你善于与朋友相处，人缘很好，能获得许多人的好感与赞同。

如果你的总分为 9～14 分，那么，你与朋友相处存在一定程度的困扰。你的人缘一般，换而言之，你和朋友的关系并不牢固，时好时坏，经常处在一种起伏之中。

如果你的总分为 15～28 分，表明你同朋友相处的行为困扰比较严重；分数超过 20 分，则表明你的人际关系行为困扰程度很严重，而且在心理上出现较为明显的障碍。你可能不善于交谈，也可能是一个性格孤僻的人，不开朗，或者有明显的自高自大、讨人嫌的行为。

学习模块五
爱情，不是得到，就是学到——恋爱心理与性心理

📋 学习目标

知识目标：

1. 了解自身性生理和心理的发展，了解爱情的特点和规律。

2. 认识大学生恋爱心理的特点。

3. 了解大学生在性心理和恋爱心理方面存在的问题。

能力目标：

1. 能够形成对性心理和恋爱心理的正确认识。

2. 能够懂得正确表达爱、拒绝爱，运用具体方法处理恋爱过程中遇到的问题。

3. 能够及时调适自己的性心理问题。

素养目标：

1. 在恋爱过程中做一个自尊、自爱，同时也爱其他人的人。

2. 懂得每个人都有爱和被爱的权利，也有放弃爱的权利。

3. 在恋爱过程中实现个人的成长，变成更好的自己。

💡 成长语录

因为爱过，所以慈悲；因为懂得，所以宽容。

——张爱玲

👤 案例引入

女生璐璐认为恋爱就是找一个自己喜欢的人，但后来改变了想法。"我的一位室友一年换了四五个男朋友，就像换衣服一样随便。刚开始我不能接受，总觉得爱情应该是神圣的，但女生中像她这样经常换男友的也不少。"她说，"也许是受环境影响吧，慢慢地，我觉得这样做没有什么不好，各取所需嘛。女孩子的青春也就这么几年，一晃就过去了，现在不抓紧时间利用，以后想利用都没有机会了。"

案例分析

　　爱情是人类永恒的主题，任何事物都不可能改变爱情的真谛。案例中的璐璐因为受室友的影响和从众心理的作祟而恋爱，而不是出于对异性的喜欢、欣赏而恋爱；不是从深层次的感情出发去恋爱，而是追求虚荣和表面上的东西；不是日久生情，而是先决定恋爱，再去笼络一个人，这势必导致"快餐式"恋爱的产生，导致恋爱的"小屋"不结实直至坍塌。

学习单元一　问世间情为何物

　　大学校园里的爱情是每位学生感兴趣的话题。哪怕没有经历过爱情的学生，也常常在影视、文学作品中情系动人爱情故事的主人公，感受爱情的甜蜜、辛酸，其情绪也随着"爱"而起伏。很多人说上了大学不谈恋爱等于没有上过大学，但是，大学里的恋爱是一门"选修课"，并不是每位学生都必须选择，但选修了的学生需要付出努力才能合格。

案例小链接

　　那个时候，女孩和男孩还处在热恋的季节，每次通电话，两个人总要缠绵许久，总是女孩在一句极为不舍的"再见"中先挂了线，男孩再慢慢感受空气中剩余的温馨，还有那份难舍的淡淡情愁。

　　后来，两个人因为一点琐事分手了，带着一丝虚荣和负气，女孩很快就有了新的男朋友，新男友帅气、豪爽，起初，女孩感到很满足，也很得意，新男友带来的新鲜感让最初那个男孩的身影渐渐模糊。

　　但是，女孩渐渐感到，他们之间好像缺少些什么，这份不安一直让她有种淡淡的失落。可是究竟缺少什么呢？女孩自己也说不清楚，只是两人通话结束时，女孩总是感觉到自己的"再见"才说到一半，那边就已"啪"的一声挂线，每当那时，她总感到刺耳的声音在空气中凝结成冰，划过自己的耳膜。她仿佛感觉到，新男友像一只断线的风筝，自己那无力的手总也牵不住那根无望的线……

　　终于有一天，女孩和他大吵了一架，男友很不耐烦地转身走了，出乎自己的意料，女孩没有哭，反而似有一种解脱的感觉。

　　一天，女孩又想起了最初的男孩，心里涌起一份温暖的感动——那个每次听完她说"再见"的傻男孩。这种感动让她拿起电话，男孩的声音依旧质朴，波澜不惊。听着，听着，女孩竟无语凝噎，慌忙中说了"再见"……

　　只是，这回女孩没有挂线，一种莫名的情绪让她聆听电话那端的沉默。

不知过了多久，男孩的声音传了过来："你为什么不挂电话？"

女孩的嗓音涩涩的，"为什么要我先挂呢？"

"习惯了"，男孩平静地说，"我喜欢你先挂电话，这样我才放心。"

"可是后挂电话的人总是有些遗憾很失落的"，女孩的声音有些颤抖。

隔了好久，电话那头传来男孩的声音，"所以我宁愿把这份失落留给自己……"，两人一阵无语。

终于，女孩抑制不住哭了，滚烫的泪水浸湿了脑海中有关爱的记忆。

她终于明白，没有耐心听完她最后一句话的人，不是她一生的守望者……

原来爱情，有的时候，就是这么简单，一个守候，便能说明一切。

一、爱情的概念

爱情是一对男女基于一定的社会基础和共同的生活理想，在各自内心形成的相互倾慕，并渴望对方成为自己终身伴侣的一种强烈、纯真、专一的感情。爱情是人际吸引最强烈的形式，是身心成熟到一定程度的个体对异性产生的有浪漫色彩的高级感情，也是人类最复杂而微妙的情感。人们用世界上最美的语言来描述它：爱情是首诗，爱情也是首歌，爱情像涓涓的流水，爱情像巍峨的高山……爱情是两颗心碰撞出的火花，是一见钟情的心跳，是一日不见如隔三秋的思念。爱情蕴藏着巨大的能量，它会挖掘出人的内心潜能，升腾起无穷的生命力和创造力，使人的精神生活丰富多彩，使人体验到人生的美丽灿烂。爱情可以让人获得新生，也会让人痛不欲生。爱情会使人变得温柔、宽容，也会使人变得残酷、苛求。幸福的爱情造就两个充实、快乐的人，不幸的爱情则导致痛苦、无奈的人生。

二、爱情的生化基础

美国科学家经研究发现，造成两性之间产生感情的吸引力与"化学反应"有着密切的关系。产生男女之间吸引力的物质大多数是一种类似氨基丙苯的化学物质。这些化学物质可以通过两性之间的眼神传递、肌肤触摸等产生，从大脑开始，沿着神经传导进入血液，进而使皮肤变红，身体发热甚至出汗，心情激动亢奋，促使热恋中的男女双双坠落"情网"，难以自拔。

科学家们还发现，人体的氨基丙苯等化学物质不能永久存在，人们经过恋爱的激情，大约在 100 天后进入半衰期，开始逐步减少，到 3 年后（大约 1 000 天），氨基丙苯等化学物质全部消失。这必然会引起激情逐渐淡薄，也就是出现"情感危险期"。

但是，由于恋人长期的共同学习与生活，体内又会产生类似镇静剂的内啡肽的化学物质，它能使恋人之间平衡、安全、互相依靠，甚至不能分离，从而使爱变化，大多数恋人的感情会进一步加深、巩固。

三、爱情的三角形理论

在众多的爱情理论中，当代著名心理学家罗伯特·斯腾伯格的爱情三角形理论是目前最重要且令人熟知的理论之一。他的理论认为，构成爱情的要素有三种，他将这些要素形象地比作三角形的三个边，这三个要素分别是亲密、激情和承诺，如图5-1所示。

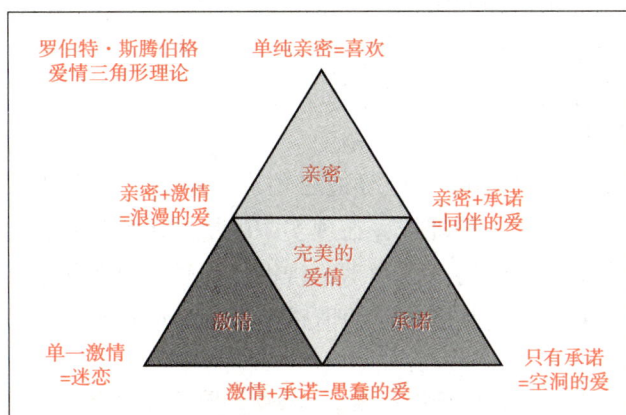

罗伯特·斯腾伯格爱情三角形理论

单纯亲密=喜欢

亲密

亲密+激情=浪漫的爱

亲密+承诺=同伴的爱

完美的爱情

激情　承诺

单一激情=迷恋

激情+承诺=愚蠢的爱

只有承诺=空洞的爱

图 5-1

（1）亲密既包括一种真正喜欢对方和渴望一道建立更有凝聚力的和谐关系，也包括把自己的生活以坦诚、不设防的方式与对方共享，信任、耐心和容忍是重要的特性。一对伴侣真诚地喜欢，发展他们自己的沟通风格，熟悉彼此不完美的、特别的性格，这些性格在初期强烈的、激情的爱情的吸引下很少被人注意到。彼此不分的"我们"感情发展，他们互相关心，善待对方，满足彼此的需要和欲望，尊重在真正亲密关系中是重要的。亲密没有激情强烈，但能促进人们相互的亲近，让人们产生人际的温暖，它使爱情得以天长地久。亲密属于爱情的情感成分。

（2）激情包括强烈的情感表现，由于他人的强有力的吸引，对他人产生强烈的、着迷的想法。许多人感到有与对方形影不离、朝夕相处、谈话等的持续的欲望，在激情关系中的人们常常感到全身心地投入，有时导致不计后果的行为。古往今来那些动人的爱情故事无不表现出生生死死的激情，那些一见钟情的故事，实质上是身体的吸引。激情属于爱情的动机成分。

（3）承诺与时间有直接关系，包括做出爱一个人的决定，并伴有强烈的维持长期爱情的愿望，感人的爱情不能缺少内心的表白和海誓山盟。在爱情关系中双方生活在相互的、稳定的、持续的和确定的情感气氛中，努力巩固他们的联盟，他们是伴侣。他们互相尊重彼此的隐私，使伴侣融入自己的社会关系。在这种承诺关系中，信任和奉献常常挂在心中，他们从不利用他人的弱点，他们了解在日常生活中冲突在所难免，但并不觉得这会伤害他们的尊重，遇到分歧他们互相信任，通过协商解决他们的分歧。承诺属于爱情的认知成分。

三种成分下有八种不同的爱情关系组合。

（1）喜欢：只包括亲密部分；

（2）迷恋：只存在激情部分；

（3）空爱：只有承诺的部分；

（4）浪漫的爱：结合了亲密与激情；

（5）友谊的爱：包括亲密和承诺；

（6）愚爱：激情加上承诺；

（7）无爱：三种成分全无；

（8）完整的爱：三种成分集于一个关系中。

斯腾伯格认为，真正的爱情是一个等边三角形：激情、亲密和承诺三个边的完美组合。然而，爱情的正三角形是一种理想，在现实中的情感历程很难都是完美的，而且有一些还是有缺陷的。斯腾伯格的爱情三角形理论告诉人们什么是理想的爱情，更大的意义在于让那些陷入情感困惑的人们去判别自己的情感生活，为情感生活提供一个理智的知音。

拓展阅读

入夜，女儿已经在自己的小床上熟睡。我蜷在沙发的一角，一边吃零食一边看电视，沙发的另一半是他。其实并不喜欢电视，总觉得是一种被动的视觉轰炸，不如自己找些碟片来看感觉好。不过婚姻久了，似乎就是一种安静的陪伴，陪伴着煮饭，陪伴着散步，陪伴着看电视……所以每次想起去看电视的时候，无非是觉得应该陪陪他，或者想让他陪陪我。

一直在看一本心理学的书，里面斯腾伯格画的图很有意思，叫作爱情三角形。他认为爱情由亲密、激情、承诺三个因素组成一个三角形。完美的爱情＝亲密＋激情＋承诺，是一个等边三角形。仅有亲密的爱是一种伙伴式的爱情，仅有承诺的爱是一种空洞的爱情，仅有激情的爱是一种迷恋的爱情。因为三个因素所占比重不同，三角形被拉成向不同方向倾斜的形状。而我们一生的感情，就是拉扯着这样一个东倒西歪的三角形走过来的。这样想着，自己竟偷偷地笑了。

窗外街边一个男孩在大声地呼喊："陈雪，我爱你！"安静的秋夜，这声音宛如歌声一样高亢而嘹亮。街的对面是一所高校的女生宿舍，我想那个叫陈雪的女孩，一定在某一扇窗的后面忽然红了脸庞。忍不住好奇，拉开窗帘的一角，却看见男孩对一扇打开的窗挥手，然后骑着自行车远去了，身后跌落的是我会心的笑容和祝福的目光。

年轻真好，可以这样张扬地相爱，让全世界都知道一朵爱情的花在秋夜里怒放。回身问他："再给你一次机会，你会这样告诉我你爱我吗？"他笑着摇摇头："不会！

我只会为你做你喜欢的事来告诉你。"性格使然，年龄使然，早已经没有把爱情喊得铿锵有力的心情了。激情退去，诺言沉淀，我们只是亲密地挽着彼此的手，安静地一路前行，无言无语，却知道今生都不会再分开。

几日前，和几个朋友把酒清谈，都有同样的感觉，当婚姻走过十年之后，日子就会越过越幸福。你会慢慢发现你身边的那个人既不是当年的"白马王子"，也不是比来比去"最不济的一个"，他只是那个当年你遇到了，喜欢了，选中了，陪你走过十多年，并且还要继续陪你走下去的那个适合你的人。也许他不是你最崇拜的人，也许他不是你最难忘的人，甚至他不是你最爱的人，但他却是踏实的生活里你最亲密的，你永远也不想离开的人。很少再去想爱情是个什么东西，也很少再去海誓山盟，却知道有一些东西就这样一生一世了。

夜深了，对面的窗关上了，男孩消失在夜色中；我落下了窗帘，他在沙发上昏昏欲睡。窗里窗外两个女子都在画着自己的爱情三角形，她的多一些激情，多一些诺言，我的少一份激情，多一份亲密。不知道世间又有多少男女在这个三角形里疑惑着、痴迷着、努力着……

——梦如蝶的博客

四、爱情与喜欢的区别

心理学家鲁宾在20世纪70年代关于爱情的研究将爱情与喜欢加以区分，指出爱情与喜欢的不同。爱情的四个主要特征：高度依恋性，是指双方相互亲近，形影不离，难分难舍；高度关注性，是指互相关心，互相帮助；高度信任性，是指完全信任对方，无保留地自我暴露；高度独占性或排他性，是指双方互相独占对方的爱情，不准他人介入。喜欢只包括两个主要因素：彼此间怀有同感；对他方的积极评价和尊重。可见爱情和喜欢是两种性质不同的人类亲和行为。另外，喜欢的程度往往随着交往双方互动的增加而增加，但爱情则随着时间的持久而逐渐淡漠。它说明，虽然强烈的爱情是婚姻的先导，但是双方若不具有喜欢的因素，如缺乏共同的态度、价值观和互相尊重，那么这种婚姻往往是难以幸福的。

爱情与喜欢有以下不同：

（1）爱情有较多的幻想；喜欢则不是由对他人的幻想唤起，而是由对他人的现实评价唤起；喜欢不像爱情那样狂热、激烈、迫切，始终比较平稳、宁静、客观。

（2）爱情与许多相互冲突的情绪有联系；喜欢却是一种单纯的情感体验。

（3）爱情往往与性欲有关；而喜欢则不涉及这方面的需要。

（4）爱情具有独占性和排他性，喜欢则不具有。

（5）爱情是很伟大的，平凡的爱情就是当你知道了他并不是你所崇拜的人，而且明白他（她）存在着种种缺点，却仍然选择了他，并不因为他（她）的缺点而抛弃他（她）的全部，否定他（她）的全部。

（6）爱情是深深的喜欢。一般来说，爱情和喜欢并不容易区分，两者都有一种感觉，是一种关系本质上的差异。

爱情在关系上包含关怀（Caring）、依附（Attachment）和信任（Trust）三个重要成分；喜欢主要成分则是对对方的好评、尊敬（Respect）及两人有相似性（Similarity）的感受，没有牵扯到你为他做什么或独占的感觉。

五、爱情的分类

（1）浪漫激情式：浪漫、深情的爱情，较大程度上以外表吸引为基础，以一见钟情为典型。

（2）好朋友式：如同亲密的朋友关系，没有神秘感，缺乏冲动，多由异性朋友发展而来。

（3）游戏式：把恋爱看成是一场游戏，不太会专一，只是希望赢得"爱情游戏"。

（4）占有式：一种强烈的、独占的、依赖的爱情，这种爱情易生嫉妒，极其强调双方之间的承诺和忠诚。

（5）现实式：这种爱情是非常理性的，非常现实、实用地看待爱情，仅仅考虑是否来自相似的家庭背景、是否对事业发展有利、是否能成为一个好父母等。

（6）利他式：无私的、利他的爱，温柔、关爱、忠诚而且付出是无条件的，不求回报。

（7）一体式：双方在共同的目标下勤勤恳恳工作、生活，就像周恩来与邓颖超、孙中山与宋庆龄一样。

（8）柏拉图式爱情：柏拉图式爱情（Platonic Love）是以西方哲学家柏拉图命名的一种异性间的精神恋爱，追求心灵沟通，排斥肉欲。柏拉图式爱情最早由 Marsilio Ficino 于 15 世纪提出，作为苏格拉底式爱情的同义词，用来指代苏格拉底和他学生之间的爱慕关系。柏拉图在《会饮篇》和《斐多拉丝篇》写道，当心灵摒绝肉体而向往着真理的时候，这时的思想才是最好的。而当灵魂被肉体的罪恶所感染时，人们追求真理的愿望就不会得到满足。当人类没有对肉欲的强烈需求时，心境是平和的，肉欲是人性中兽性的表现，是每个生物体的本性，人之所以是所谓的高等动物，是因为人的本性中，人性强于兽性，精神交流是美好的、道德的。

以上爱情形式并不互相排斥，任何一种爱情都会有一定程度的占有成分。

自我探索小游戏

男生眼中的女生和女生眼中的男生

对于每个走向成熟的人来说，爱情都会成为他生命中的重要课题。大学生们，无论你是否已经拥有了爱情，还是即将去拥抱爱情，都需要对自己选择爱人的条件进行认识。

（1）男生眼中的女生（男生填写）。

①选出你认为女生最吸引你的三项特质（　　）。

A.温柔　B.漂亮　C.贤惠　D.热情　E.真诚　F.稳重　G.聪明　H.勤奋　I.身材好 J.有修养　K.好运动　L.有主见　M.活泼外向　N.内向稳重　O.善于打扮　P.穿着大方 Q.爱好相近　R.家庭背景好　S.其他（列出上面未说明而你认为重要的特质）_____

_____。

②简单描述你讨厌什么样的女生。

_____。

（2）女生眼中的男生（女生填写）。

①选出你认为男生最吸引你的三项特质（　　）。

A.高大　B.英俊　C.幽默　D.真诚　E.稳重　F.热情　G.聪明　H.勤奋　I.讲义气 J.好运动　K.有主见　L.有修养　M.出手大方　N.乐观外向　O.穿着潇洒　P.爱好相近 Q.乐于助人　R.家庭背景好　S.其他（列出上面未说明而你认为重要的特质）_____

_____。

②简单描述你讨厌什么样的男生。

_____。

（3）统计并公布调查结果，并由此展开讨论。

①男生为什么看重女生的这些特质？对女生有何启示？

_____

_____

_____。

②女生为什么看重男生的这些特质？对男生有何启示？

_____

_____

_____。

（4）两性对比：猜猜看。

首先，每4～6个同性别的同学组成一组（即男生、女生分开），将小组同学的意见和说法综合起来，完成以下的填空。

我能够给予恋人的：

① _____。

② _____。

③ _____。

④ _____。

⑤ _____。

我希望从恋人那里获得的：

① _____。

② _____。

③ _____。

④ _____。

⑤ _____。

其次，待各小组全部填写完成后，各组同学一起猜想另一半同学的答案，并按照上面的格式记录下来。

最后，各个男生、女生小组分别在全班范围内轮流报告小组的答案，大家就可以看出自己猜想的另一半和他（她）们实际答案的吻合程度。

学习单元二　成熟的苹果最甜美

性是一个神秘的字眼，任何人在一生中都迟早要面临性的问题，都要发生各种各样的性心理活动。正值年轻期的大学生没有了学业的重压，没有了父母的拘管，没有了教师的叮咛，如同打开了鸟笼的小鸟，在蔚蓝纯粹的高空中飞行，是人真正发现自我的时期，同时，也是冲动频繁而又欲求不满的时期。但是由于受传统伦理观念的影响，性的问题一直被蒙上神秘的面纱，许多学生对各种性现象、性行为的认知评价体系还不完善，再加上性的社会性、道德性要求的约束，他们的性心理发展处于各种矛盾之中，甚至在性心理的健康发展上出现一些偏差，许多人在承受学习压力的同时也承受着恋爱与性有关的各类问题的骚扰。

一、大学生性心理的发展

性心理是指在性生理的基础上，与性征、性欲、性行为有关的心理状态与心理过程，也包括与异性交往和婚恋等心理状态。性心理作为一种心理现象，有其自身内在发展的规律性。

奥地利著名心理学家弗洛伊德认为，性的发展在人的一生中经历五个最主要的时期：

（1）婴幼儿期（0～2岁）：弗洛伊德认为，性心理的发展从婴幼儿期就开始了。这个时期包括口唇和肛门两个阶段。在口唇阶段（1岁前），幼儿主要是通过吮吸奶头、手指或脚趾等获得性欲满足（快感），减轻饥饿引起的心理不适，这是最初的性欲活动。在肛门阶段（1～2岁），幼儿主要通过排泄粪便获得肛门性欲满足，这时个体没有明确的指向性思维，但是性意识开始萌发。

（2）儿童期（3～6岁）：又称性器期。这个阶段儿童通过对自己或他人的生殖器官的刺激和幻想、恋母或恋父达到性欲满足。此阶段对个体心理和人格成熟有重要影响。

（3）潜伏期（6～12岁）：这一时期个体的性欲需求被暂时压抑下去，机体相对恬静，其兴趣中心转向外部，性欲满足主要依靠对性知识的好奇。

（4）青春期（13～17岁）：又称生殖期。性欲对象转向异性。通过与异性的交往，获得性欲满足。

（5）成年期（18岁以上）：个体性欲通常在合法婚姻中得到满足。

弗洛伊德认为，如果个体上述各阶段性心理发展的内容和表现形式都顺利完成，就可以逐步走向成熟；反之，个体性心理就会发生不协调，甚至性变态。

二、大学生健康性心理的标准

依据大学生性生理的成熟和性心理的发展状况，以及他们的文化知识层次和社会角色的特殊性，我国专家对大学生性健康的评定标准有以下几点。

（一）有正常的性需求和性欲望

性需求和性欲望是性爱与性生活的前提条件。如果大学生没有一定的性欲望，就不会产生性爱，不可能营造和谐的性生活，性心理就成为无源之水、无本之木。大学生正常的性欲望至少包括两层含义：第一，性欲望的对象是成熟的、健康的异性，不是同性、物品或未成年人；第二，性欲望适度，不是性狂热和性冷淡。

（二）有科学、系统、完整的性知识

科学、系统、完整的性知识是大学生调控自己性欲望、性冲动，过上和谐性生活的先导，也是维护大学生心理健康的基本途径之一。大学生需要通过多种正常途径，了解性心理发生发展规律和性知识，以此来指导性心理的健康发展。

（三）有较强的性适应能力

所谓性适应是指个体性欲、性意识、性观念、性行为和所处社会环境之间的一种和谐关系，即性生理、性心理和性社会在性生活过程中相互作用而形成的一种协和状态。性适应能力就是个体的性活动和外界环境形成和谐关系的能力。这种能力是大学生在性生理成熟的过程中，在漫长而又复杂的环境中形成的。大学生性适应能力主要表现在：能对自己出现的性冲动进行调控、释放，并使之符合道德规范，能正确对待性生理成熟带来的身心变化，能积极认同和承担自己的性别角色。

（四）能与异性和谐相处

大学生渴望理解，重视人际交往，尤其是重视和异性交往，随着性生理和性心理的逐

步发展成熟，他们更希望能和异性保持良好的人际关系，这是大学生性心理的正常要求。要想和异性保持和谐的交往关系，必须遵循社会规范和性道德要求，做到相互尊重、相互帮助、相互信任、谦恭有礼、不卑不亢，保持自己独立而完整的人格。

（五）性行为遵守良好的性道德

大学生要提高自己的性道德，需要不断地学习科学的性知识，自觉抵制没落的性文化的侵蚀，区分性文化中的精华与糟粕、庸俗与高雅、淫秽与纯洁；在与异性或恋人交往的过程中，要按照社会规范和性道德要求，学会用尊重他人、有责任心、有自控力等基本道德来规范自己的性行为，塑造自己的性形象，以实际行动来促进性文化的健康发展。另外，性心理健康的大学生也应是性心理特点和性行为符合年龄特征的人，并且也应积极认同自己的性别角色。总之，正常的性需要和性欲望是大学生性心理健康的基础，科学的性知识是性心理健康的保证，与异性交往是大学生性心理维持平衡的重要途径。只有大学生在以上各方面做到协调，才能真正成为性心理健康的人。

三、大学生常见性心理困扰及其调适

（一）性生理困扰

大学生性生理的困扰主要表现在以下两个方面。

1. 性体征的困扰

已经过了青春期的大学生，男、女的体相发生了很大的变化。几乎所有的男生都希望自己身材高大、体魄健壮、音调浑厚，拥有男性磁力，以吸引女生的注意；而女生也希望自己容貌美丽、身材苗条、乳房丰满、声音柔美，以显示女性的魅力，吸引男生的注意。然而，这些希望只是我们心目中的理想状况，绝大部分学生都不会拥有这样一副近乎完美的体相。一部分学生由于体相上的不如人意和无法改变，产生焦虑、烦恼、失望的情绪。如一些学生为了自己的个子过高或过矮而烦恼，也有男生为了自己的阴茎发育不理想和女生为了乳房发育不理想而苦恼、焦虑。事实上，个子的高矮不会影响智力的发展，阴茎或乳房的大小也不会影响性生活和生育后代。这部分学生应该通过提升自己的个人知识、能力、气质和才华来提升自己的内在美，从而提升自己的魅力。

2. 遗精或月经的困扰

男生主要表现为对遗精的恐惧和对遗精次数的多少及梦遗是否正常、对身体是否有害、不知如何缓解等方面的困惑。女生表现为月经期间或月经前感到身体不适、情绪不稳、月经紊乱而产生消极的情绪。所谓遗精是指大学生在无性交状况下的射精现象。这标志着男子逐渐成熟，是正常的、必然的生理现象。而女生一般在月经期或来经前几天会感到身体不舒服，如腰酸背疼、怕冷、注意力下降、易疲劳等不良状态，这是一种正常的生理反应，这时需要外界给予更多的关心、体贴与呵护。

（二）性心理困扰

1. 性梦与性幻想

性梦是指在睡眠状态中所做的以性内容为主的梦。性梦的内容十分广泛，包括当众裸阴、乱伦，以及其他种种清醒时在精神和肉体两个方面都做不出来的性行为。处于青春期的男女，做性梦是很正常的。人们通过梦的方式达到自己白天被社会规范限制的性冲动的满足，从而缓解性紧张。根据崔以泰等人的调查显示：有85%的男生和51%的女生做过性梦。

性幻想又称性的白日梦和精神的"自淫"，是指在某种特定因素诱导下，自编、自导、自演与性行为的内容有关的心理活动过程，如幻想在日常生活中不能满足的与异性一起约会、接吻、拥抱、性交等性活动。当大学生与异性交往的强烈渴求不能直接实现的时候，性幻想就有可能发生。对大学生的调查数据显示：经常有性幻想的占5.8%，偶尔有性幻想的占68.9%。可见，性幻想是大学生中比较普遍和正常的心理活动。

有的大学生因为有过性梦或性幻想而认为自己是"不道德""罪恶的""卑鄙下流的"，进而感到羞耻、自卑、注意力不集中，甚至焦虑不安。有的大学生由于频繁性幻想或性梦而影响休息、睡眠和体力的恢复。其实，性幻想和性梦是青少年的正常现象，也没有过多之说。因为对性幻想和性梦的担忧而产生的困惑是常见的。

2. 手淫

手淫也称自慰性行为，是指有目的地进行自慰刺激以产生性唤起的行为。手淫的发生率在大学生身上是比较高的。21世纪初，上海一综合大学对693名大学生性行为和性心理的调查显示，有85.9%的大学生有手淫行为，其中男大学生手淫者占被调查人数的90.5%，女大学生占被调查人数的66.3%。但大学生中有许多人对手淫持有不正确的认识。调查发现很多大学生受"手淫有害"观念的影响，认为手淫有伤身体，会导致性功能障碍；有的大学生认为手淫难为情、下流，甚至有罪恶感。实际上手淫是有意义的，它是性禁欲期的一种替代性质的性活动方式，是性自我满足的一种最合适的方式，对残疾人及独居者更是满足性欲的手段。

只有出现两种情况，手淫才算是一种危害：一是出现手淫固结症，即指手淫成为某一既定个体性活动的主宰形式，甚至在有可能建立正常异性接触时也是如此；二是有害的手淫方式，例如，用异物刺激尿道或阴道；用错误的刺激方式，即把阴茎向下向后压迫，夹在双腿之间，凭这种挤压获得快感，不摩擦，也不追求射精高潮，这样容易造成对射精反射的抑制，从而导致男性不育。

3. 性骚扰

我们常见的性骚扰表现为故意碰擦异性身体的性感部位，故意谈论色情的话题，用色眯眯的眼光盯视异性，打骚扰电话等。一些大学生在遇到性骚扰时，由于缺乏应对的有效方法和经验，往往惊恐万状、不知所措。一些大学生在受到性骚扰时，不是积极地反抗、自卫，而是自责或消极逃避。性骚扰会使人感到恐慌，严重的会让人极度压抑、冷漠或精神衰退。

（三）性行为失当

1. 边缘性行为

边缘性行为泛指除性交外的一切亲昵行为，如拥抱、接吻、抚摸、性游戏等。它是性爱活动中表示情爱关系的一种行为方式。它是有作用的，能够部分满足异性恋的欲望；也能够进行探索性的体验，相互交流性知识；还能为以后真正的性生活做准备。应当承认，这些边缘性行为有些是大学生在一定情景下真情实爱的表现。但是，这种行为的失当也表现在：一是有些学生不分时间和场合，肆意做出上述亲昵行为；二是部分学生行为举止粗俗无礼；三是以身体的接触代替心理的亲密。有些学生在边缘性行为发生后，通常感到不安、烦恼和自责。另外，这种过多的亲昵行为会使人产生强烈的性冲动，容易导致性行为的发生。所以，大学生要学会调控自己的性冲动，使之得到合理的转移和释放。

2. 婚前性行为

婚前性行为是指在恋爱期间发生的性交行为。其特点是双方自愿进行，不存在暴力逼迫；没有法律保证，不存在夫妻之间应有的义务和责任；容易产生一些纠纷和严重后果。

大学生的性行为已经是一个屡见不鲜的现象。对于大学生是否可以发生性行为，有人赞同，有人反对。但总的来说，尽管社会的宽容度在增加，但婚前性行为毕竟存在诸多不安全因素。与恋人亲密接触时要特别慎重，不要轻易突破最后一道防线。即便是双方感情深厚，情不自禁，也要有所准备，包括心理上的准备和避孕方面的准备。为了避免失去理智，热恋中的大学生应该尽量避免两人单独相处的机会，尤其是两人独居一室；避免两人一起观赏带有刺激性的刊物和音像；避免去一些情侣密集且公开拥抱、亲吻的娱乐场所。男性对恋人要有责任心，不要轻易提出不合理的性要求；女性要自尊自重，尽量避免穿过分暴露的衣服，言谈举止要大方，不要用言语和行为挑逗对方。

3. 未婚先孕

大学生未婚先孕的人数在逐年增加，但是由于年龄和身份的特殊性，绝大部分未婚先孕的女大学生选择秘密地进行人工流产。根据国家相关部门的统计，每年全国有将近500万例未婚先孕的女性进行人工流产，虽然因为来就诊的人提供的多是虚假的信息，女大学生具体所占的比例不得而知，但是其中约有50%是学校中的女性。一位在高教园区医院的妇产科医生说，每年9—10月份是女性人工流产的高峰期，70%以上的"人流"者像是高校女生。未婚先孕对于女性身心的伤害是明显的，因为人工流产留下后遗症而导致终身不孕的例子屡见不鲜。对于女大学生而言，如果不幸遭遇未婚先孕，将是她们人生中的重大事件，会在相当程度上影响到以后的婚恋观念和性行为。

💻 **自我探索小游戏**

练习一：展出你的观点。

以下是一些关于性、性行为、性骚扰、性侵犯的描述，你赞同吗？若不赞同，请写下你的观点，并与同学讨论。

（1）性行为是个人行为，别人不用理会。

你的观点：_____。

（2）大学生的性行为是正常的，只要两相情愿。

你的观点：_____。

（3）性骚扰是无害的玩笑，无须大惊小怪。

你的观点：_____。

（4）被强暴的女生大多是因为她们轻佻。

你的观点：_____。

（5）性侵犯的加害者都是未受过高等教育的。

你的观点：_____。

练习二：组织"婚前可以发生性行为吗?"辩论会。

目的：通过组织学生进行"婚前可以发生性行为吗?"主题辩论，为学生提供了解自身有关性与性行为的价值观的机会；帮助学生了解自己在生理、心理的日益成熟的性需求是正常的反映，鼓励学生为实现目标而把握自己目前的生活；增进学生在性、未来个人生活计划方面的知识和技能。

时间：约90分钟。

准备：卡片、白纸、笔、多媒体。

操作：主持人首先自我介绍并介绍活动目的，提出为达到目的必需的"活动公约"(在准备好的幻灯片上显示：尊重、开放、平等参与、团结合作、不批评等，并就以上要求的内涵做简要解释)。

活动（一）：幻灯片上打出醒目的"性"字，并请全体学生回答问题：当你看到"性"这个字时，你都想到了什么？

（1）请同学把想到的说出，教师在黑板上写出，最后进行归纳。

（2）归纳的核心点：性不仅是指一个人的生殖系统和作为男人、女人生殖器官的活动，它还涉及生理、心理、社会道德等方面的内容，是每个人成长过程中至关重要的因素。大学生已经发育成熟，与成年人一样有性欲望，也会有希望了解与性有关的知识和信息的需求，这是正常的。

活动（二）：将学生按学习小组，合并为对"婚前可以发生性行为吗?"持肯定或否定回答两组。

（1）请两组就各自的立场，分别讨论并阐述原因，归纳整理后请两组派代表分别就本组的肯定态度或否定态度发言，组员可补充。

（2）主持人归纳并小结。

（3）小结的核心点：何时发生性行为是个人的选择，但我们在做决定前必须深思熟虑，明白性行为带来的后果和应负的责任，做出理智的选择。要为自己、他人负责，还要尊重他人，不给他人带来伤害。

活动（三）：角色扮演，练习如何拒绝恋人的性行为要求。

（1）主持人征集男、女各一同学表演一个情景。情景大致是：一对恋人，男同学向女同学提出性行为的要求，女同学心里不愿意，但又担心不满足对方会因此伤害他们之间的恋情，内心非常矛盾，不知怎么办。

（2）表演结束后，主持人请每位同学认真想想，如果你是那位女同学，会怎么办？主持人将有代表性的答案写在黑板上。

（3）教师总结要点：每个人都有做决定的权利；没有人比你更清楚你自己了，更没有人能够强迫你接受他（她）的决定；如果你的决定是正确的，你就应该坚持。

学习单元三　爱情问题连连看

从表面上看，谈恋爱是无师自通的，就像儿童天生会吃一样。其实不然，儿童天生会吃，但不懂得如何吃是有营养的。人人天生会谈恋爱，但不见得人人都谈得好（避免不必要的弯路）。

一、爱要如何拒绝

例如，有个研究生老缠着我，可是我不喜欢他，我暗示他好多次了，但他依然约我，经常来找我，又送花又点歌的，搞得我挺烦的，你说我该怎么拒绝他又不伤害他呢？

"拒绝"是一种艺术，当别人对你有所追求而你不想答应时，你不得不拒绝。被拒绝是很难堪的，不得已要拒绝的时候，要掌握一些拒绝的技巧。

（1）先肯定，再加以拒绝。你不妨先对对方的人品、长相等加以赞许，然后再说明你为什么不能接受对方的爱。

（2）说出的理由要合情理，除"已经有恋人"这条理由外，必须让对方明白拒绝是为了他（她）好，要从对方角度提出有利的方面。

（3）在对方解释时，你不妨把原因归于自己，给你造成这样的印象：是他（她）拒绝了你，而不是你拒绝了他（她）。

在下方给出的技巧后面，想一想具体应该怎么说，用自己的话组织一个实例，然后写下来。

不要立刻拒绝：_____。

不要轻易拒绝：_____。

不要盛怒拒绝：_____。

不要随便拒绝：_____。

不要无情拒绝：_____。

不要傲慢拒绝：_____。

要婉转地拒绝：_____。

要有笑容地拒绝：_____。

要有代替地拒绝：_____。

要有出路地拒绝：_____。

要有帮助地拒绝：_____。

二、爱要如何表达

例如，我喜欢我们班的一个女生，但她好像喜欢另一个男生，你说我该怎么办呢？我要不要跟她表白？

当你确定你的白马王子（白雪公主）出现了，那么第二步就是表达爱了。很多大学生因为单相思而苦恼，往往就是没有勇气或不懂如何把自己的爱表达出来，如何恰当地表达爱呢？这就是爱的表达艺术，建议大家掌握一些表达爱的技巧。

（1）要选择最佳时机：双方相处十分融洽、情绪轻松愉悦时。

（2）要选择合适的地点：不会给对方和自己造成心理紧张和不适的地点。

（3）选择恰当的方式：选择你自己最擅长、对方最容易接受的表达方式。

通过抽签方式，确定女生中的某一位为虚拟好感对象，针对她展开追求攻势。用一句话表白对选定对象的追求，要"语不惊人死不休"，有独特的心思和足够的创意，可以用道具、音乐、舞蹈、才艺表演等辅助。

我要对你说：_____
_____。

三、如何建设性地吵架

例如，最近我和我女朋友老吵架，而且是为了一些小事情吵。昨天中午我们约好一起去吃饭，结果我去晚了，她就不依不饶，和我吵，搞得我们俩都没吃好饭，你说我们该怎么办呢？

恋爱学习中建设性地吵架：恋爱中的双方是亲密的，心理上高度依恋。但又因为是两个人，而且社会阅历、生活经验、思维方式、情感体验、价值观等的不同，吵架就在所难免了。如何吵架？通过吵架发展关系而非导致关系的恶化，也是我们在恋爱中需要学习的。

（1）要澄清对方的想法，也要清晰地表达自己的想法。举例来说，对方说："我觉得你真的很自私。"你千万别急着反击："那你呢？你又好到哪去？"你应该静下心来，问一下对方："为什么你这么觉得，我做了什么事情让你感觉这样？"这就是在澄清对方的想法。如果对方提出的证据你觉得不合理，你也应该讲出你为什么觉得不合理的理由。清晰地表达彼此的想法，两个人的争吵才有可能有焦点，否则，很容易流于胡打乱撞，吵不出什么结果。

（2）要厘清彼此的需求。许多人吵架吵了半天，结果双方根本弄不清楚对方要的是什么。在这种情况之下，运用科学的定义是很重要的。举例来说，当对方说："你每次都不会在意我的感受。"你可以问他："我要怎么做，你才会觉得我在意你的感受？"如果他说："我希望你能够常常陪我。"那么你可以问他："你觉得一星期要陪你几天，你才会觉得我有在陪你，而没有忽略你的感受呢？"

（3）不要谈一些不太可能改变的事情。

（4）不要翻旧账，要朝着未来的问题争吵。建议常常说一句话："好，那我们以后如果遇到类似今天的问题，我们要怎么办？"

（5）不要打断对方，冷静地听完对方讲的话，然后针对里面的内容做澄清。如果对方讲的内容很多、很杂，你可以要求他一次谈一个核心问题就好。

但是，如果你在讲话的时候，对方会一直打断你呢？那么你可以直接跟他说："你现在一直在打断我，这样子我没有办法讲我的想法。"

（6）不要在激动的时候争吵。当两个人情绪激动的时候，彼此越吼越大声，想到什么可以刺伤对方的话，脱口就说出来。这时候已经没有所谓的沟通，两个人的吵架就只是想要发泄愤怒而已。所以，聪明的人应该要避开这些情绪激动的时候，闭紧双唇不吵架，等到心平气和的时候再沟通。

（7）恋人之间要学会表达"对不起"，只要是自己的错，一定不要吝啬"对不起"，它是化解冲突的良药之一。

人与人的亲密关系中，没有不吵架的。有建设性的吵架会让彼此可以相互谅解，两个人的感情会因此更紧密。因此，只要吵架的方法正确，对彼此的关系好处很多。

四、如何面对失恋

例如，我和男朋友的感情应该发展得很好，可是，近来我们常为一些小事争吵。前几天，他突然告诉我，因为两人性格不合，还是分手吧，这给我很大的打击，我不想失去他，但是又无能为力。我感到很苦闷，一天在寝室里一个人喝得大醉，其他同学把这件事情告诉他后，他还来安慰我。我以为有希望挽回这份情感，但是后来他明确告诉我不再有可能。我很伤心，只想一个人待着，不想与其他男生交往。

失恋是爱情的悲剧，对于失恋者来说，是一杯难以下咽的苦酒。大多数失恋者都能理智地看待并接受这一现实，但是也有一些人总是把失恋看得太重，并在这种打击下，心理失衡。因此，失恋者要特别注意保持心理健康，面对现实，积极地寻求多种方法和途径，疏导失恋带来的郁闷、不安和愤怒。

如果你是上述案例中的"我"，你会有怎样的感受？

_____

_____。

尽管失恋是痛苦和不幸的，但是并不一定就是坏事，在某种意义上可以说是好事。因此，请同学们以小组（4～6人为宜）为单位，列举失恋的好处。每个小组最多可以列出十条，之后在全班范围内由全体同学共同评判出最合理、最可行的建议，并将此作为本班共同的"情感自卫盾牌"。

以下面的句型为模板，写出十句话。

因为我失恋了，所以我获得了：

① _____。

② _____。

③ _____。

④ _____。

⑤ _____。

⑥ _____。

⑦ _____。

⑧ _____。

⑨ _____。

⑩ _____。

若分手了，我该怎么办？

（1）勇敢面对现实。失恋并不可怕，可怕的是失恋后的自我丧失。要尊重别人的情感，每个人都有接受和放弃爱的权利。勇敢地接受现实，是摆脱痛苦的第一步。

（2）分析原因。面对失恋，要冷静、客观地分析原因。若是由于双方志不同道不和，或是来自外界不可控的因素，那么就应该理智地接受现实。如果对方是由于金钱、地位、名誉、孤独等其他原因，应该感到幸运，及早结束这段恋情。如果是自身的原因，应该认真地反省自己，加强修养，完善自己。

（3）运用积极的心理防御机制，如换位思考、转移注意力、合理宣泄和升华等方式加以解释和处理，以减少痛苦和不安。

若朋友、同学分手，我们如何陪伴？

（1）要建立好关系，让他（她）愿意和我们讲他（她）的爱情故事，通常是需要平常就关系比较好的同学陪伴。

（2）恋爱分手的人有时会出现轻生的念头和行为，要旁敲侧击地问他（她）有没有觉得人生没有意义，或者观察其是否有自杀的迹象。如果发现蛛丝马迹，应预防发生极端后果。

（3）时刻陪伴他（她）。失恋后原本与恋人一起吃饭、上课、去图书馆、回寝室后打电话的时间都变成了一个人，他（她）会感到生活的空缺、心灵的孤独，所以好朋友的陪伴很重要。

（4）当失恋的同学痛苦地向你倾诉的时候，要学会倾听，等他（她）哭泣停止的时候，也许已经走出了困惑的一大段。

（5）当失恋的同学情绪稳定下来的时候，可以讨论恋爱带来的收获、失恋带来的成长。

视频：爱情花开

思政话题

我喜欢你，因为我觉得喜欢你这件事情很美好。我不止喜欢你，我还喜欢自己，因为喜欢你这件事情让我自己变得更美好。爱情，不是谁改变了谁，而是正视到差异和不完美之后，仍然坦然接受、彼此扶持。两人之间没有无尽的要求和盲目的付出，而是共同成长、相互滋养、彼此成就，为了一致的目标相伴而行。正如有句话：好的爱情，是你通过一个人看到整个世界；而坏的爱情，是你为一个人舍弃全世界。

成长阅读

给女儿上一堂爱情课

女儿，你已经到了谈婚论嫁的年龄，又临近毕业，国庆那次母女长谈中，妈妈已经发现苗头，现在妈妈急于要给你上一堂恋爱课，否则，过期作废了！

最近，你经常问妈妈：妈，你爱爸爸吗？

我对你说：当初认准了的，能不爱吗？只是每个人爱的方式不同，每个时期爱的质量不同。

你大笑，摇头：不懂，太深奥了。

妈妈有点急，一时无法给你说清楚，对于恋爱婚姻，不同年龄、不同时代、不同条件会有不同看法。

你小姨比妈妈小一旬，观念应该是介于我们俩之间的，前几天和她单独专谈你的恋爱问题，妈妈还查阅一些成功人士对爱情的理解与看法，几方面糅合整理，给你下点毛毛雨吧。

爱情在女人心中是至高无上的，古今中外，概莫能外，人生百年，婚姻状况如何，实在是头等重要。妈妈认为，选择什么样的配偶，决定着一个人的人生走向，对于女人来说，更要慎之又慎！所以，不能急于求成，草率行事，也不能太过谨慎，错失良缘。孩子，这样是不是很难？

你也问过妈妈找什么样的对象合适，妈妈现在就给你建议，供参考：

（1）要看对方的人品。看他是否善良、真诚、正直、勇敢，这是底线，概不含糊。

（2）要看对方的资质。看他是否聪明、好学、上进、顽强，这点很重要，"选潜力股"会有很大的发展后劲。

（3）要看对方是否真的特别爱你、珍惜你、欣赏你、追求你，这点是最最重要的。

（4）还有一点，是你小姨的观念，对方家庭经济条件尽可能要好。

恋爱阶段是人生最灿烂夺目的时期，希望女儿尽情享受。妈妈是过来之人，深知其中玄妙无穷。但是，孩子，你必须明白他对你的爱有多深，无论多么好的男孩，如果对方爱你不切，万不可苦苦追求，那样得来的幸福是有限的，女孩要安于被人追求，要体现一定的度数。

孩子，有一点很重要，妈妈要提醒你，了解一个人需要一个过程，恋爱也是，马克思和燕尼就是经历了五年时间的考验。

他为你心动，你为他疯狂，好得让你受不了，不足以构成你答应他的唯一砝码，生活是一辈子，不是一阵子，特别时期换谁对你都特别好，知道吗？有的傻女孩为1 000朵玫瑰那温馨一刻而苦一辈子，值得吗？

恋爱阶段，女孩都是"将军"，男孩都是"奴隶"，而结婚后，往往会对调身份，所以，万万不可因为对方追得过猛而勉强答应，那是对自己最大的"酷刑"，这个时候的心要狠，手要辣！懂吗？

妈妈认为，只有用本身的魅力、内在的气质征服对方，一拍即合，从心底撞击的火花，才会催生出璀璨夺目的满天星光！他非你不娶，你非他不嫁，才是理想的结合。

纵然相爱，其爱的热烈程度也不可能完全对等，妈妈以为，爱男人，只爱八分最适宜，男人与女人到底不同。

自古有多情女子负心汉一说，不无道理，你如果全身心投入于他，而忘却了自身的独立的一面，会牺牲太大。

孩子，千万不要忘记创造自我，在自我的修养上做文章，自己会更具魅力；没有自己的事业做爱情铺垫的爱情之花随时可能枯萎。

自古有一句话：悔叫夫君觅侯爵。这是红颜薄命女人的呼喊。你如果想把自己的幸福依托于对方的成就上，那是很可怕的，丢了自己，也会随之丢了爱情，两盘皆输。

孩子，妈妈相信你将来会在对方相互的理解支持和关爱中，孜孜努力，比翼齐飞，只有出色的自己，才有共同开创的一片美丽天空。

最后，祝福我的女儿：一跃爱河尽情畅游！

——《孙笋文集》

> ❯ 练习自测

恋爱态度量表

仔细阅读表5-1的每条陈述，选择适合自己的答案，并按1～5个等级打分（坚决同意＝1分，适度同意＝2分，不好决定＝3分，有些不同意＝4分，坚决不同意＝5分），然后将各题得分相加即得总分。

表 5-1

题目	1	2	3	4	5
1. 当你真正恋爱时，你对其他任何人都不感兴趣					
2. 爱情没有什么意义，也就是那么回事					
3. 当你完全陷入爱情时，就会确信它是现实的					
4. 恋爱绝不是你所能客观地加以研究的，它是高度的情感的状态，不能进行科学观察					
5. 和某人恋爱而不结婚是个悲剧					
6. 有了爱，就知道这是爱					
7. 共同兴趣实际上并不是重要的，只要两人真正地相爱，就会彼此协调					
8. 只要你知道你们是相爱的，虽然彼此认识的时间还很短，马上结婚也不要紧					
9. 只要两个人彼此相爱，即使有着信仰差异也不要紧					
10. 你可以爱一个人，虽然你不喜欢这个人的任何一个朋友					
11. 当恋爱时，你经常是茫然的					
12. 一见钟情往往是最深切的、最永恒的爱					
13. 你能真正爱上的，并能在一起幸福生活的人，世界上只有一两个					
14. 不用管其他因素，如果你确实爱上另一个人，就可以和这个人结婚了					
15. 要得到幸福就必须对你要与之结婚的人有爱情					
16. 当你和所爱的人分离时，世界上的一切仿佛都黯淡而令人不满意					
17. 父母不应该劝说儿女同谁约会，他们已经忘记恋爱是怎么回事了					
18. 爱情被看成是婚姻的主要动机，那是好的					
19. 当你爱上一个人时，你就想到将来要和那个人结婚					
20. 大多数人都会在某些地方有一个理想的对象，问题是怎样去找到对象					
21. 妒忌通常是直接随着爱情而变化的，也就是说，你越是爱就会越有妒忌心					
22. 被任何人都爱上的人只有少数几个					
23. 当你恋爱时，你的判断力通常不会太好					
24. 我认为，一生中爱情只有一次					
25. 你不能强使自己爱上某一个人，爱情说来就来，说不来就不来					
26. 与爱情相比，在选择结婚的对象时，社会地位和宗教信仰的差别是无关紧要的					

结果分析：

分数越高说明你对爱情的态度越接近现实型，分数越低越接近浪漫型。现实型是指对待爱情以注重现实为特征，恋爱关系相对稳固、和谐。浪漫型的人把爱情看成是一种神秘的、永恒的力量，对爱情充满了激情、幻想与渴望，较少注重一些现实问题。

学习模块六
给情绪安个家——情绪管理

知识目标：

1. 了解情绪的概念。

2. 了解大学生情绪管理的相关理论。

3. 了解大学生情绪的内涵和特点。

能力目标：

1. 能够分析在不同情景下自身情绪产生的原因。

2. 能够掌握情绪调试的方法。

3. 能够运用具体方法管理情绪，自主调控消极情绪。

素养目标：

1. 保持良好的情绪和心境，热爱生活。

2. 提高解读别人情绪世界的能力，提高人际管理能力。

3. 保持自我激励，对未来充满期待。

成长语录

在适当的时候控制情绪，不使它泛滥而淹没了别人，也不任它淤塞而使自己崩溃。

——罗兰

案例引入

某大学生小艺，在得知某科目考试成绩过及格线，又有大休日可以回家过周末的消息时，满心喜悦甚至有些手舞足蹈。但是当她的好朋友小雨分享她的科目成绩得了 80 多分时，她开始心情低落，有些小烦躁，莫名不想和她说话；之后又接到通知要为学校主题活动帮忙，想到周末不能回家，心情郁闷，跌落谷底；爸爸来电话告知家里的大狗球球生病死亡，话音刚落，小艺就流泪不止，她的心就像被紧紧揪住，很痛很难过，她说她的情绪无处安放。

案例分析

在该案例中，小艺的一天体验了从期待到满心喜悦到心情跌到谷底的一个情绪变化过程。小艺的情绪在短短一瞬间，就从"满心喜悦"跌到了郁闷的低谷，变化很大。尽管大学生的认知水平已经有了很大的提高，对自己的情绪也已有了一定的控制能力，情绪也趋于稳定，但仍然相对敏感，情绪带有明显的波动性。一句善意的话语、一个感人的故事、一首动听的歌曲、一个意外的通知，都可以致使大学生情绪发生骤然变化。

学习单元一 认识情绪

一、情绪的概念

情绪是客观事物是否符合个体的需要所产生的态度体验，是人脑对客观事物与人的需要之间的关系的反映。每个人因其主观状态、主观期望不同，对同样的事物的情绪体验各不同。如果没有情绪，生活便没有快乐，人生就只是一套生理程序。情绪让人们饱尝生活快乐的同时，也让人们体验到人生的烦恼。更重要的是，情绪经常试图代替理智来做出选择，而且常常得逞，不良情绪是人类共同的弱点。

二、情绪与情感的区别

情绪与情感是十分复杂的心理现象，它既是在有机体的种族发生的基础上产生的，又是人类社会历史发展的产物。情绪与情感是从不同的角度来标示感情这种复杂的心理现象的。要想把它们做严格的区分是困难的，可以从不同的侧面对两者加以说明。

（1）情绪出现较早，多与人的生理性需要相联系；情感出现较晚，多与人的社会性需要相联系。婴儿一生下来，就有哭、笑等情绪表现，而且多与食物、水、温暖、困倦等生理性需要相关；情绪是在幼儿时期，随着心智的成熟和社会认知的发展而产生的，多与求知、交往、艺术陶冶、人生追求等社会性需要有关。因此，情绪是人和动物共有的，但只有人才会有情感。

（2）情绪具有情境性和暂时性；情感则具有深刻性和稳定性。情绪常由身旁的事物所引起，又常随着场合的改变和人、事的转换而变化。所以，有的人情绪表现常会喜怒无常，很难持久。情感可以说是在多次情绪体验的基础上形成的稳定的态度体验，如对一个人的爱和尊敬，可能是一生不变的。因此，情感特征常被作为人的个性和道德品质评价的重要方面。

（3）情绪具有冲动性和明显的外部表现；情感则比较内隐。人在情绪左右下常常不能自控，高兴时手舞足蹈，郁闷时垂头丧气，愤怒时又暴跳如雷。情感更多的是内心的体验，深沉且久远，不轻易流露出来。

三、情绪的分类

1. 按表现分类
在我国，自古以来人们通常将情绪按其表现分为喜、怒、哀、惧、爱、恶、欲七种。

2. 按发展分类
（1）基本情绪：与生理需要相联系的内心体验，如人的恐惧、焦虑、满足、悲哀等。人的基本情绪在人的幼年时期就已经形成了，更带有先天遗传的因素。

（2）社会情绪：与社会需要相联系的情绪反应，表现为一种较为复杂而又稳定的态度体验。例如，人的善恶感、责任感、羞耻感、内疚感、荣誉感、美感、幸福感等都是人的社会情绪。社会情绪是在基础情绪上随着人的成长而逐步发展起来的，同时，又通过基础情绪所表现出来。

3. 情绪的三维理论
美国心理学家普拉切克（Plutchik.R）从生物学的角度，提出了情绪的三维理论，即情绪具有两极性、相似性和强弱性的特点。例如，喜悦的情绪，从兴奋程度上可表现为舒畅、愉悦、快乐、欢喜、狂喜等不同的心理体验层次；而愤怒的情绪，从紧张度上也可分为不满、气恼、愤懑、恼怒、愤怒、大怒、狂怒等；悲哀的情绪从程度上则可分为忧虑、忧愁、忧郁、哀伤、悲伤、悲痛、痛不欲生；恐惧情绪可分为担心、不安、害怕、恐惧、惊恐、极度惊恐等。

4. 情绪状态
苏联心理学家根据情绪发生的强度、持续性、紧张度，把情绪状态划分为心境、激情与应激三种形态。

（1）心境：是指比较微弱、持久地影响人整个精神活动的情绪状态。心境具有弥散性的特点。例如，当一个人心情舒畅时，他看什么都会觉得乐观积极；而当一个人郁郁寡欢时，则对许多事情都感到没有兴趣。"忧者见之而忧，喜者见之而喜"就是心境的表现。心境有消极和积极之分。

（2）激情：是一种强烈的、短暂的、有爆发性的情绪状态，如狂喜、愤怒、绝望等都属于这种情绪状态。在激情状态下，人的理解力、自制力等都有可能降低。激情也有积极和消极之分。积极的激情能增强人的敢为性和魄力，激励人们克服艰险、攻克难关；消极的激情则会导致理智的暂时丧失、情绪和行为的失控。

（3）应激：是在出乎意料的紧迫情况下所引起的高度紧张的情绪状态，在人们遇到突如其来的紧急事故时就会出现应激状态，如地震、火灾等。

在应激状态下，会使人的心律、血压、呼吸和肌肉紧张度等发生显著的变化，从而增加身体的应变能力，人们往往能做出平时难以做到的事情，使人尽快地转危为安。但是人在紧急情境中的应激状态下，也会导致知觉狭窄，行动刻板，注意力被局限；过于强烈的应激情绪，会导致人的临时性休克甚至死亡，还会导致心理创伤。一个人长期或频繁地处于应激状态中，会导致身心疾病和心理障碍。

四、情绪的三要素

（1）主观体验：人们对情绪状态的自我感受，是在强度、紧张度、激动度和确信度四个维度上的心理感受。强度表示这种情绪是否强烈；紧张度表示情绪的心理激活水平，即外界刺激对大家的影响程度；激动度表示个体对情绪、情境出现的突然性，即个体缺乏预料和缺乏准备的程度；确信度表示个体胜任、承受感情的程度。主观体验不同于认知，不是对客观事物本身的反映，而是带有主观色彩的反映。

（2）外部表现：表情，包括面部表情、姿态表情和语调表情。面部表情是指眼部肌肉、颜面肌肉及嘴部肌肉构成的，三种成分相互协调作用产生不同的情绪表现。姿态表情是指除面部表情外的身体其他部分的表情动作，包括手势、身体姿势等。痛苦时顿足捶胸，愤怒时摩拳擦掌。语调表情是通过言语的声调、节奏和速度等方面的变化来表达的，高兴时语调高、速度快，痛苦时则相反。

（3）生理唤醒：情绪产生时伴随着相应的生理变化，如心跳加快、呼吸急促、血压升高等。

五、大学生的情绪特点

大学生正处在多梦的阶段，几乎人类所有情绪都可在大学生身上体现出来，如悲哀、失望、难过、哀痛等。因此，这时期的大学生的情绪具有丰富性的特点。同时，由于大学生的人际交往范围迅速扩大，大学生生活事件的频发，各种情绪还会交织在一起表现出来，因此，这时期的情绪还具有复杂性。

1. 波动性与两极性

一句善意的话语、一首动听的歌曲、一个感人的故事、一首情理交融的诗歌，都可以使青年的情绪骤然发生变化，这是波动性。同时，胜利时得意忘形，挫折时垂头丧气，喜欢时花草皆笑，悲伤时草木流泪，情绪的反应摇摆不定，跌宕起伏。

2. 冲动性与爆发性

心理学家霍尔认为，青年期处于"蒙昧时代"向"文明时代"演化的过渡期，其特点是动摇的、起伏的，他把这一时期称为"狂风暴雨"时期。由于知识水平和认知能力的提高，大学生对自己的情绪能够有所控制，但由于他们兴趣广泛，对外界事物较为敏感，加之年轻气盛和从众心理，因而在许多情况下，其情绪易被激发，犹如急风暴雨不计后果，带有很大的冲动性。他们往往对符合自己信念、观点和理想的事件或行为迅速发生热烈的情绪；对于不符合自己信念、观点和理想的事件或行为，则迅速出现否定情绪。个别的有时甚至会盲目地狂热，而一旦遇到挫折或失败又会灰心丧气，情绪来得快，平息也快。

大学生情绪的冲动性常常与爆发性相连。大学生的自制力较弱，一旦出现某种外部强烈的刺激，情绪便会突然爆发，借助于冲动的力量驱使，以至于在语言、神态及动作等方面失去理智的控制，忘却了其他任何事物的存在，极易产生破坏性的行为和后果。

3. 阶段性与层次性

每个阶段都会对应不同的主导情绪，大学新生面临的是适应环境、学习方法的改变、人际关系的建立等众多问题，自豪感和自卑感混杂，放松感和压力感并存，新鲜感和恋旧感交替，情绪波动大，易产生各种相应的情绪问题；大学二年级的学生情绪较为稳定，主要是人际关系和社团组织的问题，对此也产生相应的情绪问题；高年级学生面临毕业找工作，压力大，同时，毕业论文的撰写等都会增加其烦恼，易产生相应的情绪问题。另外，由于社会、家庭及自身要求、期望不同，以及能力、心理素质的差别，大学生也会体现着不同的情绪状态。

4. 外显性与内隐性

对于性格外向的学生，他们的情绪可能一眼就可以看出，如喜形于色、满面愁容、怒不可遏等；而对于内向的学生来说，他们倾向于压抑自己的真情实感，很多时候会表现出内隐含蓄的特点，而且由于一些规范的存在，一些学生还会压抑自己的表达，如对他人的爱慕之情。

六、情绪对大学生的影响

1. 情绪是身心健康的寒暑表

笑一笑，十年少，愁一愁，白了头。愉快的心境（如开朗乐观、积极向上等）会使内分泌适度，保持体内环境平衡，增强大脑及整个神经系统的功能，身体各个系统的活动协调一致，从而保持食欲旺盛、精力充沛、思维敏捷、动作灵活，人体适应环境和抵抗疾病的能力都会明显增强，因此，良好的情绪对人的身心健康都是有益的；反之，消极情绪对人的身心健康危害极大，在压抑、紧张、焦虑、恐惧等消极情绪的长期作用下，人的免疫能力下降，容易患各种传染性疾病，内脏功能也会受到伤害。研究表明，睡眠障碍、消化性溃疡、紧张性头痛和偏头痛、心律失常、神经性皮炎等都与消极情绪有关。

2. 情绪成就事业

1995 年，美国《时代》周刊公布了一项新的心理学研究成果，情绪智力比智商更重要，它与我们事业成功的关系更密切。戈尔曼认为，一个人的成功，智商占 20%，情商占 80%。情绪智力是由美国耶鲁大学萨罗威（Salovey）教授和新罕布什尔大学玛伊尔（Mayer）教授于 1990 年提出来的。1993 年，他们对情绪智力包含的能力进一步界定，他们认为，情绪智力包含三种能力，即区分自己与他人情绪的能力、调节自己与他人情绪的能力、运用情绪信息去引导思维的能力。1995 年 10 月，美国《纽约时报》专栏作家丹尼尔·戈尔曼出版了《情感智商》，其在书中声称情感智商包括五个方面的能力，即认识自身情绪的能力、妥善管理情绪的能力、自我激励的能力、认识他人情绪的能力和人际管理的能力，这五种能力偏重于人们日常生活中强调的自知、自控、热情坚持、社交技巧等非智力方面的一些心理品质。总的来说，情绪智力就是人们通常所说的生活智慧。那么为什么情绪智力能够成就人们的事业？客观上说，人的社会性使他们在生活和工作中相互依存、相互影响，形成不同的人际关系。高情绪智力的人能敏锐地认识自己与他人，懂得自己的角色地位及与他人的关系，人际关系融洽，容易得到别人的帮助和支持，这是成功的重要条件。从主观上说，高情绪智力者能自我认知、调节、把握、保持稳定情绪与平和心态，这会使他们表现出充沛的精力与热情，受到欢迎，增进人际关系密切度。因此，情绪智力是良好沟通能力的前提条件，有助于建立良好的人际关系，事业正是以良好的人际关系为中介，获得他人的帮助、支持和认可，以达到成功。

3. 情绪对大学生学习的影响

良好的情绪常常使大学生乐于行动、有兴趣学习、心情舒畅、精神愉快，紧张而轻松是思考和创造的最佳状态，这样才能有效进行智力活动；适度焦虑能够促进有效学习，焦虑和学习效率是一个倒 U 的关系（图 6-1）。

4. 情绪对大学生人际关系的影响

具有良好情绪特征的人，如乐观、热情、自尊、自信，这是人际吸引的重要条件，能够彼此之间缩短距离，情感融洽；反之，自卑、压抑、易怒的人往往与他人不能正常相处。

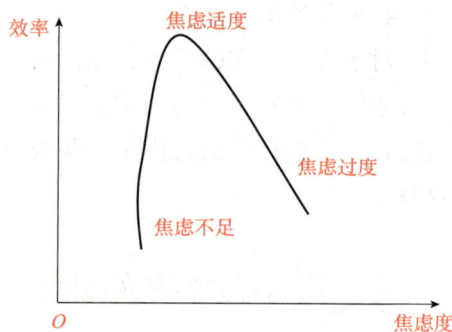

图 6-1

自我探索小游戏

完成下面的句子，哪些事件引起你生气、难过、焦虑、害怕、丢脸、无助的感觉？

（1）我最生气的一件事：_____。

（2）我最难过的一件事：_____。

（3）我最焦虑的一件事：_____。

（4）我最害怕的一件事：_____。

（5）我最丢脸的一件事：_____。

（6）我最无助的一件事：_____。

讨论：（1）你在填写中有何感受？

（2）你认为自己的情绪的觉知能力如何？负性情绪出现时你是置之不理还是平和接纳？

（3）别人的情绪经历对你有何启示？

拓展阅读

关于猴子的心理学实验

预备实验：把一只猴子放在铜条上，双脚绑在铜条上，然后给铜条通电。猴子挣扎乱抓，旁边有一弹簧拉手，是电源开关，一拉就不痛苦了，这样猴子一被电就拉开关，建立了一级条件反射。然后每次在通电前，猴子前方的一个红灯就亮起来，多次以后，猴子知道了，红灯一亮，它就要受苦了，所以每次还不等来电，只要红灯一亮，它就先拉开关了，这就建立了一个二级条件反射。预备实验完成。

正式实验：在这只猴子的旁边，再放一只猴子，与第一只猴子串联在铜条上，隔一段时间就亮红灯，每天持续6小时。第一只猴子注意力高度集中，一看到红灯就赶紧拉开关，第二只猴子不明白红灯是什么意思，无所事事，无所用心，过了二十几天，第一只猴子就死了。

究竟是什么原因导致了第一只猴子很快死亡呢？

第一只猴子是因为什么死的？科学家发现，它死于严重的消化道溃疡，胃烂掉了，实验之前体检它没有任何胃病和溃疡，可见这是二十几天内新得的病。

第一只猴子要工作，他的责任重、压力大，精神紧张，焦虑不安，老担惊受怕，它的消化液和各种内分泌系统紊乱了，所以就会得溃疡。

由此说明，不良的情绪会产生过高的应激值，将严重损害身体的健康。

学习单元二　大学生常见的情绪困扰

大学生常见的情绪困扰又称为情绪适应不良，常常表现为以下几种负面情绪。

一、焦虑

焦虑是一种复杂的心理。它始于对某种事物的热烈期盼，形成于担心失去这些期待、希望。焦虑情绪本身并非一种情绪困扰，适度焦虑有益于个人潜能的开发。如果一个人没有焦虑或焦虑不足，就会导致注意力涣散，工作学习效率下降（图6-1）。所以，无论是听课还是上自习，都需要保持一定的焦虑。这里所说的焦虑是指自身的焦虑程度已经构成了对学习和生活的不良影响或干扰。过度焦虑往往会使人因过度紧张而产生注意力分散和工作学习效率的降低。焦虑不只停留于内心活动，如烦躁、压抑、愁苦，还常外显为行为方式，外化表现为不能集中精力，坐立不安，失眠或经常在梦中惊醒等。大学生如果长期陷入焦虑情绪不能自拔，内心便常常被不安、恐惧、烦恼等负面体验积累，行为上会出现退缩、冷漠等情况。

焦虑情绪的发生原因是多方面的，可分为情境性焦虑、情感性焦虑和神经性焦虑。情境性焦虑又称为反应性焦虑，是指包括由于面临考试、学习、当众演说等外界的心理压力所造成的焦虑情绪；情感性焦虑是指对预期发生的事情的担心、对自己的过错感到自责等引起的焦虑反应；神经性焦虑则是指由于情绪紊乱、恐慌、失眠、心悸等心理和生理原因引发的焦虑。克服焦虑的方法很多，主要有放松训练方法、改变认知方法、角色训练方法等。

二、抑郁

抑郁是一种愁闷的心境，表现为情绪反应强度的不足。抑郁情绪在大学生群体中表现较为普遍。例如，有些学生因为无法面对学业中的竞争和学习的压力；或是对于所学的专业不满意，而陷入抑郁的情绪状态，表现为对生活、学习失去兴趣，无法体验到快乐，行为活动水平下降，回避与人交往，严重者，还伴有心境恶劣、失眠，甚至有自杀倾向。特别需要提出的是，抑郁情绪与抑郁症既有联系，又有质的区别。前者属于一种不良情绪困扰，需要的是心理上的调整；而对于后者，则属于精神疾病的患者，需要及时到医院就诊。

抑郁的主要表现：压抑、苦闷；负面自我评价，无价值、无意义，悲观失望；缺乏兴趣、依赖性强；反应迟钝、活动水平下降；回避交往；体验不到快乐、自卑、自责、自罪。

视频：崔永元笑谈
抑郁症

三、冷漠

冷漠同样是一种情绪反应强度不足的表现，表现为对人对事漠不关心的消极状态。处于冷漠情绪的大学生，在行为上常表现为对生活没有热情和兴趣；对学习漠然置之、无精打采；对周围的同学冷漠无情，甚至对他人的冷暖无动于衷；对集体活动漠不关心、麻木不仁。日本心理学家松原达哉教授形容此情绪状态的学生是无欲望、无关心、无气力的"三无"学生。冷漠是一种对环境和现实的自我逃避的退缩性心理反应，它本身虽然带有一定心理防御的性质，但是它会导致当事者的萎靡不振、退缩躲避和自我封闭的消极影响，并严重影响一个人的身心健康。

四、愤怒

愤怒是人的基本情绪反应，从程度上可分为不满、气恼、愤怒、暴怒、狂怒等。大学生如果无法控制自己的情绪，动辄发怒，就会造成对别人和自己的伤害。因此，大学生要学会采用心理调节的方法，缓解自己的冲动和愤怒的情绪。

拓展阅读

生气的时候不要做任何决定

有个男人，他老婆生小孩时难产死了。幸好，他家有条聪明能干的狗，自然而然地担负起照看婴儿的重担。有一天，男人有事外出，很晚才回来。狗知道主人回来了，欢快地出来迎接。可是男人看到狗嘴里都是血，一种不祥的预感顿时涌上心头，心想是不是这狗由于饥饿兽性发作把孩子给吃了。于是他连忙赶到床边一看，没人，只看到一堆血迹。男人在狂怒之下，拿起棍子便将这条狗活活打死。谁知就在这时候，孩子哭着从床底下爬了出来，男人这才知道自己错怪了狗，四下查看，发现不远处躺着一条狼，已被活活咬死，再看那条狗，后腿已被严重抓伤。原来在男人外出的时候，有条狼溜了进来想偷吃孩子，狗勇敢地冲上去与狼搏斗，最终保住了孩子的生命。男人知道真相后，号啕大哭，悔恨不已，可是一切已经无法挽回。

为什么会发生这样的悲剧？因为他被强烈的愤怒冲溃了理智，以至于忽视了最基本的判断与核实的步骤，这也是人的通病。根据心理学家的测算，人在愤怒的时候，智商是最低的。在愤怒的时候，人们会做出非常愚蠢的决定而自以为是，也会做出非常危险的举动而大义凛然。这个时候所做的决定，90%以上都是极端的、错误的。

其实，很多人都是被"一时之气"而断送一生的。远的如屈原，一气之下投河自尽；近的如马加爵，一气之下连杀四人，这是极端的例子。至于一气之下辞官的陶渊明，一气之下辞职不干的芸芸众生，更是不胜枚举。所以，有这么一句忠告——在生气的时候不要做任何决定。

五、自卑

自卑是人际交往的大敌。自卑的人悲观、忧郁、孤僻、不敢与人交往，认为自己处处不如别人，性格内向，总觉得别人瞧不起自己。这类人主要是由以下几种原因引起：过多的自我否定、消极的自我暗示、挫折的影响和心理或生理等方面的不足。例如，有的学生身材矮小、相貌丑陋、出身低微、学习成绩差等。这种学生在学校中为数不少，这就加大了学生管理的难度和学校教育的管理力度。怎样才能让学生改善这种心理呢？首先，要教育学生采用积极的态度来面对，让他们正确地认识自己，提高自我评价，自卑心理的形成主要来源于社交中不能正确认识自己和对待自己；其次，要引导学生采用"阿Q"精神胜利法，金无足赤，人无完人，学会积极与人交往，增强自信，任何一个交际高手都不是天生的。

六、孤独心理

孤独是一种感到与世隔绝、无人与之进行情感或思想交流、孤单寂寞的心理状态。孤独者往往表现出萎靡不振，并产生不合群的悲哀，从而影响正常的学习、交际和生活。这类学生主要由以下几种原因引起：性格过于自负和自尊。有句话说得好：水至清则无鱼，人至察则无徒。自尊、自负、自傲都会引起孤独的产生。还有一种人比较容易孤独，那就是喜欢做语言上的巨人、行动上矮子的人。怎样才能够改变这种心理呢？首先，要把自己融入集体中，马克思说过，只有在集体中，个人才能获得全面发展的机会，一个拒绝把自己融入集体的人，孤独肯定格外垂青他；其次，要克服自负、自尊和自傲的心态，积极参加集体活动。当一个人真正地感到与他人心理相融、为他人所理解和接受时，就容易摆脱这种孤独误区了。

七、嫉妒心理

嫉妒是在人际交往中，因与他人比较发现自己在才能、学习、名誉等方面不如对方而产生的一种不悦、自惭、怨恨甚至带有破坏性的行为。有人做过调查，发现大学生中的嫉妒有七大类：一是嫉妒别人政治上的进步；二是嫉妒别人学习上的冒尖；三是嫉妒别人某一方面的专长；四是嫉妒别人生活上的优裕；五是嫉妒别人社交上的活跃；六是嫉妒别人仪表上的出众；七是嫉妒别人恋爱上的成功。

嫉妒心理的特点：对他人的长处、成绩心怀不满，报以嫉妒；看到别人冒尖、出头不甘心，总希望别人落后于自己。嫉妒还有一个特点，就是没有竞争的勇气，往往采取挖苦、讥讽、打击甚至采取不合法的行动给他人造成危害。这种情绪严重阻碍了大学生的心理健康和交际能力，给大学生成人和成才带来了莫大的困难，因为嫉妒会吞噬人的理智和灵魂，影响正常思维，造成人格扭曲。有嫉妒心的人应多从提高自身修养方面下功夫，多转移注意力，积极升华自己的劣势为优势，采取正当、合法和理智的手段来消除这一心理。

八、报复心理

所谓报复，是在人际交往中，以攻击方法发泄那些曾给自己带来挫折的人的一种不满的、怨恨的方式。它极富有攻击性和情绪性。报复心理和报复行为常发生在心胸狭窄、个性品质不良者遭到挫折的时候。据社会心理学家研究表明：报复心理的产生不但同个性特点有关，而且与挫折的归因和环境有关，报复常常以隐蔽的形式进行。因为报复者常常以弱者的身份出现，他们没有足够的心理承受能力和公开的反击能力，所以只能采取隐蔽的方式来进行报复。这种心理给报复者的人际交往带来了莫大的阻力和压力。想改变这种心理，需要提高报复者自身的自制力，要反思报复结果的危害性，学会宽容。俗话说："宰相肚里能撑船。"

九、异性交往困惑

异性交往是大学校园很正常的社交活动，同时，也是一个一直令大学生棘手的社交障碍。有一些学生在不良心理因素的作用下，与异性交往时总感到要比与同性交往困难得多，以至于不敢、不愿，甚至不能和异性交往。这些大学生主要因为不能正确区别和处理友谊与爱情的关系，部分大学生划不清友情与爱情的界限，从而把友情当成爱情。大学生的年龄本来就是一个情愫迸发的年龄，对异性的渴望本是正常的事情。但由于一些大学生受传统观念的影响，特别是封建社会"男女授受不亲"的文化传统，认为男女之间除了爱情就没有其他了，使他们还没有树立起正确的"异性朋友观"。这必然会对大学生异性之间交往带来一定的消极影响。再一个是舆论的影响，有的学校、教师、家长对男、女同学之间交往横加干涉，这势必加重了异性之间交往的困难。要摆脱异性交往的困惑，首先要摆脱传统观念的束缚，要开展丰富多彩的集体活动，因为集体活动有利于男、女同学建立自然、和谐和纯真的人际关系；其次要讲究分寸，以免引起不必要的误会。

拓展阅读

关于情绪能力的"软糖实验"

实验人员把一组 4 岁儿童分别领入空荡荡的大房间，只在一张桌子上放着非常显眼的东西——软糖。这些儿童进来前，实验人员告诉过他们，允许你走出大厅之前吃掉这颗软糖，但如果你能坚持在走出大厅之前不吃这颗软糖，就会有奖励，能再得到一颗软糖。结果当然是两种情况都有。专家们把坚持下来得到第二颗软糖的儿童归为一组，没有坚持下来只吃一颗软糖的儿童归为另一组，并对这两组儿童进行了 14 年的追踪研究。结果发现，那些向往未来而能克制眼前诱惑的儿童，在学业、品质、行为、操守方面，与另一组相比有显著优越的表现。这说明，决定人生成功的因素并非只有传统智商理论所认定的那些东西，非智力因素特别是情绪智力对个人的成功有着极为重要的影响。

人的自控能力大小与人生成功与否有密切的关系。心理学家经过长期研究认为：人与人之间的智商并没有明显的差别，但有的人之所以成功，有的人之所以未能成功，与各自的情商有密切关系。情商的要素之一就是人的自控能力，从某种意义上说，情商表现的是人们通过控制自己的情绪来提高生活品质的能力，即如何激活自己的潜能，如何克制自己的情绪冲动，如何使自己始终对未来充满希望等。

学习单元三　我的情绪我管理

情绪对一个人的心理成长和发展有着极大的影响。对于在校大学生来说，管理情绪、调节情绪、驾驭情绪、做情绪的主人不但是维护身心健康的需要，而且是自我发展和人格成熟的条件。

一、健康情绪的标准

健康的情绪，即良好的情绪状态。良好的心理状态，首先是情绪上的成熟，是指一个人的情绪的发展、反应水平、自我控制的能力与其年龄和社会对此的要求相适应，并为社会所接受。

美国心理学家马斯洛在阐述关于"自我实现者"的情绪特点中，曾经提出了健康情绪的六个特征：适度的欲望；有清醒的理智；平和、稳定、愉悦和接纳自己；对人类有深刻、诚挚的感情；富于哲理、善意的幽默感；丰富、深刻的自我情感体验。

二、情绪管理的概念

情绪管理是对个体的情绪进行控制和调节的过程。它是研究人们对自身情绪和他人情绪的认识、协调、引导、互动与控制，是对情绪智力的挖掘和培植，是培养驾驭情绪的能力，建立和维护良好的情绪状态的一系列过程与方法。情商（Emotional Quotient，EQ），是指个人在情绪管理上的整体能力。

耶鲁大学的心理学家彼得·沙洛维认为，EQ 包括以下几点：

（1）认识自身情绪的能力，是指对自身情绪的方向、强度、价值等方面的自我感知的能力。

（2）管理与控制自身情绪的能力，是指对自身的情绪进行妥善的管理与调控，使其有效地适应各种变化的能力。

（3）自我激励的能力，是指不断为自己树立目标的自身动机和使其情感专注的能力。

（4）认识他人情绪的能力，是指对他人的情绪感受进行理解与感知的能力。

（5）处理良好人际关系的能力，是指具有与他人交往和协调人际关系的能力。

三、大学生情绪的自我管理

（一）敏锐觉知情绪

1. 了解自己的个性特征

一个人的情绪上的特点，往往与其气质和性格特征密切相关。因此，了解自己的气质与个性，对于认识和把握自己的情绪特点具有重要的意义。例如，我们可以看到每个人的情绪表现都是不尽相同的。有的人脾气急，有的人则是慢性子，有的人风风火火，也有的人多愁善感。这些都与一个人的个性心理特征有着直接的关系。

2. 了解自己的情绪年龄

人的情绪表现与其情绪年龄相关。所谓情绪年龄是一个人情绪发展水平的一种衡量标志。心理学研究表明，不同年龄的人在其情绪的各方面具有不同的发展水平和特点。当一个人的情绪与其应有的情绪表现相符合，即具有相应的情绪年龄。反映人的情绪年龄水平有两点：一是反应是否符合该年龄段的认知逻辑水平；二是表现和调节情绪的方式。例如，一些独生子女的大学生，由于父母长期的过度照顾，情绪的自我控制能力方面滞后于他们实际的年龄。

3. 自身成长经历及早期经验

人的情绪特点往往与他们的成长经历和早期经验有关。心理学研究表明，在人的婴儿期乃至幼年期，失去家庭的关爱和父母照顾的儿童，会带来情绪上的伤害，并在以后的成长中产生不良的影响。一般来说，幼年时期或在以后的成长经历中，有比较平和、乐观的生活环境和经历的学生要比经历过挫折、创伤的学生在情绪上更趋于稳定、积极。

4. 测试自己的情绪状态

除上述情绪的自我认识外，通过一定的心理测验是了解自己情绪状态的重要方式。这里介绍一种简单的自我测评的方法——"气氛圈"测试。

苏联学者鲁陶什金制定了"心理气氛圈"图示分析方法，可以通过该测试了解自己目前的心境。"心理气氛圈"可分为四个象限：第一象限为"情绪饱满区"；第二象限为"不满意区"；第三象限为"悲观区"；第四象限为"愉快区"。

我们可以根据图 6-2 所示的愉快 / 不愉快、积极 / 消极两个坐标线上的 7 个等级，确定自己一周以来每天的情绪状态，在坐标上标出情绪状态的位置，并将其相互连接画出相应的曲线；一周后，可根据两个坐标线，画出一周以来的"心理气氛图"（图 6-3）。

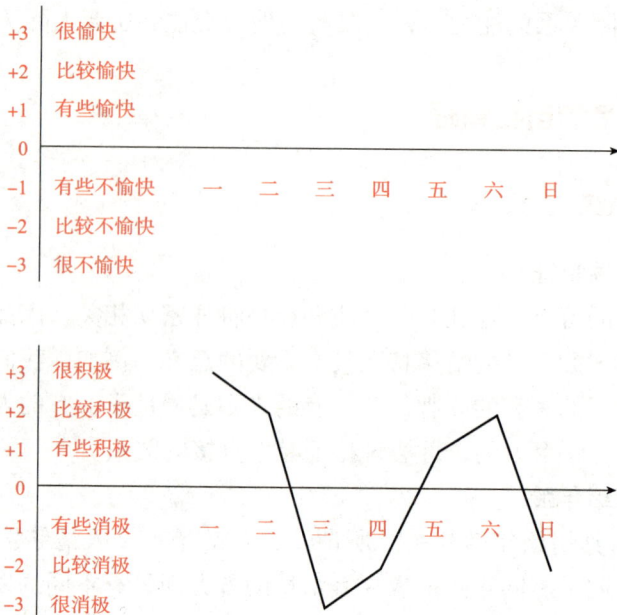

+3	很愉快
+2	比较愉快
+1	有些愉快
0	
−1	有些不愉快　　一　二　三　四　五　六　日
−2	比较不愉快
−3	很不愉快

+3	很积极
+2	比较积极
+1	有些积极
0	
−1	有些消极　　一　二　三　四　五　六　日
−2	比较消极
−3	很消极

图 6-2

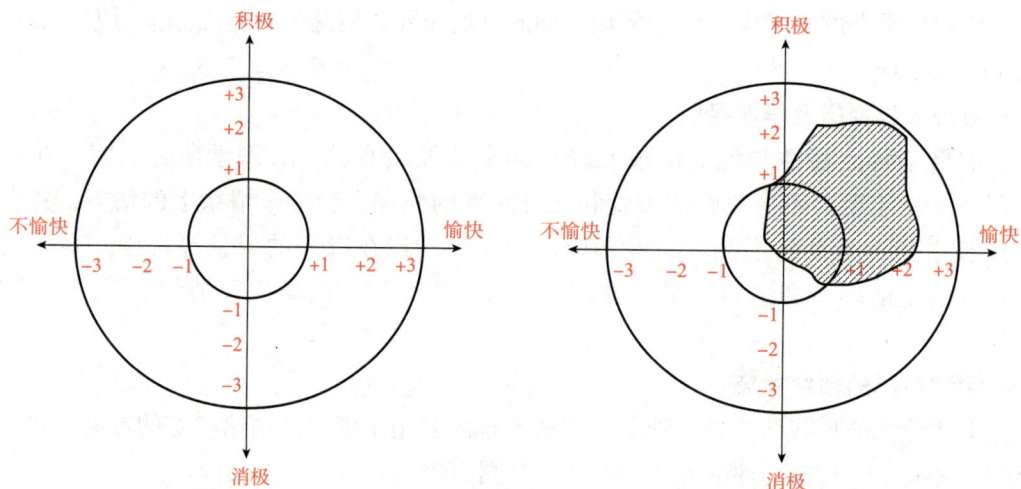

图 6-3

（二）善于调控情绪

◀)) 案例小链接

小鹏是一名大学二年级的学生，今年 19 岁了。在家中是独生子，一直是家长眼中的乖孩子。最近，小鹏突然发现自己的脾气变得越来越暴躁，有时因冲动还与其他同学吵架，事后仔细想想都是鸡毛蒜皮的小事，根本没必要小题大做。在家里也经常与父母怄气，有时父母批评他几句，他就暴跳如雷、大动肝火，把父母气得直跺脚。小鹏为自己的脾气感到很苦恼，明明知道自己不对，可是事情一旦发生了，他又控制不住自己的情绪，过后又十分后悔。他总觉得自己像一条冲动的刺鱼，但又不知道如何克服自己的冲动。

在生理学上，冲动是指神经受到刺激后产生的兴奋反应。冲动是最无力的情绪，也是最具破坏性的情绪，也就是说，冲动是理性弱于情绪的心理现象。

冲动是来源于自我保护的一种心理补偿。心理学家发现，缺少自信的人更容易产生冲动情绪，这种冲动实际上是他们一种错误的自我保护。如果一个人自我效能感低，对自己的价值不认同，他会觉得自己是被人瞧不起的，是受威胁的，这种心理常态的表现是怯懦、退缩。但是，遇到偶然的突发事件，容易引发出失控的情绪，如野蛮、愤怒。当事人在非理智状态下，能感受到反抗的快感，实际上是潜在的一种心理补偿。

大学生常常会遇到很多不称心的事情。例如，学习时受到外界干扰，珍爱的物品被别人损坏或自尊心受到伤害等，这些都容易使其发火。有些大学生与人相处时往往因为一言不合就火冒三丈，在情绪冲动时做出使自己后悔不已的事情。所以，经常发火对人对己都是不利的。

每个人在一生中都会产生情感冲动，如遇到成功时感到欣喜若狂，遇到打击时过于颓废和哀伤，对待不满时的暴躁和愤怒，对待失败时的焦躁不安，这些都是一些情感冲动心理。当然也有些冲动是有益的，如对敌的勇敢等。但大多数情况下冲动对人是不利的，它是一个人修养薄弱、情感脆弱的表现。冲动是人类进行心理改造的最基本对象。我们可以尝试用下面的方法来克服冲动的心理。

（1）推迟愤怒法。当某一事件触发了强烈的情绪反应，在表达出情绪之前，先为自己的情绪降温，如在心里对自己说："我三分钟后再发怒。"在心中默默地数数。不要小看这三分钟，它在很大程度上可以帮助你恢复理智，避免冲动行为的发生。让自己冷静下来后，可以考虑事情的前因后果，弄清楚发生冲突的原因，双方分歧的关键所在；然后，进行冷静的分析并找出一个切实可行的方法。再如，当被别人无聊地讽刺或嘲笑时，如果顿显暴怒、反唇相讥，就会引起双方的强烈争执，最终可能会出现于事无补的后果。此时，如果冷静下来，采取一些有效的对策，如用沉默来抵挡抗议或指责对方无聊，这样就会有效地抵御或避免冲动的情绪发生。

（2）环境转换法。在情绪即将失控的时候，请赶快转换一个环境，你的注意力和精力也会相应地转移，可以使即将失控的情绪得到平息。值得提醒的是，你的行动必须及时，不要在不良情绪中沉溺太久，以免最终酿成情绪的失控。

（3）描述感觉法。当情绪激动的时候，可以试着把注意力放在自己身体的感觉上，去感觉"我现在心跳很快""我现在脸很红""我现在呼吸局促"等，当你关注自己身体的时候，实际上是将关注点从事件中转移。

（4）培养沟通的能力。在不生气的时候，去和那些经常受气的人谈谈心。听听彼此间最容易使对方发怒的事情，然后，想一个好的沟通方式，注意控制自己的情绪不让自己生气。可以出去散步来缓和自己的情绪，这样保持一个平衡的心态你就不会继续用毫无意义的怒气来虐待自己了。

（5）多参加户外运动。心理学家研究表明，运动是有效解决愤怒的方法，特别是户外活动。大学生正是年轻力壮的时候，要主动参加一些消耗体力的户外运动，如登山、游泳或拳击等，使那些不良的情绪得以宣泄。

（三）学会排解负面情绪

精神分析理论认为，个体的消极情绪必须得到有效的宣泄才能保持心理的平衡。如果抑郁的情绪得不到发泄的机会，随着挫折的增多，消极情绪就会不断积累，最终超过人们的心理承受能力而导致心理失衡。因此，精神宣泄疗法是一种非常重要的自我心理调适的方法。这种方法就是人为创造出一种情境，表达、发泄自己被压抑的情感，通过宣泄达到心理平衡。精神宣泄的途径很多，如大哭一场、向人倾诉、拿替代品出气、书写日记、疯狂购物等。日本公司比较重视为职工提供精神宣泄的场所。他们大多设有"情绪宣泄控制室"，控制室的墙上挂着公司老板或总裁的照片，室内放着橡皮做的模拟人，还有橡皮棍子和拳击手套，受挫的职工可以尽情宣泄，待心里平静后再回车间从事正常劳动。

（四）学会自我平衡情绪

一般来说，人的心理有两个层面：一个是情感层面；另一个是认知层面。精神宣泄法是通过心理宣泄解决情感层面的问题，情感层面的问题解决了，人的理智就会逐渐恢复。但是，有时人的认知层面的问题不解决，情感层面问题的解决也是暂时的，以后遇到问题仍会再次受挫。因此，解决认知层面的问题对于摆脱职业心理枯竭是非常必要的。运用此种方法时可以从以下几个方面入手。

1. 期望值不要过高，不要过分苛求自己

俗话说：希望越大，失望也就越大。在现实生活中，不少人的挫折感均来源于对自己的期望值过高，苛求自己。因此，我们要学会以平和的心态待人处世，学会给自己留下一定的空间，把目标锁定在能力所及的范围之内；而不是好高骛远，四处出击，要求自己事事都超过别人。同时，对任何人、任何事都不必期望值过高，这样，当事物发展没有朝着预期的方向进展时，就不会产生强烈的挫败感。

2. 学会妥协和放弃

人的一生会有许多愿望和追求，但由于主客观条件的限制，不可能——得到实现。这样，就需要我们学会妥协和放弃。否则，我们就会被这些欲望和目标所累，而失去了人生的洒脱和生活的乐趣。就像一个登山者，一心想登上顶峰而急于赶路，结果忘了欣赏沿途的风景。那么，登山的乐趣也就无从体现。即使站在山顶，想想自己的付出与所得，也会有不平衡的感觉。

3. 学会自我安慰

自我安慰也称合理化，是指个体遭受挫折后，为了维护自尊、减少焦虑，找出种种理由为自己辩解，增加自己行为的合理性和可接受性，以起到减轻心理压力、获得自我安慰的作用。

自我安慰有酸葡萄式和甜柠檬式两种具体表现形式。

（1）酸葡萄式。"酸葡萄"一词源自《伊索寓言》狐狸与葡萄的故事：狐狸因得不到自己想吃的葡萄，就说葡萄是酸的，根本没法吃。用这个寓言比喻人们对于自己想要但又得不到的东西就故意说它不好，从而弱化其意义和价值，以起到平衡心态的作用。例如，有人没有当上先进，就故意说："当先进有什么用啊，又不能当饭吃！"

（2）甜柠檬式。甜柠檬式的自我安慰是指人们对于自己的某种行为明知不妥，但又不愿意承认，只好找出各种理由来增加行为的合理性，以获得自我安慰，减轻心理压力。正如花钱买了柠檬，吃到嘴里是酸的，但还得想办法证明自己的行为是正确的，所以只得说，加点糖就甜了。例如，有人上街买东西上了当，心里十分窝火，但别人问起此事，还不能承认是自己经验不足造成的，因此说："不是我无能，而是对方太狡猾。"平时，我们也经常用甜柠檬式的自我安慰方法来安慰自己和他人。再如，摔碎了东西，人们会说"碎碎（岁岁）平安！"丢了东西，人们会说"破财免灾""旧的不去，新的不来"等。

合理化的辩解有助于精神安慰。在社会生活中，人们的需要不可能全部获得满足，进行自我安慰可以使人的内心达到平衡。因此，在某种情况下，它不失为一种自我防卫心理的方法。

另外，还可以与境况不如自己的人比较，通过比较产生"比上不足，比下有余"的心理。俗话说"人比人，气死人"。人们的许多不平衡源于人与人之间的比较。因此，我们要想减少不平衡的心理，就要学会和境遇不如自己的人比较，不要总是和比自己强的人比较，那样，会加重心理不平衡。

成长加油站

危险的自我谈话与积极的自我谈话见表6-1。

表6-1

危险的自我谈话	积极的自我谈话
我必须……	我愿意……
这太不公平	事情本来就这样
这个问题有点麻烦	这是一种挑战
生活是乱七八糟的	生活是我造就的
我真没用	我是一个会出错的人
我不能对付	我自信我能把握

续表

危险的自我谈话	积极的自我谈话
我真愚蠢	谁这样说？证据在哪里？
我应该……	我能够……
我有必要……	我想要……
真是太可怕了	真的很遗憾
是的……但……	也许我能……
我不够好	我能和别人做得一样好
我一向都不走运	我能掌握自己的命运

4. 运用合理情绪理论自我调节情绪

理性情绪理论又称为 ABC 理论，是由美国临床心理学家艾里斯提出的。艾里斯认为，在人们情绪产生的过程中有三个重要的因素，这就是诱发情绪发生事件，人们对诱发事件所持的相应的信念、态度和解释，以及由此引发的人们的情绪和行为的结果，情绪并非由导致情绪发生的诱发事件直接引起，而是通过人们对这一引发事件的解释和评价所引起的。即并非事件引起了情绪，而是人们对事件的认识引起了情绪。

ABC 理论：A（刺激事件）—C（情绪反应）；A（刺激事件）—B（认知）—C（情绪反应）。

情绪调节的 ABCDE 技术：A（刺激事件）—B（认知）—C（情绪反应）—D（辩论）—E（新的情绪行为）。

理性情绪理论的应用步骤如下：

（1）将引发不良情绪的事件和认识一一列出。

（2）找出引发不良情绪的非理性观念。非理性观念有以下几种主要特征：

①绝对化：对什么事物都怀有认为必须或不会发生的信念，这种特征常常表现为日常生活中的"应该""必须""一定""绝对"等用语上。

②过分概括化：即以偏概全的思维方式。在这种非理性特征中，世界上事物只有两类，要么正确，要么错误。

③灾难化：常会表现为"一旦出现了……即天就要塌了""再没有比这更可怕的了"。

（3）通过对非理性观念的认识和纠正，找出合理的观念。

（4）通过建立合理的信念，最后达到情绪感受的改变。

5. 放松训练——身体放松调节情绪的方法

放松训练又称为松弛反应训练，是一种通过肌体的主动放松来增强人对自我情绪控制能力的有效方法。它的基本原理是通过训练放松所产生的躯体反应，如减轻肌肉紧张、减慢呼吸节律和使心律减慢等，达到缓解焦虑情绪的目的。放松训练具体的操作步骤如下（此方法最好在教师的指导下进行）：

（1）在一个较为安静的环境中，舒适地坐（或仰卧）在沙发上或躺在床上。

（2）让自己初步体验肌肉的紧张，操作要领如下：

①伸直并绷紧双臂，握拳。

②绷紧双臂肌肉，握紧双拳，用力，并保持数秒钟。

③放松双臂，松拳，放松休息数分钟。

（3）在上一步基础上进一步绷紧肌肉，操作要领如下：

①伸直双臂，握拳；同时伸直并绷紧双腿，双脚脚尖内勾，呈倒勾式。

②上述各部位肌肉同时用力，并保持数秒钟。

③放松上述各部位的肌肉，放松休息数分钟。

（4）在步骤（2）（3）的基础上达到全身肌肉的紧张，操作要领如下：

①伸直双臂，握拳；同时伸直并绷紧双腿，双脚脚尖内勾，呈倒勾式的基础上，紧皱前额部肌肉，耸紧眉头，紧闭双眼，皱起鼻子和脸、颊，咬紧牙关，紧收下颚，紧闭双唇，紧绷两腮；梗直脖子；胸部、腹部肌肉绷紧；躯干用力挺起。

②全身各部位用力绷紧，并保持数秒钟。

③放松上述各部位的肌肉，放松休息数分钟。

（5）在全身肌肉紧张的前提下，配合呼吸，加强对紧张的体验，操作要领如下：

①深吸一口气（用腹式呼吸），憋住气。

②伸直双臂，握拳，头向后梗；伸直并绷紧双腿，双脚脚尖内勾，呈倒勾式；同时，胸部、腹部肌肉绷紧。

③屏住呼吸，全身各部位用力绷紧并保持，直至达到身体和呼吸的最后极限。

④放松呼吸，并放松上述各部位的肌肉。

（6）紧接步骤（5），指导语暗示全身的肌肉、呼吸乃至身心的放松，操作要领如下：

①肌肉放松指导语：头部肌肉放松，面部肌肉放松，脖子放松，双肩放松，双臂放松，双手放松，手指放松，胸部放松，腹部放松，双腿放松，双脚放松，脚趾放松。

②呼吸放松指导语：呼吸在放慢，变得越来越慢、越来越深、越来越沉。

③身心放松指导语：你会感到身体变得很沉、很重，全身感到越来越沉、越来越重；感到全身很累，很疲倦；好像有一种昏昏欲睡的感觉；自己什么都不去想、什么都不愿意想；感到心情很放松……

（7）让自己体验此时此地的放松感受，放松训练结束。

视频：我的情绪
我控制

🖥 自我探索小游戏

练习一：情绪日记。

请记录你一天的情绪，并觉察自己这一天的情绪状态及情绪的作用。

（1）今天起床到现在，你产生过哪些情绪？请写下来。

_____

_____

（2）选择其中最强烈的一个情绪，想一想它是怎样产生的？

_____

_____

（3）想一想，产生这些情绪后，你做了什么？说了什么？你的行为产生了什么后果？

_____

_____

（4）想一想，这个后果是有益健康、工作、人际关系的，还是有害健康、工作、人际关系的？

_____

_____

练习二：改变情绪的练习（表6-2）。

表 6-2

情绪	事件	想法	可替代的想法	情绪的改变

哪些食物能调解情绪

多年来的研究显示，某些特定的食物能影响大脑中某些化学物质的产生，从而改善人们的心情。

（1）全麦面包：食物中的色氨酸能提高大脑中 5- 羟色胺的水平，使人产生愉悦的感觉。而全麦面包能帮助色氨酸的吸收。在食用富含蛋白质的肉类、奶酪等食品之前，先吃几片全麦面包，可以保证色氨酸能进入大脑，而不至于被其他氨基酸挤掉。

（2）咖啡：早上喝一杯咖啡有提神醒脑的作用。咖啡因能使血压暂时性略有升高，并阻断使人们感到瞌睡的化学物质传递。但每天喝 3 杯以上的咖啡反而会使人烦躁、易怒。

（3）水：每天应喝足够的水，防止因缺水而感到萎靡不振。不能用咖啡或其他含咖啡的饮料代替。

（4）香蕉：紧张与镁缺乏密切相关，所以，生活忙碌的人在食谱中应补充富含镁的食品，如香蕉。

（5）橙子：每天 150 毫克剂量的维生素 C（约两只橙子）可以使紧张、易怒、抑郁的不良情绪得到改善。

（6）辣椒：辣椒中含有的辣椒素能刺激口腔神经末梢，使大脑释放出内啡肽。这种物质能引起短暂的愉快感。

（7）巧克力：许多女士，尤其是当她们受到经期前综合征或不良情绪困扰时，特别想吃巧克力，因为巧克力具有镇定作用。

（8）牛肉：为了降低胆固醇完全忌食牛肉，往往引起缺铁，使人感觉疲劳、心情抑郁。实验表明，每天吃 3 盎司牛肉（一只小汉堡包）的人比完全素食的人可多吸收 50% 的铁。

哪些颜色能调解情绪

古老的东方医学认为，颜色具有治疗人体和精神的独特能力。古代医学认为，每个人的性格都是独特的，每个人都有自己喜欢的颜色，对颜色的深浅也各有侧重。古代医学家创立了揭示不同颜色对人类有机体产生不同影响的合理体系，它是在对每种颜色的特性进行仔细研究的基础上建立起来的。古代东方国家的医学都有一种借助彩虹的颜色来为人体治病的疗法。

（1）白色：能够起到巩固并净化人体的作用。白色如果和其他颜色配在一起，可以起到增强这种颜色治疗作用的效果，因此，它也是其他颜色的增效剂。这也是医院病房选择白色的一个重要原因。

（2）黑色：能使情绪激动的人冷静下来，使冲突得到抑制。它能使人心境平和，有助于控制人的行为，正确把握局势。这或许就是在政商舞台和节日庆典等正式场合，人们大多选择黑色服装的原因所在。但黑色过多就会导致精神抑郁。黑白搭配，效果特别好。

（3）红色：能激发人的力量，是激情和欲望的象征。在人们承受贫血、月经、低血压、关节炎和高低烧的痛苦时，往往会建议他们接触深浅不一的红色。有一些事情很有趣，古人在发丹毒时，往往会用红布绑住红肿的地方；小孩子患了麻疹和水痘时，巫医会建议给他们穿上红衣服，迷信的说法是红布可以避邪。其实，不是红布能避邪，而是红色本身具有治疗作用。

（4）橙色：会激发人的交际能力和善良本性，会使生活更加美好。但精神过于活跃的人应该穿橙色与各种蓝色搭配的衣服。橙色是治疗抑郁症的极好颜色。

（5）黄色：与橙色一样，也是情绪调节剂。它能帮助人们延续好的精神状态，促进食欲，有利于胃肠功能的运作。

（6）绿色：任何一种绿色都是同情、和平与缓和的象征。置身于森林中，周围满是绿叶，你会觉得轻松惬意。走在柔软的草地上，你会感觉很幸福。绿色可以缓解身体与精神上的疲劳，稳定血压，治愈头痛，去除眼中的疲劳和红血丝，还有助于抵抗心血管疾病。但患肿瘤的人不宜穿绿色衣服，因为绿色会刺激肿瘤的增长。同理，患有胆结石的人也应尽量少穿绿色衣服。

（7）蓝色：可以起到抗菌作用，能帮助治疗喉痛和呼吸道疾病。浅蓝色能刺激人的灵感，帮助人们清醒地认识自己，使人们在孤独中找到出路。深蓝色能激发人们的意志。

（8）靛青色（暗蓝色）：有助于治疗脸部和头部的器官：眼睛、耳朵和鼻子。这种颜色很活跃，能使人保持旺盛的精力。但是，靛青色过多会使人容易悲伤或患抑郁症。

（9）紫色：有助于抑制肿瘤的增长，缓解关节疼痛，有利于睡眠。但是紫色运用不当会使人嗜睡。如果在充满紫色的房间种下一株植物，那么它会长得很慢，往往会死去。

各种颜色的特性构成了每种颜色的基本治疗趋向，但颜色深浅也是值得注意的。棕色不是构成彩虹的颜色，但很早就被称作是常识性颜色，它能搅乱具有健康心态的人的情绪。如果灰色使用过多，人们就会感觉悲伤、迟钝和无动于衷。众所周知，黄色能刺激人的食欲；深蓝色能使暴食者食欲大减；绿色有利于食物消化，克服肠道疾病，还有助于治疗慢性疾病。

❯ 思政话题

道德情绪是指人们在社会生活中由一定的道德事件、现象所引起的心情、心态或心境。道德情绪有广义与狭义之分。广义即道德情感；狭义是指在特定时刻或具体形势下对某一道德情感所反映出来的体验或冲动。根据人们对体验对象的态度，可分为肯定的道德情绪（如满意、高兴）和否定的道德情绪（如不满、气愤）两大类。道德情绪只考察情绪的社会内容，分析情绪对人们的社会关系的反映及对人们的道德行为的影响，将情绪向正确的、高层次的方向引导。其内容既取决于所体验的客体，也取决于体验主体本身，受人们的道德观念和道德修养水平的制约。由于人们的道德观念、道德修养水平不同，在同一场合对同一体验对象所表现出来的道德情绪及其变化也不同，并对人的行为产生不同程度的影响。培养健康、良好、稳定的道德情绪，是道德教育和道德修养的重要内容之一。

❯ 成长阅读

钉钉子

有个脾气很坏的小男孩，动不动就发脾气，令家人很伤脑筋。一天，父亲给了他一大包钉子和一只铁锤，要求他每发一次脾气都必须用铁锤在家里后院的栅栏上钉一颗钉子。第一天，小男孩就在栅栏上钉了30多颗钉子。但随着时间的推移，小男孩在栅栏上钉的钉子越来越少。他发现自己控制脾气要比往栅栏上钉钉子更容易些。一段时间之后，小男孩变得不爱发脾气了。于是父亲建议他："如果你能坚持一整天不发脾气，就从栅栏上拔下一颗钉子。"又过了一段时间，小男孩终于把栅栏上所有的钉子都拔掉了。这时候，父亲拉着儿子的手来到栅栏边，对他说："儿子，你做得很好，可是你看看那些钉子在栅栏上留下的小孔，栅栏再也不会是原来的样子了。当你向别人发过脾气之后，你的言语就像这些钉子孔一样，会在人们的心灵中留下疤痕。你这样做就好比用刀子刺向别人的身体，然后再拔出来。无论你说多少次'对不起'，伤口都会永远存在。"不良情绪不仅会让你身边的人无所适从、受到伤害，也会让自己受到伤害。

❯ 练习自测

认识自己的情绪和人格

指导语：在下面特质中，你认为哪个数字最符合你的行为特点？

（1）不在意约会时间　　1　2　3　4　5　6　7　8　从不迟到
（2）无争强好胜心　　　1　2　3　4　5　6　7　8　争强好胜
（3）从不感觉仓促　　　1　2　3　4　5　6　7　8　总是匆匆忙忙
（4）一时只做一事　　　1　2　3　4　5　6　7　8　同时要做好多事
（5）做事节奏平缓　　　1　2　3　4　5　6　7　8　节奏极快（吃饭走路等）
（6）表达情感　　　　　1　2　3　4　5　6　7　8　压抑情感
（7）有许多爱好　　　　1　2　3　4　5　6　7　8　除工作外没有其他爱好

计分方法：累加 7 个问题的总分，然后乘以 3。分数高于 120 分，表明你是极端的 A 型人格；分数低于 90 分，表明你是极端的 B 型人格。

分数	人格类型
120 分以上	A+
106～120 分	A
100～105 分	A-
90～99 分	B
90 分以下	B+

结果分析：

A 型人格的特点：

（1）成就动机很强，不甘心落后，有上进心。爱和别人比，很在意自己的形象，怕别人嫉妒，又爱嫉妒别人。

（2）追求完美，对自己要求十分严格。过分追求完美就会牺牲效率，总是不满意，就会不断烦恼。

（3）时间观念特强，办事绝不拖拉。总是往前赶，容易着急上火，经常急躁，就会加重心脏负担。

B 型人格的特点：

（1）从未感到被时间所迫，也未因时间不够用而感到烦躁。

（2）除非万不得已，不在别人面前自夸。

（3）与人为善，不对别人产生敌意。

（4）消遣时，尽兴而返，心旷神怡，与世无争。

（5）休息而无罪恶感。

（6）不易为外界事物所扰乱。

（7）不了了之，很容易使自己放下未完成之事而稍作休息或另觅生活之情趣。

学习模块七

阳光总在风雨后——挫折应对与压力管理

📝 学习目标

知识目标：

1. 了解压力与挫折的基本理论和具体内容。

2. 认识压力与挫折对身心的影响。

3. 了解如何有效应对压力和挫折。

能力目标：

1. 能够分析挫折与压力的成因。

2. 能够运用具体方法应对自己面临的挫折。

3. 能够运用具体方法调整心态，化解压力。

素养目标：

1. 明白挫折和压力是人生中必须面对的，能在逆境中前行和成长。

2. 不断提升抗压能力。

3. 保持乐观的情绪和良好的心境，对未来充满信心和希望。

💡 成长语录

你不能要求拥有一个没有风暴的人生海洋，因为痛苦和磨难是人生的一部分。一个没有风暴的海洋，那不是海，是泥塘。

——毕淑敏

👤 案例引入

大学一年级第二学期期末，李某挂了三科，补考不通过，其中有两科要面临清考的现实。在很长的一段时间里，他一直很沮丧，在学习和生活上失去了自信，甚至当有同学讨论成绩的时候，感觉很羞愧，对以后的生活失去了追求的动力，一切仿佛蒙上了一层灰色。

案例分析

在该案例中，李某挂了三门课程且补考不通过，反映出李某学习态度不端正，对学习并不是很重视，也没认真想过挂科的严重后果。受到挫折后，内心过分筑起心理防御机制，逃避现实，没有真正看待清考已成为事实，没有想过今后该如何努力弥补这一错误，没有真正解决挫折，增加了挫折和心理冲突的程度。同时缺乏宣泄，没有认真跟周围的同学和朋友倾诉，觉得这是一件不齿的事，所以问题一直没有解决，连最初的目标和计划都已完全被打破，也没有动力再去重新计划生活。

学习单元一　挫折与压力概述

在人生成长的过程中，不可能一帆风顺，总会遇到一些大大小小的挫折和压力，如考试没有达到理想的成绩、恋爱失败、自己的需求得不到满足等，所有这些都会对我们的情绪产生一定的影响，情绪影响到行为，进而影响到我们今后的进一步发展。可见，如何更好地应对挫折和进行压力管理是人生经常面对的话题。

一、挫折和压力的内涵

（一）挫折

挫折就是"碰钉子"。《心理学大辞典》对挫折的定义为：挫折是个体在从事有目的的活动过程中，遇到障碍和干扰，致使个人动机不能实现、需要不能满足时而产生的紧张状态与消极的情绪反应。挫折可以说是一件事情，也可以说是由一件事情产生的一种体验。从心理学角度分析，人的行为总是从一定的动机出发，通过努力达到一定的目标，如果在实现目标的过程中，遇到了困难，遇到了障碍，就产生了挫折。

挫折一般包括挫折源和挫折感受两层内涵。挫折源指的是阻碍人们实现目标、满足需求的情境和事物；挫折感受也就是常说的挫折心理，指的是个体由于挫折情境而产生的心理感受和情绪状态。挫折源与挫折感受具有一定的相关性，一般来说，挫折源越严重，挫折感受也越严重，但也与受到挫折的个体差异有关系，如一般的朋友断绝关系与恋人分手对个体产生的挫折感受是不同的；同样面对失恋，不同个体的挫折感受也是不同的。

（二）压力

压力是个人在面对具有威胁性情境中，一时无法消除威胁、脱离困境时的一种被压迫的感受。如果这种感受经常因某些生活事件而持续存在，就会演变成个人的生活压力。

如此看来，所谓"压力"，事实上是指"压力感"。这是我国台湾著名心理学教授张春兴先生的界定。而台湾学者蓝采风也认为，压力是指人们的身体在适应不断改变的环境时，对此环境变迁所感受到的经验，包括肢体与情绪的反应，它能造成正面或负面的效应。正面的反应能激励人们采取行动，也能带来新的认知、新的观念与对事物的看法。当压力带来负面的经验时，人们会对别人不信赖、拒绝、愤怒及忧郁。这些情绪上的负面反应很容易引起健康问题，如头痛、肠胃不舒服、皮肤发炎、失眠、溃疡、高血压、心脏病及中风等。

压力包含以下三个部分：

（1）压力源，即指现实存在的具有威胁性的刺激。

（2）压力反应，即指人对压力事件的反应。

（3）压力感，即指由威胁性刺激带来的一种被压迫的主观感受。

这三个部分是相互联系、相互影响的，表现为认知、情绪、行为的有机结合，是个体的一种综合性心理状态。由于压力源的存在，使个体意识到压力，伴随着对压力的认知，同时，又会有持续紧张的情绪、情感体验。压力必然引发行为反应，积极应对、化解压力就会减少压力反应；而逃避压力情境、消极应对，则会形成心理障碍，加强压力反应，形成恶性循环。

压力具有以下特点：

（1）压力具有情绪性。个体有压力时总带有明显紧张的情绪体验的特性。紧张是人在某种压力环境的作用下所产生的一种适应环境的情绪反应。

（2）压力具有动力性。动力性是压力的另一个重要特性。压力对个体行为的调节作用就是压力的动力性。在日常生活中，人们常说要变压力为动力。之所以能变压力为动力，是由于个体一有压力时，不会无动于衷，而会采取一定的行为处理所处的具有威胁性的刺激情境。

二、挫折与压力的身心反应

挫折与压力对大学生的身心发展会产生正负两个方面的影响。好比一把双刃剑，适当的挫折和积极的压力会成为"推动力"，成为磨炼意志、锻炼才能的催化剂；可以加深人们的意识，增加人们的心理警觉，还经常会导致高级认知与行为上的表现。挫折和压力有可能给个体提供一个完成创造性工作的唤醒水平，促进个人的成长和发展。而长期处于挫折情景或消极的压力具有挫伤青少年的自尊，产生使其沉沦、消极的作用，甚至影响到他们的健康成长。因此，在这里我们主要了解挫折和压力的消极影响。

（一）生理反应

压力和负面的情绪对人类生理是否会造成伤害，是心理学家、精神病学家、临床医学家共同关心的问题。日本临床医学家春山茂雄发现：一个人生活紧张或发怒时，脑内就会分泌出"去甲肾上腺素";感到恐惧时,会分泌出"肾上腺素",若经常感受强大压力或经常生气时,会因为大量分泌去甲肾上腺素的毒性荷尔蒙而生病,这些毒性荷尔蒙会造成毒化,终而造成生理器官的退化或早死;反之,如果随时能化解压力,保持积极思考,心情愉快,脑内能分泌出"宾多芬"快乐荷尔蒙,可以击退癌细胞,获得长寿。压力带给生理上的反应极为复杂,常出现神经系统的变化、内分泌的变化、免疫系统的变化、心血管和消化系统的变化等现象。

春山茂雄还指出精神压力加大时,"癌症"的发病率会增加5倍,即由10%提升到50%的发病率。这些内分泌疾病大致来自"代谢障碍",也就是"血液不顺畅"的流动,导致血液不能顺畅流动的主要原因有以下两种:

(1)精神上的压力:身体感受到强大压力时,会分泌"去甲肾上腺素",使血管收缩、中止血流,再产生生化反应,制造出"活性氧"或"过氧化脂"破坏人体基因。

(2)胆固醇或血脂肪:可造成血液的阻塞,这种阻塞来自不当的饮食与作息,但会由于"精神压力"引发症状。常见的影响健康的有失眠、胃痛、头晕、小便增多、神经质、皮肤红肿、血压增高、心跳加速、呼吸困难、四肢无力、经常感冒、糖尿病等。

(二)心理行为反应

大学生正处于青少年期,个体感情丰富、热烈,一触即发,且极不稳定。挫折和压力会对大学生的情绪产生烦恼、焦虑、郁闷、愤怒、悲伤、沮丧、自卑、嫉妒等影响。

由于个体的心理承受能力和自我调适能力的不同,大学生遇到挫折后,会有不同的行为表现,总体上可分为两种:一种是积极的心理行为表现,是指个体在遭受挫折后能够审时度势,不失常态地、有控制地、转向摆脱挫折情境为目标的理智性行为;另一种是消极的心理行为表现,是指失常的、失控的、没有目标导向的非理智性行为。

1. 积极的行为反应

(1)坚持目标,继续努力。当个体受挫后,根据自己的知识、经验,通过分析,发现自己追求的目标是现实的,那么即使暂时遇到了挫折,也应克服困难,找到摆脱挫折情境的办法,毫不动摇地朝既定目标迈进,最终实现自己的愿望,达到预定的目标。

(2)降低目标,改变行为。当既定目标经一再尝试仍不能成功时,个体应调整目标,变换方式,通过其他的方法和途径实现目标,或者将原来制定得太高而不切实际的目标往下调整,改变行为方向,则有可能成功,满足某种需要。这种目标的重新审定和转移,不是惧怕困难,而是实事求是的表现;同时,也有利于避免由于目标不当难以达成而可能产生的焦虑情绪和挫折心理。

(3)改换目标,取而代之。在个体确定的目标由于自身条件或社会因素的限制,不能实现并受到挫折时,可以改变目标,用另一目标来代替,以使需要得到满足;或通过另一种活动来弥补心理的创伤,驱散由于失败而造成的内心忧愁和痛苦,增强前进的信心和勇气。

(4)寻求支持。在挫折的打击下,有些人往往感到自己势单力薄,力量有限,从而将注意力转向寻求他人和社会的支持，或找亲朋好友倾诉衷肠，或找组织、团体要求得到帮助和关心，以此来减轻挫折感和烦恼程度。这也是一种理智性的挫折反应。

2. 消极的行为反应

前面提到过适度的紧张对个体有一定积极作用，但当紧张超过一定的极限时，就会使个体产生消极的影响，如愤怒、憎恨、恐惧、痛苦、失望甚至绝望等。当这些消极情绪得不到很好的调节，持续时间过长，就会使个体的心理活动失去平衡，进而对个体的身心健康造成不同程度的影响，同时，在个体的行为上也有所表现，如出现一些失去自控力甚至极端的过激行为等，主要有以下几点：

（1）焦虑。焦虑是挫折的一种常见的心理反应，前面提到过，适当的焦虑可以提升个体的应对水平，但过度的焦虑不但不能提升个体的应对水平，反而会出现一些不安的负面情绪，包括忧虑、恐惧等感受，同时会出现一些不正常的生理反应，包括出现冷汗、恶心等症状。严重的还有可能导致心理疾病，发展成为焦虑症。

（2）攻击性行为。攻击性行为是指个体遭受挫折后，为了发泄本身愤怒的情绪而采取的过激行为。攻击性行为可分为直接攻击和转向攻击。

①直接攻击。直接攻击是指遭受挫折的个体对引起其挫折的人或物进行攻击的行为。如前面提到的案例中的男主人公，因为女生不同意再与其发展下去，而对其采取直接的攻击行为，这种人往往缺乏理智，不考虑行为的后果，可能会造成严重的后果。一般来说，较为自信者和一些年幼无知、缺乏智力、一帆风顺的人，在受到挫折的时候容易采用直接攻击的方式。

②转向攻击。转向攻击就是不直接攻击引起个体遭受挫折的对象，而是攻击其他人或物，有的攻击他人，或破坏财物；有的攻击自己，如受到挫折后自杀的极端行为。一般来说，比较克制、自信心比较差、力量较弱的个体在受到挫折的时候一般采取转向攻击。

直接攻击和转向攻击可以暂时发泄心中的愤懑和不快，但很多时候并不能消除原来的挫折，可能还会引起新的挫折，同时危害他人和社会。

（3）压抑。压抑是指遭受挫折的个体把不愉快的经历和体验压抑到潜意识中，将其忘记。压抑的表现比较复杂，冷漠是其中的一种表现。冷漠反应是个体在不堪压力、攻击行为无效或无法实施、看不到改变境遇的希望时发生，也可见于长期反复遭受同一挫折而无能为力的情境下，冷漠反应通常对人体的身心危害比较大。另外，压抑并不能使挫折者忘记遭受挫折的情境，当遭受挫折的情境再现的时候，被压抑的潜在的东西会再现，给个体造成更大的威胁和伤害。

（4）固执。固执是指个体在遭受挫折后，不听批评或劝告，采取刻板的方式盲目地重复某种行为，一意孤行地坚持自己的做法，如有些学生明明知道熬夜打游戏会影响第二天上课，但是他们仍旧是晚上打游戏，第二天课堂上睡觉，如此形成恶性循环。这种情形往往使遭受挫折的个体在挫折中越陷越深。

（5）回归。回归也称"倒退"，即个体受到挫折以后，所表现出来的幼稚行为与自己的年龄、身份等不符，如逃避、不吃不喝等情形。

（6）逃避。逃避是指有些人遭受挫折后，往往不敢面对现实、正视现实，而是躲开受挫的现实，放弃原来所追求的目标，撤退到比较安全的地方，如有的人在生活中碰钉子，或者所追求的目标、理想一时不能实现时，便心灰意冷；还有的人在学习、工作开始的时候积极性很高，但对困难估计不足，结果一遇到挫折便退却下来。

逃避的显著特点是"一朝被蛇咬，十年怕井绳"。遇到挫折后便意志消沉、一蹶不振。逃避虽然能使心理紧张得到暂时的缓解，但问题并没有解决，长期下去会形成不良适应，使人害怕困难和挫折，因而不求进取。

（7）文饰。文饰是指采用合理的理由来解释自己遭遇挫折的原因，以减轻或消除痛苦、减少困扰的方式。这与"吃不到的葡萄总是酸的"的道理是一样的。

（8）投射。投射是指挫折者产生挫折时，为了减轻痛苦，将自己的愿望、行为、冲动等转嫁到他人身上，为自己的行为进行辩护，如有些人上课迟到，往往只看到那些比他更迟的人。这种人一般不能正视现实，缺乏责任感和诚信感。

（9）自杀。自杀是遭遇挫折后的极端反应。如果挫折的打击来得突然而沉重，受挫者对挫折的承受力又很低，就会深陷于万念俱灰的泥潭而不能自拔。此时，如果得不到外力的帮助，受挫者又把受挫的原因归结为自己，就可能自暴自弃，伤害自己的身体，甚至产生轻生厌世的思想。

三、挫折的分类

挫折有不同的分类方法，常见的分类主要有以下几种：

（1）根据挫折源的主观、客观存在情况可分为实际挫折与想象挫折。

①实际挫折是个人在实际成长过程中遇到的挫折，如恋爱的失败、考试的失利、家人发生不幸等，所有这些都是客观存在的，能够在实际找到遭受挫折的情境。实际挫折是可以估量的，因而其影响也是有限的，而且只要遭受挫折的个体能够很好地积极应对挫折，一般比较容易从挫折中走出来，一旦走出来，对其后面的生活、学习、工作等影响不会太大。如前面案例中的男主人公，受到挫折后，尽管产生敌对和仇视，还出现一些偏激行为，但经过一段时间的调节，他走了出来。

②想象挫折指的是个体主观想象的挫折。例如在热恋中的人担心失恋后情境、想象家人不幸的情境，这些一方面在实际生活中找不到挫折源；另一方面个体还在不断处于想象、担心的状态，更多的是以主观的形式存在。想象挫折的影响往往是无形无限、不可估量的；它会随着人们的想象发生泛化，无限扩大，对个体产生的情绪影响时间更长，对其消极影响更严重，但在很多情况下，想象挫折容易被人忽视。前面案例中的主人公，就是因为生一次病，而产生自卑心理，认为自己什么事情都做不好，做什么事情都会失败，而不去做任何事情；同时，还担心别人都笑话他，进而和其他朋友断绝联系，将自己边缘化，产生了人际交往的障碍，最后他不得不休学在家。

（2）根据实际挫折源可分为学习中的挫折、生活中的挫折和交往中的挫折。

①学习中的挫折。到了大学，由于学习特点发生了变化，很多学生不能很好地适应大学的学习环境，难免遭受挫折。

a.专业上的挫折，如有些同学认为自己所学的专业没有前途，想调到一个自认为有前途的专业，但没有成功，由此产生挫折感。

b.课程上的挫折，如有些同学认为所学的课程没有用处，但又必须去学，学习过程中产生的挫折。

c.考试成绩不佳造成的挫折。

②生活中的挫折。大学生活期间，谁也不能预测会遇到什么事情，如个人在面临生理疾病、心理疾病、痛失亲人、失恋、人际关系处理不妥等时都会产生挫折。

③交往中的挫折。

a.缺乏交往能力。进入大学后，许多大学生都有着强烈的人际交往欲望，但又常常感到人际交往很困难，缺乏人际交往的基本技能。

b.胆小畏缩不敢交往。部分大学生由于性格上的弱点，如害羞、自卑等，在与人交谈时词不达意，或是与人交往时显得特别紧张。

c.主观上不愿与人交往。有的学生进入大学后，丧失了交往兴趣，遇事总是想着回避退让；或凡事以自我为中心，自视甚高。

d.与寝室同学之间关系紧张。在宿舍这种狭小的空间里，使得来自天南地北的同学之间的个体差异和行为习惯都会被无限放大，这样不可避免会产生摩擦甚至是矛盾。

成长加油站

经过精心的策划与安排后，实验人员将一只青蛙突然丢进煮沸的油锅里，这只反应灵敏的青蛙，在千钧一发的生死关头，用尽全力跃出那会使它葬身的滚烫油锅，安然逃生。

隔了半个小时，他们使用同样大小的铁锅，这一回在锅里放满五分之四的冷水，然后把那只刚刚死里逃生的青蛙放回锅里，这只青蛙在水里不时地来回游。紧接着，实验人员偷偷地在锅底用炭火慢慢加热，青蛙仍悠然地在微温的水中享受"温暖"。等到它开始意识到锅中的水温已经熬受不住，必须奋力跳出才能活命时，一切都已晚了。它欲跃乏力，全身瘫软，呆呆地躺在水里，"卧"以待毙，终于葬身在锅里面。

拓展阅读

要有勇气面对人生的挫折——肯德基前奏曲

永远失去父亲的那一年，哈伦德还不足5岁，连自己的名字还拼写不完整，家里的人哭作一团时，他觉得很好玩，因为一时间没有人能顾及他，他可以自由自在地满镇子去疯。

14岁辍学后回到印第安纳州的农场，上学时他不开心，干农活仍让他不开心，在电车上售票还是让他不开心，瘦削的小脸上罩满与年龄不相符的沉重和愁苦。

17岁，他开了一个铁艺铺，生意还未完全做开就不得不宣告倒闭。

18岁，他找到生命中第一个爱的码头，并栖身在此。但不久后的一天，他再回家时，发现房子里的东西被搬迁一空，人也不见了踪影，爱情以迅雷不及掩耳的速度流失，码头从此荒废。

他尝试过卖保险，失败了。

他力争到一份轮胎推销业务，也失败了。

他学着经营一条渡船，失败了。他试着开一家汽车加油站，也失败了。

他在几乎清一色的尝试与失败中晃到了人生的中年，这个中年的生命苍白无力到甚至无法从前妻那见自己的女儿一面。为了这日思夜想的一面相见，这个落寞的中年男人想到了绑架，绑架自己的女儿，然而，就连这荒唐之举，在他不惜弯下男儿之躯在路边草丛中潜伏守候了十多个小时之后也宣告失败了。

这个几乎被失败判了死刑的人，又晃过了几十年无人知也无人欲知的岁月之后，退休之年，一天，他收到了105美元的社会福利金，他用这点福利金最后开了一家想以此维生的快餐店——肯德基家乡鸡。

随后的快餐史便是一部肯德基史。

学习单元二　大学生常见的心理挫折与压力

一、大学生常见的心理挫折与压力的种类

大学生自迈入大学校门起，新环境和新需要促使他们开始独立思考、独立解决遇到的问题，由此也产生许多人生发展中比较大的挫折与压力，具体来说有以下几类。

（一）经济问题引发的挫折与压力

A同学说："每次看到同学穿新衣服和买新的电子产品，我就有说不出的羡慕，但是由于家里条件不好，我没有能力像我的同学那样去消费，因此就变得越来越自我封闭，不想与其他同学有过多的交往，以免给自己带来更多的不快乐……"

大学生在校的学杂费、住宿费和生活费对家庭经济困难的学生而言是一笔巨大的开

销。家庭经济困难的大学生由于感到在经济上处于"弱者"地位，不愿意过多地参加各种社交活动，也不愿意过多地表现自己，从而压抑各种潜能，这也就导致了他们总感觉自己矮人半截，内心感到自轻和自我封闭，主要表现为自卑、孤僻及挫折颓废。

（二）学业问题引发的挫折与压力

B同学说：："自从期中考试考砸后，我就像变了个人，过去，我乐于助人，热情开朗；可现在整天闷闷不乐，动不动就发脾气，并且拒绝参加所有的活动，只想把自己锁在屋里……"

由于大部分学生对大学的学习方式不适应，离开了紧张的高中生活，却失去了上进的明确目标，不能进行有效的自我管理，不会安排和有效利用大学设立过多的自由时间，缺乏独立的学习能力和习惯，同时学习上持久紧张的竞争压力感仍存在，由此产生学业压力，主要表现：学习环境不适应，学习方法不适当，学习压力加重，从而导致注意力不集中，考试焦虑、睡眠障碍等症状出现。有的人能及时调整，有的人则产生悲观情绪，继而出现厌学状态。

（三）交往问题引发的挫折与压力

C同学说："我是学生会干部，要与教师和同学们广泛交往，可我总是很害怕，一到人多的地方心就扑通扑通地跳，难以开展工作，我真不知道该怎么办才好……"

"人类的心理适应最主要的就是对人际关系的适应"，离开父母、离开朋友、身在异乡的大学生更渴望交往，渴望友谊，渴望得到教师和同学的理解与帮助，但如何与不同家庭背景、不同文化修养及个性各异的同学和谐相处，还需要不断学习。另外，大学生容易出现"自我中心主义""完美主义"等认知失调，会造成人际交往中的偏差和失误，从而产生挫折感，严重的会使精神忧郁、心情烦躁、无心学习。

（四）恋爱问题引发的挫折与压力

D同学说："我们的相遇是一种偶然，我们的交谈很投机，有空也一起去逛街、娱乐。但是当我提出和她正式的交往之后，她就说她自己没有资本，我们已经是很好的朋友啊！后来我主动打电话给她，我们一起庆祝了我的生日。那天，我真的很高兴，我真的把她当成是自己的女朋友了。但是我们最多的亲密接触只不过是无意中的牵手。我总感觉我们之间忽冷忽热，不知道该不该再发展下去……"

校园爱情也是大学生生活的重要部分，但由于他们的心理成熟往往滞后于生理成熟，缺乏社会地位和经济条件，因此在处理和对待异性关系问题上常常表现出不成熟。大学生遭受恋爱挫折的现象十分普遍，有的人恋爱动机不纯，有的人恋爱观与现实的具体问题发生矛盾和冲突，陷入感情的漩涡，失恋、单相思随之产生，并产生苦闷、惆怅、失望、愤怒等情绪，从而产生挫折心理。

(五) 专业不适应问题引发的挫折与压力

E同学说："开学2个多月了，我发现自己对所学专业一点也没有兴趣。当初高考填报志愿时并没有了解很多关于这个专业的信息，糊里糊涂就填了。是不是我接下去的几年要浪费在自己并不喜欢的专业上，现在我真的很迷茫，也很痛苦……"

大学生的专业适应性是其学习和发展适应性的一个重要方面，它是指大学生在基本能力、素质和个性特征的基础上，通过与所学专业及专业环境相互作用，主动调整自己的专业认知和学习行为，以实现自身在专业上和谐发展的心理和行为倾向。但是，大多数学生高考的志愿都是在教师和家长的参谋下填报，对大学专业的选择比较盲目，往往不明确或忽视了学生自己的兴趣和专长，这就导致很多大学生入学后对专业的认同度不够，进而影响了自己的专业适应和学习适应，为进一步的发展带来障碍。

(六) 就业问题引发的挫折与压力

F同学说："本人是一所高职院校的大三学生，现在是预备党员，任校宣传部部长，且任班级团支书，工作能力得到了领导和教师的肯定。进入大三下学期，同学们都开始找工作和实习单位，然而，我却突然陷入一片迷茫。我学的是信息管理与信息系统专业，通俗地说就是计算机和管理。由于所学的专业就业前景不好，且本人自身对专业没太大兴趣，导致自己突然不知道出路在何方。"

大学生憧憬自己的未来，关心个人的发展，就业期望值过高，部分学生对就业形势缺乏正确的认识和对自己缺乏客观的评价，因而选择不到自己适合的岗位，学生在校所学到的东西与社会实际需要相脱节，学生的知识、能力和素质结构不能适应社会的需要。学生一方面感到自己不受社会欢迎，另一方面又感到英雄无用武之地，这一系列因素都会给大学生的心理造成挫折感。

二、大学生心理挫折与压力产生的原因分析

(一) 大学生产生挫折与压力的内因

（1）由于个体的思想认知因素而产生的挫折。由于很多大学生对自己不能够有正确的认知，进入大学之后，往往缺乏对自己的准确定位，对待大学生活、思考问题、处理问题等都不切合实际，在实际中经常会遇到这样的挫折，如一些学生进入大学之后，就想进入社团，做学生干部，认为只有做学生干部，才没有白读大学，和别人说起来才有面子。由于学校对学生干部的要求，一些学生本身的条件也达不到，再加上学生干部的名额毕竟有限，注定要有一些学生在竞选过程中失败，当他们又把这个看得很重的时候，就难免产生挫折与压力。

（2）由于个体的动机冲突引起的挫折。动机是在需要的刺激下直接推动人进行活动以达到一定目的的内部动力。动机在人的一切心理活动中有着最为重要的功能，一个具有一定独立意识的人的一言一行，无一不是在动机的推动下进行的活动。动机和目的有着一定

的联系，如果动机是激励人们去行动的原因，那么目的就是在行动中要争取达到的结果，每个行动的后面都有一定的动机，但也是为了达到一定的目的。如果动机的行动受阻，或者是行动却不能达到目的，个体就会产生挫折与压力。

个体在有目的的活动中，常常因为数个目标而产生两个或两个以上的动机，如果这些动机不能同时得到满足，当若干动机同时存在、难以取舍，有时候甚至相互排斥的时候，就会产生动机冲突的心理现象，动机冲突是引起挫折与压力的重要原因。其基本形式有以下四种：

①双趋冲突。双趋冲突又称正正冲突，是指当两个目标都符合需要，并且有相同强度的动机，而又"鱼和熊掌不可兼得"，但又必须做出选择的情况所出现的冲突。例如，某学生大学毕业，一方面收到了继续学习深造的通知；另一方面又有一份好的工作在等着他，对他来说，都很好，都有强烈的动机，但只能选择其一情形。

②双避冲突。双避冲突又称负负冲突，是指个体对两个目标都不感兴趣，但又必须选择其中一个所出现的冲突。例如，有的教师要求学生上课不回答问题就表演节目，有的学生既不想回答问题，又不愿意表演节目而出现的情形。

③趋避冲突。趋避冲突指的是一个目标，既有利，又有害，吸引力与排斥力共存。例如，在大学期间很多学生都想提升自己，想多参加一些社团，但又担心影响自己的学习和娱乐的时间而出现的情形。

④双趋避冲突。双趋避冲突即两个目标各有所长，各有所短。例如，一个人毕业后，面临两份工作的选择，一个工作待遇好，但发展的空间不大，自身素养的提升也不大；另一个工作待遇不是很好，但自己的发展空间会很大的情形。

人生充满选择，随着社会的发展，人们的选择空间和自由度也越来越大，由此而带来的冲突、挫折和压力也就越来越多，因此，大学生在今后的发展过程中学会选择，是提升心理素养的重要组成部分。

（3）个体的其他内在因素而引起的挫折。除上述挫折外，还有由于个体的性格、能力、智力等因素引起的心理挫折与压力。例如，由于是色盲，而不能从事美术工作等。

（二）大学生产生挫折与压力的外因

大学生产生挫折与压力的外因主要是自然条件和社会条件。其中，自然原因主要是个体所处的自然环境，例如，有的学生生长在偏远的山区，到了大学之后，发现很多事物以前都没有接触过，对于新事物的陌生或由于对新事物陌生的自卑感而产生的挫折与压力；再如，由于自然灾害而对个体产生的不幸等。社会原因包括我们生长的时代、环境及不同的家庭背景等，都可能对个体产生挫折，如社会的动荡等因素对个体产生的挫折与压力。

自我探索小游戏

练习一：

请谈一谈在成长过程中对你而言受到哪些重大的挫折，分析产生挫折的原因。

我遭受的挫折有＿＿＿＿＿＿＿＿＿＿＿＿；原因是＿＿＿＿＿＿＿＿＿＿＿。

我遭受的挫折有＿＿＿＿＿＿＿＿＿＿＿＿；原因是＿＿＿＿＿＿＿＿＿＿＿。

我遭受的挫折有＿＿＿＿＿＿＿＿＿＿＿＿；原因是＿＿＿＿＿＿＿＿＿＿＿。

练习二：

请写一写过去生活中对你有重大影响的挫折事件的时间、事件和过程，完整、诚实地记下"发生了什么事""我当时的感受如何""我是怎样处理的""周围还有什么人及他们的反应""再来一次，我会怎样处理"。

拓展阅读

名人与挫折

从古到今，挫折与出名就是一家，没有经受挫折，就不可能出名，自然也成不了名人。

挫折分三重境界，其一：玉不琢不成器，人不学不知义。虽此重只求知，却也少不了挫折，因为人出生入死，不受挫折的人，你能说出几个？其二：非淡泊无以明志，非宁静无以致远。达到此重者非历尽千辛万苦不可，却也不是最好的。其三：学以至真，行以至善，上参国家大事，下能把持家务，左能建设国家，右能造福人民，只求一真一善者方为俊杰。能为此重者才是真正的人才。

司马迁在《报任安书》中写道："古者富贵而名摩灭，不可胜记，唯倜傥非常之人称焉。盖文王拘而演《周易》；仲尼厄而作《春秋》；屈原放逐，乃赋《离骚》；左丘失明，厥有《国语》；孙子膑脚，《兵法》修列……"由此观之，那些"倜傥非常之人"不正是在挫折面前勇往直前、愈挫愈勇的人吗？

越王勾践因一着不慎，满盘皆输，为夫之弼马翁，却毫无怨言，身处异乡三年，尝尽人间之耻，后终博得吴王信任，加之文种等人送礼于吴太宰帮勾践说美言之，吴王终放勾践家之回国也，勾践家之回国后，卧薪尝胆二十年，并听从文种、范蠡的"十年生聚，十年教训"之策，连施计谋，终有一日，大破吴王也，抱了前仇，还成为一代英杰。

诸葛孔明儿时家中贫穷，后父母双亡，只得投奔于叔父家中，在隆中苦读诗文，叔父去世后，他过着晴耕雨读的生活。他在出山前乃为一介农夫，他出山后也不忘清贫，为刘备省下资金，招兵买马，直到他临死前，官已升为宰相，达到了一人之下万人之上的境界，成了一代俊杰，可家中却只有五亩①地、近百棵果树和两间草舍，仅此而已。甚至他的儿子和妻子，还在家中过着农夫的生活。这正体现了诸葛孔明的教子有方，诸葛孔明真不愧为聪明的化身。

贝多芬一生经历了数不清的磨难。然而他没有向命运屈服，他说："我要扼住命运

---

① 1 亩 ≈666.7 平方米。

的咽喉，它决不能把我完全压倒！"

挫折虽是人皆有之，但是，现如今有些学生哪怕只是受了一点小小的挫折，都不能承担，终会成为无用之人。所以，我们应该向那些古代英才们多多学习。

只有战胜挫折，我们才会成为博学广闻之人。

只有战胜挫折，我们才会成为志趣高雅之人。

只有战胜挫折，我们才会成为怀有赤子之心的新时代的有用之才。

成长加油站

驴的哲学

有一天，某个农夫的一头驴子不小心掉进一口枯井里，农夫绞尽脑汁想办法救出驴子，但几个小时过去了，驴子还在井里痛苦地哀嚎着。最后，这位农夫决定放弃，他想这头驴子年纪大了，不值得大费周章去把它救出来，但无论如何，这口井还是得填起来。于是农夫便请来左邻右舍帮忙一起将井中的驴子埋了，以免除它的痛苦。

农夫的邻居们人手一把铲子，开始将泥土铲进枯井中。当这头驴子了解到自己的处境时，刚开始哭得很凄惨。但出人意料的是，一会儿之后这头驴子就安静下来了。农夫好奇地探头往井底一看，出现在眼前的景象令他大吃一惊：

当铲进井里的泥土落在驴子的背部时，驴子的反应令人称奇——它将泥土抖落在一旁，然后站到铲进的泥土堆上面。就这样，驴子将大家铲倒在它身上的泥土全数抖落在井底，然后再站上去。很快，这只驴子便得意地上升到井口，然后在众人惊讶的表情中快步地跑开了。

就如驴子的情况，在生命的旅程中，有时候我们难免会陷入"枯井"里，会被各式各样的"泥沙"倾倒在我们身上，而想要从这些"枯井"脱困的秘诀就是将"泥沙"抖落掉，然后站到上面去！

学习单元三　挫折与压力的有效应对

一、挫折的有效应对

个体在遭受挫折后，会产生一系列的不愉快反应，但自我保护是人类的一种本能，这在很大程度上反映了一个人的心理素质和心理健康水平。建立心理防御机制是进行自我保护的一种方式。心理防御机制可以起到缓冲心理挫折、减轻焦虑情绪的作用，并且可为人们寻找战胜挫折的办法提供时机，对每一个个体都很重要。一般来说，遭受挫折后的心理防御机制可分为积极的反应和消极的反应。我们应该运用积极的心理机制来应对挫折。

（一）积极的心理挫折适应机制

挫折后的积极反应是指遭受挫折后，能够正确认识挫折，采取冷静的态度，并客观分析产生挫折的原因，避免不良的情绪反应。其主要有以下几种：

（1）仿同。仿同是指个体在遭受挫折的时候自觉地效仿他人的优秀品质和获得成功的经验与方法，使自己的思想、信仰、目标和言行更加适应环境的要求，从而在主观上增强获得成功的信念和勇气。例如，有些大学生喜欢看名人的传记，从他们的经历中吸取营养和动力，尤其是在遭受挫折的时候，更是用以激励自己。

（2）升华。升华是指当个体在遭受挫折后，将自己不为社会所认可的动机或需求转变为符合社会要求的动机或需要，或遭受挫折后将低层次的行为引导到有建设性、有利于社会和自身的较高层次的行为。例如，有的学生将自己的嫉妒升华为奋发努力，用自己的实际行动去提升自己；我国古代也有诸如左丘明失明写《国语》的例子。升华常常一方面转移或实现了原有的情感，达到了心理平衡；另一方面创造了积极的价值，无论对自己，还是对社会都具有积极的意义。

（3）补偿。补偿是指当个体受到挫折的时候，原有的既定目标不能实现，有些个体会用自己现在的成就来补偿原来的目标，减轻由于受到挫折而产生的痛苦。例如，有的学生学习不好，在社会工作方面很出色；长相不出众，而努力学习工作等。补偿心理在一定程度上可以缓解挫折后的损失感，对调节心理情绪、减小压力有一定的积极作用，但一定要注意树立科学的价值观，补偿的行为符合社会规范和发展的需要，才是积极的、有意义的。

（4）幽默。幽默是指个体受到挫折的时候，或处于尴尬的境界的时候，用幽默的方式化解当时的情景。这不仅是一种聪明的方式，也是一种心理修养较高的表现，当然这更需要知识的储备和积累。

（二）增强大学生挫折适应力的途径

（1）要改变认知。个体受到挫折有客观的挫折源存在，面对同样的挫折源，不同个体受到的挫折是不同的。究其原因，很大程度上就是因为其对挫折所采取的态度不同，导致的行为和结果也不同。例如，同样是失恋，有的就会痛不欲生，认为没有对方的存在自己活着也没有什么意思；有的痛苦之后很快回到正常生活；有的感觉无所谓。

（2）对生活采取积极的态度。"一切都会好的。"这是我们经常听到的一句话，也是热爱生活的一种态度，如果一个人心中一直充满这句话，说明他对生活有着积极的信念，对自己、对社会及其生活有着积极的倾向。在这种信念的支撑下，会很快战胜挫折，如有的学生考试失利，但他相信自己下次会考得更好，并努力学习，最后肯定会取得好的成绩。

（3）要有合理的奋斗目标。人与动物的本质区别就在于人有思想和追求，有自己的奋斗目标。在总的奋斗目标不变的前提下，个体的奋斗目标只有符合苏联教育家维果茨基提出的"最近发展区"的原则，才是最合理的。个体应树立合理目标，并根据实际情况进行积极调整，才不会受到严重的挫折。

（4）要善于总结经验，吸取教训。个体受到挫折时，要善于从挫折中寻找原因，对之进行客观的、科学的分析，会找到很好的战胜挫折的方法。如考试失利，有的个体就会分析失利的原因，是客观的原因（题目太难等），还是主观原因（自己没有努力准备考试）。在寻找到原因的基础上，会使问题得到较好的解决。

（5）积极寻求社会支持。社会支持是个体成长过程中重要的组成部分。良好的社会支持是为个体提供一个和谐、温馨的成长环境。在这种环境下，个体都感到很轻松，有很好的应对挫折的能力及高效率的工作、学习能力，进而很好地应对挫折。

（6）要有成败两手准备。这是前人人生经验的总结，更是生活辩证法的揭示。有了"最坏"的准备，就等于增强了心理承受力。有了对挫折较强的心理承受力，再加上向"最好"处努力，就能够构成积极的人生态度，这有利于在人生实践中把握自觉性，减少盲目性；增强主动性，减少被动性。

二、大学生应对压力的一般方法

压力如果不及时进行疏导和缓解，会严重影响大学生的学习和生活，导致他们在情感上的极度苦闷。大学生压力管理的常见方法如下：

（1）坚持运动。压力的后果是能量被聚集在体内，造成身体紧张和精神压抑，体育锻炼有助于有害能量的释放，降低肌肉的紧张度，从而带动精神的放松，同时，体育锻炼也有助于压力事件的转移。

（2）培养兴趣。培养兴趣包括棋琴书画、唱歌跳舞、集邮摄影、团体活动及广泛社交，建立感情联系，扩大社会支持系统等。课余生活可以愉悦身心、获得朋友、增进友谊，减少因压力导致的紧张感。

（3）知足常乐。为自己合理定位，量力而行，立足现实，不贪多、不贪高、不贪快，用积极乐观的态度坦然面对压力。

（4）学会自我调适。从自我出发调节自身的心理，使其得到平衡。其方法有以下几点：

①自我反思法：通过对自己的反思，找到自己在情感问题、就业问题等上的错误认识。例如，了解自身思想是否脱离实际，对自身的调节估计是否准确，就业定位于社会需要是否脱轨等。找出自身心理问题发生的根本原因，然后对症下药。

②自我慰藉法：没有什么坎是过不去的，任何事情都会过去的，所以当遇到挫折时，不要沮丧，要积极乐观地看待。当经过主观努力仍无法改变时，可适当进行自我安慰，缓

解心理压力，保持稳定的情绪，可用"亡羊补牢，未为晚矣""塞翁失马，焉知非福"等来安慰自己，以解除烦恼与痛苦。

③自我暗示法：多给自己积极的心理暗示，让自己自信满满，给自己加油鼓励，让自己兴奋、振作。

④自我激励法：我一定行，我一定能做好，我是最棒的，相信自己，坚信未来是美好的。

⑤适度宣泄法：当各种矛盾冲突或压力过大引起不良情绪时，可适当地发泄，如和教师或同学们倾诉，听音乐、跑步、打球、登山等。但自我宣泄要注意场合，注意身份，把握好尺度，以免影响或伤害他人，造成不必要的损失。

视频：马加爵遗书
你有何想法

📺 自我探索小游戏

练习一：

根据自身情况，谈一谈你在各种挫折面前的表现：

如果失恋了，我会 _____。

如果考试失利，面临留级或退学，我会 _____。

如果在很想担任的职务竞选中失败了，我会 _____。

如果突然听到家人不幸的消息，我会 _____。

如果长时间遭到别人误解，我会 _____。

练习二：

小 E，女，19 岁，某高职院校二年级学生。自述近一个月以来内心非常痛苦，有时候难受得用头撞墙，甚至想到了自杀，但终于没有勇气那样做。寒假里，男友向她提出了分手，她一直无法接受，感到很伤心、很无助、很不甘心，同时又很压抑，心里总是想着以前两人在一起时开心快乐的时光，现在面对他冷漠无情而又决绝的态度，她总是不能相信那是真的，总是幻想着两个人还能和好，心里很苦很累，这两天更是感觉自己快要崩溃了，再也承受不起了。请问，你能给她一些什么好的建议？

▶ 思政话题

从无到有的沧桑巨变；从落后到科技兴国的完美演绎；从贫困到富强的华丽蜕变，几十年风雨兼程，沧海桑田，我们一路走过，无论艰难险阻，无论磨难挫折，我们勇往直前，义无反顾。因为我们都有一个梦，有着伟大蓝图的梦——中国梦。为何中国遇到任何艰难险阻总能战无不胜，攻无不破呢？因为中国怀揣着中国梦！中国梦不仅只是一个梦，它代表的是中国人民的一股摧枯拉朽、锐不可当的意志，是实现中华民族伟大复兴的精神力量！它的存在，让中华民族在五千年悠悠历史中始终屹立不倒，生生不息！

❯ 成长阅读

狐狸摘葡萄的故事

不同的心态，不同的结局。一个古老的寓言故事开头，衍生出了一个奇妙的现代心理故事。

在一位农夫的果园里，紫红色的葡萄挂满了枝头。当然，这种美味也逃不过安营扎寨在附近的狐狸们的眼睛，它们纷纷来到葡萄架下。

第一只狐狸发现葡萄架远远高出它的身高。它站在下面想了想，不愿意就此放弃。想了一会儿，它发现葡萄架旁边的梯子，回想农夫用过它。它也学着农夫的样子爬上去，顺利地摘到了葡萄。（它直接面对问题，没有逃避，最后解决了问题。）

第二只狐狸发现以它的个头这辈子是无法吃到葡萄了。因此，它心里想，这个葡萄肯定是酸的，还不如不吃。于是，它心情愉快地离开了。（这是心理学中经常提到的"酸葡萄效应"，也可称为"文饰作用"或"合理化解释"，即以能够满足个人需要的理由来解释不能实现自我目标的现象。）

第三只狐狸看到高高的葡萄架并没有气馁，它想：我可以向上跳，只要我努力，我就一定能够得到。可是事与愿违，它跳得越来越低，最后累死在葡萄架下，献身做了肥料。（这在心理学上称为"固执"，有时也称为"强迫症"。它说明，不是任何事情的最佳方案都能解决问题，要看自己的能力、当时的环境等多种因素。）

第四只狐狸一看到葡萄架比自己高，愿望落空了，便破口大骂，撕咬自己够得到的藤，正巧被农夫发现，一锄头拍死了。（这个行为称为"攻击"，这是一种不可取的方式，于人于己都是有害无利的。）

第五只狐狸一看自己在葡萄架下显得如此渺小，便伤心地哭起来了：为什么自己如此矮小？如果像大象那样，不是想吃什么就吃什么吗？为什么葡萄架如此高？（这种表现在心理学上称为"倒退"，即个体在遇到挫折时，从人格发展的较高阶段倒退到人格发展的较低阶段。）

第六只狐狸仰望着葡萄架，心想，既然我吃不到葡萄，别的狐狸肯定也吃不到，如果这样的话，我也没什么好遗憾了，反正大家都一样。（这种行为在心理学中称为"投射"，即把自己的愿望与动机归于他人，断言他人有此动机和愿望，这些东西往往都是超越自己能力范围的。）

第七只狐狸站在高高的葡萄架下，心情非常不好。它想：为什么我吃不到呢？我的命运怎么如此悲惨啊，想吃个葡萄的愿望都满足不了。它越想越郁闷，最后郁郁而终。（这是"抑郁症"的表现，即以持久的心境低落状态为特征的神经性障碍。）

第八只狐狸尝试着跳起来去够葡萄，没有成功；它试图让自己不再去想葡萄，可它抵抗不了；它还试了一些其他的办法，也没有见效。它听说有别的狐狸吃到了葡萄，心情更加不好，最后一头撞死在葡萄架下。（在现实生活中我们经常会遇到类似的"不患无，患不均"的现象。很多人在与别人比较时，因为心理不平衡选择了不适当的应对

方式。)

第九只狐狸同样够不到葡萄。它心想，听别的狐狸说，柠檬的味道似乎和葡萄差不多，既然我吃不到葡萄，何不尝一下柠檬呢？因此，它心满意足地离开去寻找柠檬了。(这种行为在心理学上称为"替代"，即以一种自己可以达到的方式来代替不能满足的愿望。)

第十只狐狸看到自己的能力与高高的葡萄架之间的差距，认识到以现在的水平和能力想吃到葡萄是不可能的。因此它决定利用时间给自己充电，报了一个研究生课程进修班，学习采摘葡萄的技术，最后当然是如愿以偿了。(这是问题指向应对策略，正确分析自己与问题的关系和性质，找到最佳的解决方案，是一种比较好的应对方式。)

第十一只狐狸把几个同伴骗了来，然后趁它们不注意，用锄头把它们拍昏，将同伴摞起来，踩着同伴的身体，如愿以偿地吃到了葡萄。(这只狐狸是在损害他人利益的基础上来解决问题的，这种应对方式不可取。)

第十二只狐狸是一只漂亮的狐狸小姐，它想：我一个弱女子无论如何也够不到葡萄，何不利用别人的力量呢？因此，它找了一个男朋友，这只狐狸先生借助梯子给狐狸小姐最好的礼物。(这在心理学上称为"补偿原则"，即利用自己另一方面的优势或是别人的优势来弥补自己的不足。)

第十三只狐狸对葡萄架的高度非常不满，于是它就怪罪起葡萄藤来。说葡萄藤太好高骛远，爬那么高，说葡萄的内心其实并没有表面看上去那么漂亮。发泄完后，它平静地离开了。(在心理学上，我们称为"抵消作用"，即以从事某种象征性的活动来抵消、抵制一个人的真实感情。)

第十四只狐狸发现自己无法吃到葡萄，它轻蔑地看着地上的已经腐烂的葡萄和其他狐狸吃剩下的葡萄皮，作呕吐状，嘴上说："真让人恶心，谁能吃这些东西啊！"(这在心理学上称为"反向作用"，即行为与动机完全相反的一种心理防御机制。)

第十五只狐狸发出了感叹：美好的事物有时候总是离我们那么远，这样有一段距离，让自己留有一点幻想又有什么不好呢？于是它诗兴大发，一本诗集从此诞生了！(这在心理学上称为"置换作用"，即用一种精神宣泄去代替另一种精神宣泄。)

第十六只狐狸发现想吃葡萄的愿望不能实现后，不久便产生了胃痛、消化不良的情况。这只狐狸一直不明白一向很注意饮食的它，怎么会在消化系统出现问题。(这种情况在心理学中称为"转化"，即个体将心理上的痛苦转换成躯体上的疾病。)

第十七只狐狸发现了同样的问题，它一撇嘴，说："这有什么了不起的，我们狐狸中已经有人吃过了，谁说只有猴子能吃到果子，狐狸一样行。"(这是一种情绪取向的应对方式，在心理学中称为"傍同作用"，即当自我价值低于他人价值时，寻找与自己有关系的人来实现自我价值。)

▶ 练习自测

　　每个人在生活中都会不同程度地受到挫折，人们在受挫后恢复的能力却各自不同，有些人弹性十足，有些人受挫后一蹶不振，而大多数人介于两者之间。下列问题则可以测试出你应付困境的能力。在回答这些问题时，请你用"同意"或"不同意"作答。回答越坦白，越能测试出你的受挫弹性。

　　1. 胜利就是一切。

　　2. 我基本是个幸运儿。

　　3. 白天学习效果不好或未完成学习任务，会影响我整晚。

　　4. 连续四年都名列最后的球队，应退出比赛。

　　5. 我喜欢雨天，因为雨后常常是阳光普照。

　　6. 如果某人擅自动用我的东西，我会气上一段时间。

　　7. 汽车经过时溅了我一身泥水，我生气一会儿便消气了。

　　8. 只要我继续努力，我便会得到应有的报偿。

　　9. 如果有感冒流行，我常是第一个被感染的人。

　　10. 如果不是因几次霉运，我一定比现在更有成就。

　　11. 失败并不可耻。

　　12. 我是有自信心的人。

　　13. 落在最后，常叫人失去竞争意识。

　　14. 我喜欢冒险。

　　15. 假期过后，我需要一天时间才能恢复正常。

　　16. 遭遇到的每次否定都使我更进一步接近肯定。

　　17. 我想我一定受不了被体罚的羞辱。

　　18. 如果向朋友求助被拒绝，我一定不会再搭理他（她）。

　　19. 我总不忘过去的错误。

　　20. 我的生活中，常有些令人沮丧气馁的时候。

　　21. 家庭困难的光景叫我寒心。

　　22. 我觉得要建立新的人际关系相当容易。

　　23. 如果周末不愉快，星期一便很难集中精力学习。

　　24. 在我的生命中，我已有过失败的教训。

　　25. 我对侮辱很在意。

　　26. 如果竞选班干部失败，我下次仍会尝试。

　　27. 丢钥匙会令我整个星期不安。

　　28. 我已经达到不介意大多数事情的心境。

　　29. 想到可能无法完成某项重要的事情，会使我不寒而栗。

　　30. 我很少为昨天发生的事情烦心。

31. 我不易心灰意冷。

32. 必须要有 50% 以上的把握，我才会冒险把时间投资在某件事上。

33. 命运对我不公平。

34. 我对他人的仇恨维持很久。

35. 聪明的人知道什么时候该放弃。

36. 偶尔做个失败者，我也能坦然接受。

37. 新闻报道中的大灾难，会影响我学习的心情。

38. 任何一件事遭否决，我都会寻求报复的机会。

计分方法：

下列题号，若选"不同意"，则得 1 分；反之，"同意"则为 0 分：1、3、4、6、9、10、15、17、18、19、20、21、23、24、25、27、28、29、32、33、34、35、36、37。

其余题则相反，选择"同意"得 1 分，"不同意"得 0 分。

依上列答案，相符者得 1 分，相反者为 0 分。

结果分析：

得分在 10 分及以下：说明你是易被逆境、失望或挫折所左右的人，你易把逆境看得太严重，一旦跌到，要很久才能站起来。你不相信"胜利在望"，只承认"见风使舵"。

得分在 11 ~ 25 分：说明你遇到某些灾祸或逆境的时候，往往需要相当长时间才能振作起来。不过你却能找到很多的技巧和策略来获取个人的利益。

得分在 25 分以上：说明你应付逆境的弹性极佳。不理想的境遇虽然会对你造成伤害，但不会持久。

学习模块八
扬起职业的风帆——大学生职业生涯规划

📑 学习目标

知识目标：

1. 了解大学生活的特点，知道什么是生涯规划。

2. 了解在大学期间需要发展的能力目标和自我发展目标定位。

3. 理解生涯规划的意义。

能力目标：

1. 学会准确的自我评估。

2. 科学分析环境与生涯机会，对自己的综合优势和劣势进行对比分析。

3. 合理做好职业生涯规划，并适时调整。

素养目标：

1. 始终能正确认识自我，能为自己获得自己认为理想的职业而做各种准备。

2. 根据环境和机会的变化，比较客观地评估自己的个人目标与现实之间的距离，适时调整自己的发展目标。

3. 增强职业竞争能力，实现个人与职业之间的匹配，让个人价值最大化发展。

💡 成长语录

在这个世界上，重要的不是你正站在哪里，而是你正朝什么方向移动。

——佚名

一个擅长做准备的人，是距离成功最近的人。

——拿破仑·希尔

167

案例引入

王某，男，某高校毕业生，软件工程专业，毕业后一直在外打工，从事过销售、仓管、保安和体力劳动。为帮助其实现稳定就业，公共就业服务机构出面协调，介绍其到该市一家招商引资重点企业应聘。该企业行政经理和人力资源部经理面试并给出两条职业发展路径，一种是到研发部门，走专业技术道路；另一种是到企划部门，从事计划制定与分配管理工作，并考虑到企业地处开发区，路途偏远，可提供宿舍居住。王某表示考虑2天给予答复。一个月后，该企业人力资源经理反馈王某一直未与其联系，后经过询问，才了解王某已与同学创业，由于市场竞争激烈，生意举步维艰。

案例分析

在上述案例中，王某的种种就业行为是对自己职业生涯规划不清，自我认识不足，对现实情况不了解，导致了就业的盲目性。王某是软件工程专业毕业的，但在从事销售、仓管、保安和体力劳动者择业经历中可看出，其没有认清自我。择业首先要认识自我，了解自己的性格、气质及能力、兴趣，给自己恰当的认知和定位，从而确定大致的择业方向和范围；其次要明确自己的职业价值观，确定工作是为了赚钱，还是为了以后有更好的发展积累经验和技能，清楚这些后才会有一个相对明确的求职方向和目标；再次要了解自己专业的就业方向，了解从事职业所需具备的专业训练、能力、性格特点等要求和职业的性质、工作环境、福利待遇，以及发展空间和就业竞争机会；最后要确定自己的职业规划方案，先从制订一个可操作的短期目标计划入手，对于缺乏工作经历的大学生，先找到适应自己专业、兴趣的职场机会是当前的首要任务，要学会积极主动地寻求帮助，通过人脉资源推荐工作，尽早接触社会，寻找工作机会。在工作中要注重自己专业领域技能的培训与提升，提高自己可能用到的技能和素质，同时要学会尊重和感恩。在这个案例中，王某在得到帮助的情况下，没有一句感谢的话，同时也不回复企业和介绍人，这是一种不懂得尊重和感恩的行为，即使再有能力，在职场中是不会得到信任的。

学习单元一　大学生活的特点与生涯规划

一、大学生活的特点

由中学升入大学，学习和生活的客观环境有了显著的变化：由接受信息量小，交往、活动范围狭窄，变为接受信息量大，交往、活动范围较广阔；由父母"包办"的家庭生活，变为需要自主、自立的集体生活；由被动接受知识的过程，变为主动思考问题的过程，并把教师所讲解的知识内化为自己的思想和认知等。尽量缩短这一过程，尽早把握大学生活的规律和特点，是每个跨入大学校门的莘莘学子都应该解决的第一个问题，对大学生顺利完成学业乃至以后的健康发展都具有重要的意义。

（一）学习要求的变化

大学的学习特点与中学时代相比已发生了明显的变化：学习内容相对深奥，学习方法由"学什么"转到"怎么学"，学习态度由"要我学"转到"我要学"，培养自学能力就成为关键。

大学阶段的学习，知识的广度和深度大大增加，专业方向基本确定，需要大力发挥学习的主动性、创造性。大学主要实行的是学分制，除公共科目、学科基础课和专业课属于必修外，各专业都开设选修课，学生可以根据个人兴趣和能力选修相关课程，自由支配的学习时间增多，学习的自主性大大加强。大学图书资料和各种信息丰富，获取知识的渠道更加多样化，熟悉利用图书馆和互联网搜索资料、掌握信息，成了必备的学习技能。广泛涉猎相关知识，掌握科学的学习方法，培养独立学习和独立思考问题、分析问题、解决问题的能力，是大学阶段学习的重要特点。

（二）生活环境的变化

大学生和中学生的基本生活环境都是学校，但大学的生活环境较之于中学在空间、内容、方式上都发生了很大变化。中学生大多不住校，过着走读的生活，基本是从家门到校门，接触的对象局限在教师、同学、家庭成员之间，生活空间比较狭小。而大学生走出了家门，来自五湖四海的同学聚集在一起过上了集体生活，交往的对象不仅有教师、同学，还有同乡等，生活空间扩大了。再者中学生有巨大的心理压力，生活的中心内容是学习，在学校有教师的严格管理，在家里有家长的严密监督，社会交往也被限制在极小的范围中，受"保姆式"的管理、"衣来伸手，饭来张口"的生活方式。但大学生的生活则完全不同，进入大学之后，同学们离开父母独立生活，许多同学还远离家乡，学校管理由"封闭型"向"松散型"转变。不再有固定的班级和教室，不再有统一的作息时间，很少有经常性的集体活动，个人自由支配度增大，衣、食、住、行、经济开支等都要靠自己安排处理，兴趣爱好、生活习惯可能存在差异，主动地加强沟通和交流，互相理解和关心成为一种需要。自理能力强的同学会很快适应，应对自如；自理能力弱的同学，则可能计划失当，顾此失彼。

大学生活是一个全新的天地，学习、生活发生了新变化，同学们要尽快适应新的环境，既要学会过集体生活，又要学会独立处理学习、生活中遇到的问题。

（三）社会活动的变化

大学生的交往由"一元化"向"多元化"转变。所谓"一元化"是指中学阶段重点是在学业上互帮互助，互相讨教。而进入大学后，同学们参加各种社会活动的机会大大增加。党组织、团组织、学生会、班委会等组织活动增多；由志趣、爱好相同的学生自愿组织的各种学生社团课余活动也丰富多彩；人际关系交往，如谈朋友、老乡会、师生交往等活动也增加。因此，同学们可以根据自己的特点和爱好、时间和精力积极参加各种活动，合理安排课余生活，锻炼组织和交往能力，在相互交往中增进同学间的情谊。这对大学生的思想转变乃至人生观、价值观的社会化过程均是历练的机会。

二、职业生涯规划的内涵

职业，一个神圣而又富有深意的名词。有的人觉得它是那么遥不可及，有的人把它作为一种谋生手段，而有的人将其作为自我目标实现的途径。究竟孰是孰非，也无法定论。但是职业是大学生毕业之后所要面对的第一项"必修课"，从踏入社会的第一天起，作为"水手"的我们就注定要驾驶帆船在职海中度过。所以，只有选择一艘好的"帆船"，成为一个好的"水手"，才能"直挂云帆济职海"。

职业生涯规划在20世纪60年代的西方兴起，是指个人和组织相结合，在对一个人职业生涯的主观、客观条件进行测定、分析、总结研究的基础上，对自己的兴趣、爱好、能力、特长、经历及不足等各方面进行综合分析与权衡，结合时代特点，根据自己的职业倾向，确定其最佳的职业奋斗目标，并为实现这一目标做出行之有效的安排。简单地说就是个人按照目标对其一生中相继历程的预期和计划，设计出一条适合自己的路，最终走向成功。

职业生涯规划包含四个方面，第一，必须有一个人生目标，这个是职业生涯规划的关键，离开了目标，即使有了规划也无法实现；第二，这个规划涵盖了你的一生，并且你将用一生来进行实践；第三，必须分析评估主客观状态，包括爱好、兴趣、职业倾向及外部环境；第四，这是一个规划，是一个设计，必须在主体方向下实施、反馈、修改、完善，保证动态的发展。另外，职业生涯规划可行、适时、适应及连续，这样才能保证其成功进行。

职业生涯规划按照时间来分类，可分为短期规划、中期规划、长期规划和人生规划。短期规划为三年以内的规划，主要是确定近期目标，规划近期完成的任务，如融入集体和环境、完成人际沟通等；中期规划一般为三至五年，往往在近期目标的基础上设计中期目标，这种中期规划最为常见；长期规划为五至十年，主要设定长远目标，长期目标往往具有质的飞跃，如跃入高层等；而人生规划顾名思义就是一生的规划，目标一般为设定整个人生发展和阶梯。

三、职业生涯规划的意义

个体职业生涯规划并不是一个单纯的概念，它与个体所处的家庭、组织及社会存在密切的关系。职业生涯规划的好坏必将影响整个生命历程和社会稳定。尤其是大学生，当今社会竞争压力巨大，职业生涯规划有助于提高大学生综合素质，避免学习盲目与被动；规划个人的职业生涯，可以使职业目标和实施策略了然于心，能让大学生在职业探索和发展中少走弯路；职业生涯规划还能激励大学生，使其产生动力，不断为实现目标努力。因此，职业生涯规划对大学生的成功尤为关键。

1. 能正确认识自己，发挥优势和潜能

一份行之有效的职业生涯规划将会引导个人正确认识并发挥自身特质与潜能，提高自信心；引导个人对自己的优势与劣势进行对比分析，重新认识、定位自己并持续增值自己的优势；使个人能树立明确的职业发展目标与职业理想，引导评估个人目标与现实之间的差距，前瞻职业定位，搜索或发现新职业机会；学会运用科学的方法采取可行的步骤与措施，不断增强职业竞争力，实现自己的职业目标与理想。

2. 使成功有的放矢，增加成功概率

"凡事预则立，不预则废"，职业生涯也是，职业生涯发展有了计划和目的，才能更好地向前发展。有时候我们总是抱怨生活没有方向和目标，感觉整个世界都和自己为敌，事业不顺，生活不畅，这些都与生涯规划没有做好密切相关，好的计划是成功的开始，如果偶尔撞到了大运，那也不是长久的，只有扎扎实实做好计划，才能走得更长、更远，提高成功的概率。

3. 提升竞争力，让自己做得更好

当今社会正处在变革中，物竞天择，适者生存。职业岗位的竞争更为显著，不少应届毕业生不是首先坐下来做好自己的职业生涯规划，而是拿着简历与求职书到处乱跑，总想会撞到好运气找到好工作，结果是浪费了大量的时间、精力与资金，而感叹招聘单位有眼无珠，不能"慧眼识英雄"，叹息自己英雄无用武之地。其实先做好职业生涯规划，有了清晰的认识与明确的目标之后再把求职活动付诸实践，磨刀不误砍柴工，这样才能做到运筹帷幄，决胜千里，也更经济、更科学。

拓展阅读

施恩（Schein）的职业锚理论

锚，是使船只停泊定位用的铁制器具。在职海航行就需要我们的职业锚，它又称职业系留点，实际就是人们选择和发展自己的职业时所围绕的中心，是指当一个人不得不做出选择的时候，他无论如何都不会放弃的职业中的那种至关重要的东西或价值观。该理论产生于施恩领导的专门研究小组，是对斯隆管理学院的 44 名 MBA 毕业生自愿形成一个小组，接受施恩教授长达 12 年的职业生涯研究，包括面谈、跟踪调查、公司调查、人才测评、问卷等多种方式，最终分析总结出了职业锚（又称职业定位）理论。

施恩教授认为职业锚具有以下八种类型：

（1）技术/职能型（Technical Functional Competence）：技术/职能型的人，追求在技术/职能领域的成长和技能的不断提高，以及应用这种技术/职能的机会。他们对自己的认可来自他们的专业水平，他们喜欢面对来自专业领域的挑战。他们一般不喜欢从事一般的管理工作，因为这将意味着他们放弃在技术／职能领域的成就。

（2）管理型（General Managerial Competence）：管理型的人追求并致力于工作晋升，倾心于全面管理，独自负责一个部分，可以跨部门整合其他人的努力成果，他们想去承担整个部分的责任，并将公司的成功与否看成自己的工作，具体的技术／功能工作仅仅被看作是通向更高、更全面管理层的必经之路。

（3）自主／独立型（Autonomy Independence）：自主／独立型的人希望随心所欲安排自己的工作方式、工作习惯和生活方式。追求能施展个人能力的工作环境，最大限度地摆脱组织的限制和制约。他们宁愿放弃提升或工作扩展机会，也不愿意放弃自由与独立。

（4）安全／稳定型（Security Stability）：安全／稳定型的人追求工作中的安全与稳定感。他们可以预测将来的成功从而感到放松。他们关心财务安全，如退休金和退休计划。稳定感包括诚信、忠诚及完成老板交代的工作。尽管有时他们可以达到一个高的职位，但他们并不关心具体的职位和具体的工作内容。

（5）创业型（Entrepreneurial Creativity）：创业型的人希望凭借自己的能力去创建属于自己的公司或创建完全属于自己的产品（或服务），而且愿意冒风险，并克服面临的障碍。他们想向世界证明公司是他们靠自己的努力创建的。他们可能正在别人的公司工作，但同时他们在学习并评估将来的机会。一旦他们感觉时机到了，他们便会自己走出去创建自己的事业。

（6）服务型（Service Dedication to a Cause）：服务型的人是指那些一直追求他们认可的核心价值的人，例如，帮助他人，改善人们的安全，通过新的产品消除疾病。他们一直追寻这种机会，即使这意味着变换公司，他们也不会接受不允许他们实现这种价值的工作变换或工作提升。

（7）挑战型（Pure Challenge）：挑战型的人喜欢解决看上去无法解决的问题，战胜强硬的对手，克服无法克服的困难障碍等。对他们而言，参加工作或职业的原因是工作允许他们去战胜各种不可能。新奇、变化和困难是他们的终极目标。如果事情非常容易，他们马上变得非常令人厌烦。

（8）生活型（Lifestyle）：生活型的人喜欢允许他们平衡并结合个人的需要、家庭的需要和职业的需要的工作环境。他们希望将生活的各个主要方面整合为一个整体。正因为如此，他们需要一个能够提供足够的弹性让他们实现这一目标的职业环境。甚至可以牺牲他们职业的一些方面，例如，提升带来的职业转换，他们将成功定义得比职业成功更广泛。他们认为自己在如何去生活，在哪里居住，如何处理家庭事业，以及在组织中的发展道路是与众不同的。

同学们可以根据职业锚理论，看看自己在职海上，属于你的职业锚是_____，何时抛下你的职业锚呢？

学习单元二　大学生能力概述及其发展目标

一、大学生应该具备的能力

大学是人生的重要阶段，是锻炼一个人能力的最佳舞台。作为一名大学生，走出了忙碌的中学时代，开始了丰富多彩的大学生活。

当今社会是一个以市场经济为主体的竞争社会，其实质是知识和人才的竞争，归根结底是个人能力的竞争。作为 21 世纪的大学生，面对当前社会的形势，不得不提高自己的综合能力，以适合当前市场经济体制的要求。针对当前大学生的就业实际和市场经济体制特点，大学生应具备以下七大能力：

（1）理论知识能力。一名优秀的大学生必须拥有扎实的文化知识，包括专业知识和非专业知识，最终形成自己的知识体系。因为任何工作，无论是科学、教育研究，还是具体的实践作业，都需要丰富的理论知识。所以，作为一名大学生，应该把课堂的知识学好，同时，要博览群书，增加自己的理论知识，达到充实自己的目的。

（2）适应环境能力。适应环境能力是一个人综合素质的反映。它与个人的思想品德、创造能力、知识技能等密切相关。大学生毕业之后，所面临的是找工作、参加工作，然后定居。它们都是在不断变化的，所以，大学生要培养自己适应社会环境的能力。只有这样，即使是在比较艰苦的环境下，也能够变不利的因素为有利的因素，从而为大学生以后事业的成功奠定坚实的基础。

（3）社会交际能力。人际交往是一门学问，它存在于社会的任何角落，它是人们实践经验的结晶，在课本上是学不到的。大学生必须具备社会交际能力，它关系到大学生以后找工作的问题，而要具备很好的社会交往能力，大学生就要大胆地把握各种交流机会，培养自己与他人在心理方面的相通。同时，要做到诚实守信、人格平等。

（4）语言表达能力。语言表达能力是大学生必须具备的又一项重要能力。学习、工作和社会人际交往等需要语言表达能力。社会竞争是人才的竞争，而一个人，就必须要有很强的语言表达能力，只有这样，才能在市场竞争中处于不败之地。若要具备这一能力，当代大学生首先要敢于说，这也是练好口才的前提；其次要做到有话可说（需要广泛的知识面），这是练好口才的基础；再次是要善于说话，注意什么场合说什么话，注重语言的得体，这是练好口才的关键。为此，大学生应该抽出时间阅读有关的文学著作和口才范文，多做练习，以便使自己的语言表达能力得到锻炼和提高。

（5）自学能力。自学能力是学生在已有的知识基础上，运用正确的学习方法，独立地进行学习的一种能力。自学能力在学生今后一生的学习中至关重要。自学能力是当代大学生多种智力因素的结合和多种心理机制参与的综合性能力之一，也是衡量一个大学生可持续发展能力的重要因素和组成部分。大学生只有把自学能力培养好了，才能使自己具备取之不尽、用之不竭的"活水源头"。

（6）竞争能力。竞争能力是人们顺利完成某项活动必备的一种心理特征，也是大学生及人类都在追求的一种能力。由于当前社会是一个激烈竞争的社会，从而竞争能力的培养尤为重要。大学生应注意以下几点：

①要意识到竞争能力是自身发展和社会发展的需要。

②要意识到竞争是实力的展示，掌握更多的技能，善于抓住机会，勇于展示自己，才会在竞争社会中获胜。

③要意识到竞争实际是人格的考验，所以，大学生必须在竞争社会中保持健康积极的心态才能获胜。

（7）创新能力。创新是大学生必须面对的重大课题，大学生创新意识、创新精神、创新能力的高低直接关系着国家、民族的前途和命运。大学生创新要具备知识、自信、怀疑等理念。只有具备一定的创新意识和创新能力，才能学有所得、学能所用、学会所创，使大学时期的学习过程转化为真正吸收的过程、转化的过程、创造的过程。

综上所述，以上七大能力是当代大学生应具备的能力。具备了这些能力，才真正地意味着大学生综合能力的提高，才能在竞争社会里游刃有余地获胜。

二、大学生自我发展目标定位

大学生自我发展目标定位是大学生根据社会期望和自身发展的需要，确立奋斗目标和发展方向的过程，是指大学生在进入高校适应大学生活的基础上对自己在各个学习阶段知识、能力、素质各方面的发展做出科学的规划。横向上它涵盖了大学生知识、能力、素质等方面的发展目标定位；纵向上大学生在各个年级、各个时期都应有自己的近期目标、远期目标。可以说，目标定位是大学生自我发展的出发点和归宿，是大学生自我发展中的核心问题，它制约着大学生自我发展的整个过程。科学、合理的目标定位不仅可以为大学生的自我发展提供导向，还有利于调动大学生的积极性、主动性和创造性。

（一）大学生自我发展目标定位的现状

（1）目标意识淡薄。许多大学生在进入高校后会产生茫然感、不安全感。这一方面是由于生活、学习环境的改变，破坏了学生十几年来形成的生活、学习模式，重新适应新的生活、学习模式需要时间和物质、精神条件的保障；另一方面，中小学主要是基础知识教育，大学新生对于专业知识学习、能力的培养没有认识和经验；再者，我国中小学的目标教育更多地停留在理想教育上，而理想教育又往往从大的方向——社会理想出发，对于学生自身的生涯规划没有做过多过细的指导，导致学生在选择、决定生活、职业发展方向时往往处于被动地位，没有形成主人翁意识，也没有每一阶段都要为自己确立合理的目标的意识。进入大学后面对众多选择必须由自己来做决定的局面不知所措，结果不是被动地等待，就是随波逐流。四年下来，不知道自己做了什么、能做什么、适合做什么的大有人在。

（2）目标模糊。不同的学生对大学抱有不同的期望，如对大学生活的向往、想取得一个大学文凭、为就业做准备等，而对于自己适合学什么、做什么没有正确的认识，脑海中经常处于模糊状态。这样往往人不尽才，才不尽用，高不成低不就，给自己造成很大的心理压力，也给高校人才培养带来很大困惑。

（3）目标多变。有的学生看起来似乎很有目标意识，今天觉得掌握第二外语容易找工作，就去报名学第二外语；明天觉得别人有很多特长，自己没有就去报名学音乐、书法等；后天又觉得考研是一条出路，就又去买书考研……如此不断反复，看上去很有主见、生活得很充实，但回头看看却一事无成，不仅专业荒废，其他方向也不能学以致用。

如果一个在数学学习上有困难的学生，将目标定位在时下比较热门、对数学要求很高的计算机上，那么会造成他学习上的困难，无论在学校或在工作岗位上其成就感都得不到满足，而且很可能会被定位为后进、工作能力差等，这会造成沮丧、愤懑、颓废等消极体验；相反，如果他将目标定位在数学要求不是很高的其他专业上，那么就极可能成为那一专业的专家，对他的终身发展大大有益。

（二）大学生自我发展目标定位的内容

（1）知识学习的目标定位。普通高校本科阶段四个年级或高职院校的三个年级，可解释为知识学习的四个层次或三个层次。在每个层次，学生都应有一个适合自己的目标定位，既不可把目标定得太低，使学习达不到一定的紧张度，影响成就感的获得；也不可把目标定得过高，力所不能及，而导致挫折感、自卑感的增强。一般来说，大学低年级重在打好基础，同时可通过主辅修、跨专业选修、双学位、自考等方式力求涉猎广泛，并且重视方法论的学习和探索，增强自己的文化知识底蕴，促成各科知识的综合与内化，找到自己的兴趣点，即明白自己想干什么。大学中间时期对专业知识的学习至关紧要，大学生在打好专业基础的同时，应探索适合自己的突破点，如果准备考研或向某一方向进一步深入发展，这时可以做好准备工作。高年级的毕业论文、实习是检验大学生创新精神与实践能力的关键时期，大学生应把目标定位在创新、实践上。

（2）能力发展的目标定位。能力发展的内容很多，其中实践能力、创新能力的发展是重中之重。高校对于培养大学生的实践、创新能力固然责无旁贷，但大学生自己对于实践、创新能力的培养也要有目标定位的意识，要有目标、有计划地付诸行动，例如，参加一些感兴趣的大学生社团、学生会，或参加课外活动，尤其是科技活动（如参与专项课题、社会实践、创作发明展示等），提高自己的创新精神和实践能力。

（3）素质提高的目标定位。根据当代社会对人才知识、能力、素质的要求，可将大学生的综合素质概括为思想道德素质、专业素质、文化素质和身心素质四个方面。为了促进大学生素质的全面提高，大学生自身也要发挥积极主动性，确立全面提高自身素质的目标。以身心素质中的心理素质为例，在入学阶段要以适应大学生活、明确需要兴趣为目标；之后是对于自我认知能力、自我意识的培养；再次是学习、人际交往、情绪调节等心理素质的提高；最后是对于职业心理的探索等。

学习单元三　大学生职业生涯规划

职业生涯规划的过程很漫长，而且是一个动态的过程，一个完整的职业生涯规划可分为评估、职业定位及确立职业目标三步骤。

一、评估

古语云："知彼知己，百战不殆。"评估过程就是一个"知己""知彼"的过程。我国人事科学研究者罗双平用一精辟的公式总结出了职业生涯规划的三大要素，即职业生涯规划＝知己＋知彼＋抉择。这在职业生涯规划中是非常重要的，即要弄清楚"我想干什么？""我能干什么？""我应该干什么？""我如何选择？"等一系列问题。

（一）正确的自我评估

自我评估包括个人的气质、性格、兴趣、能力、特长、学识等。正确的自我评估是大学生探索其职业倾向的基础，它关系到大学生是否能培养正确的自我意识，进行正确的自我评价，沿着职业生涯规划的思路不断探索自我、塑造自我。

1. 职业兴趣

趣味测试：假定你有一次坐飞机旅行，到了一片岛屿上空，飞机突然出现了问题，你不得不带上降落伞迫降到以下六个岛屿中的一个，这六个岛屿分别生活着不同的人。

（1）R岛：自然原始的岛屿，岛上保留有热带的原始植物林，自然生态保护得很好，也有相当规模的动物园、植物园、水族馆。岛上居民以手工见长，自己种植花果蔬菜、修理房屋、打造器物，制作各种工具。

（2）I岛：深思冥想的岛屿，岛上人迹较少，建筑物多偏处一隅，平川绿野，适合夜观星象。岛上有多处天文馆、科学博物馆及科学图书馆等。岛上居民喜好沉思、追求真知，喜欢和来自各地的科学家、哲学家等交换心得。

（3）A岛：美丽浪漫的岛屿，岛上充满了美术馆、音乐厅，弥漫着浓厚的艺术文化气息。同时，当地的原住居民还保留了传统的舞蹈、音乐与绘画，许多艺术和文艺界的朋友都喜欢在这里找寻灵感。

（4）S岛：温暖友善的岛屿，岛上居民个性温和、十分友善、乐于助人，社区均自成一个密切互动的服务网络，人们互助合作、重视教育，充满人文气息。

（5）E岛：显赫富足的岛屿，岛上居民热情豪爽，善于经营和贸易。岛上的经济高度发展，处处是高级饭店、俱乐部、高尔夫球场。来往者多是企业家、经理人、政治家、律师等，衣香鬓影，夜夜笙歌。

（6）C岛：现代井然的岛屿，岛上建筑十分现代化，是进步的都市形态，以完善的户政管理、地政管理、金融管理见长。岛民个性冷静保守，处事有条不紊，善于组织规划。

俗话说，物以类聚，人以群分，你最愿意降落到 ＿＿＿＿＿＿＿＿＿ 岛上；

假如你选择的第一个岛屿已经人满为患了，你的第二选择是 ＿＿＿＿＿＿＿＿ ；

如果第二个岛屿也满了，＿＿＿＿＿＿＿＿ 小岛是你第三选择。

请大家保留自己的选择结果，下面进行解释。

爱因斯坦说过：兴趣是最好的老师。根据研究表明，如果一个人从事自己感兴趣的职业，就会发挥他的全部才能的80%～90%，而且保持长时间的高效率不疲倦；而对所从事工作没有兴趣的人，只能发挥其全部才能的20%～30%。因此，在职业选择中选择有兴趣的，也是职业发展的重要保证。美国约翰斯·霍普金斯大学心理学教授、美国著名的职业指导专家约翰·霍兰德于1959年提出具有广泛社会影响的职业兴趣理论。他认为人的人格类型、兴趣与职业密切相关，凡具有职业兴趣的职业，都可以提高人们的积极性。他将职业兴趣分为现实型（R）、研究型（I）、艺术型（A）、社会型（S）、企业型（E）和常规型（C）六种类型。研究发现，不同职业兴趣之间有的有显著的正相关，而有的却是显著的负相关，而且在职业选择中，个体并非一定要选择与自己兴趣完全对应的职业环境，个体本身常是多种兴趣类型的综合体，单一类型显著突出的情况不多，因此可以形成一个正六边形，相互负相关的作为对角，有正相关的兴趣类型相邻（图8-1），所以，评价个体的兴趣类型也时常以其在六大类型中得分居前三位的类型组合而成，也就是每三个点可以组成一个类型组合时，根据分数的高低依次排列字母，构成其兴趣组型，如RCA、AIS。

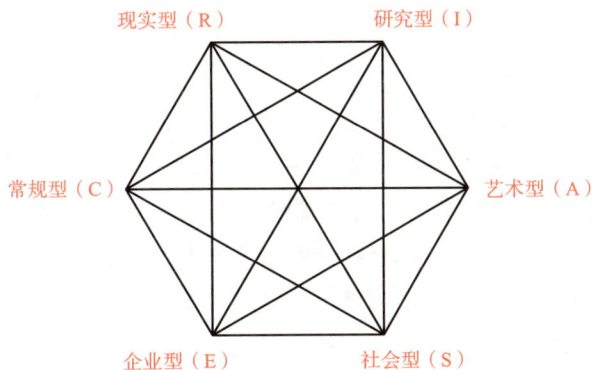

图8-1

2. 职业能力倾向评估

选择职业必须考虑自己的能力，能力是保证活动顺利完成的基本条件，一般可分为一般能力和特殊能力。一般能力就是常说的智力，它包含注意力、观察力、记忆力、想象力等；而特殊能力包含音乐、绘画、数学等。要从事某项职业就需要有这方面的能力，例如，你想做音乐家，你的音乐能力一定要很好；如果要做建筑师，你一定要有良好的空间想象能力和绘画能力。

通过下面对能力的自评和他评，来认识真实的自己，告诉自己我是一个有能力的人。

（1）你学过掌握得最好的课程（3 项）：＿＿＿＿＿＿＿＿＿＿＿＿＿＿＿＿

＿＿＿＿＿＿＿＿＿＿＿＿＿＿＿＿＿＿＿＿＿＿＿＿＿＿＿＿＿＿＿＿＿。

（2）通过这些课程你掌握的最好技能（3 项）：＿＿＿＿＿＿＿＿＿＿＿＿

＿＿＿＿＿＿＿＿＿＿＿＿＿＿＿＿＿＿＿＿＿＿＿＿＿＿＿＿＿＿＿＿＿。

（3）我最擅长做的事情（最少 10 项，如有强的说服别人的能力）：＿＿＿＿＿＿

＿＿＿＿＿＿＿＿＿＿＿＿＿＿＿＿＿＿＿＿＿＿＿＿＿＿＿＿＿＿＿＿＿。

（4）我大学期间需要考取和已经考取的技能证书：＿＿＿＿＿＿＿＿＿＿＿。

（5）我拥有的工作能力（最少 10 项）：＿＿＿＿＿＿＿＿＿＿＿＿＿＿＿

＿＿＿＿＿＿＿＿＿＿＿＿＿＿＿＿＿＿＿＿＿＿＿＿＿＿＿＿＿＿＿＿＿。

（6）我最欠缺的能力（最少 1 项）：＿＿＿＿＿＿＿＿＿＿＿＿＿＿＿＿＿。

（7）我还想具有的技能（最少 1 项）：＿＿＿＿＿＿＿＿＿＿＿＿＿＿＿＿。

（8）我获得欠缺技能和还想具有技能的途径（最少 5 项）：＿＿＿＿＿＿＿

＿＿＿＿＿＿＿＿＿＿＿＿＿＿＿＿＿＿＿＿＿＿＿＿＿＿＿＿＿＿＿＿＿。

（9）我同学对我能力的评价（最少 5 项）：＿＿＿＿＿＿＿＿＿＿＿＿＿＿

＿＿＿＿＿＿＿＿＿＿＿＿＿＿＿＿＿＿＿＿＿＿＿＿＿＿＿＿＿＿＿＿＿。

（10）我朋友对我能力的评价（最少 5 项）：＿＿＿＿＿＿＿＿＿＿＿＿＿＿

＿＿＿＿＿＿＿＿＿＿＿＿＿＿＿＿＿＿＿＿＿＿＿＿＿＿＿＿＿＿＿＿＿。

拓展阅读

曾经有一只山羊迈克。有一天清晨，迈克在栅栏外徘徊，它想吃栅栏里的白菜，可是进不去。这时，太阳东升斜照大地，在不经意中，迈克看见了自己被太阳拖得很长很长的影子。它想：我如此高大，肯定能吃到树上的果子，吃不吃这白菜又有什么关系呢？于是，它朝果园奔去。可到果园时已是正午，太阳当顶，影子变成了很小的一团。迈克感叹道："哎，原来我这么矮小，是吃不到树上的果子的，还是回去吃白菜好了！"于是，它不悦地折身往回跑。到栅栏外时，已经夕阳西下，它的影子又重新变得很长很长。迈克懊恼地说道："我干吗非要回来呢？凭我这么大的个子，吃树上的果子是一点儿问题也没有的！"结果，迈克来回奔忙了一天，却什么也没有吃到，只能饿着肚子了。

究其原因就是迈克没有恰如其分地评价自己，把影子当作真实的自我，把对自己高度的认识取决于太阳照射的影子的长短，何其荒谬！然而生活中也有很多这样没有认识自己的人，有的人活在自己对自己不正确的评价下，有的人活在别人的评价中，人云亦云，从而徒劳一场，疲于奔忙。

（二）环境与生涯机会分析

"心有多大，舞台就有多大。"作为新时代的弄潮儿和主角的大学生们，从学校的"小舞台"到社会的"大舞台"，必须对外部环境进行分析，通过外部环境分析弄清楚环境对职业发展的要求、影响及作用，对各种影响因素加以衡量、评估，并做出反应。我们可以从以下几个方面入手：

（1）家庭环境分析：家庭的经济状况、家人期望、家庭文化、家人职业、家庭的人际关系等因素。

（2）学校环境分析：学校环境是指所在学校的教学特色与优势、专业的选择、社会实践经验等。

（3）社会环境分析：如社会政治、人事政策、劳动政策、经济和信息化社会的发展、社会价值观的变化、职业的要求改变、科学技术的发展、就业情况和现状。

（4）职业环境分析：当前热点职业有哪些，发展前景怎样；社会发展趋势对所选职业有什么要求，影响如何等。

（5）行业环境分析：行业的发展状况，国际、国内重大事件对该行业的影响，目前行业优势与问题何在，行业发展趋势如何等。

（6）企业环境分析：单位类型、企业文化、发展前景、发展阶段、产品服务、员工素质、工作氛围等。

（7）地域（城市）分析：地域经济情况、城市规模等。

大学生要综合评估家庭、学校、社会因素对生涯目标可能产生的助力和阻力，见表8-1。

表8-1

影响因素		目标一		目标二		目标三	
		助力	阻力	助力	阻力	助力	阻力
家庭与亲戚	家庭经济状况 人际资源 父母意见 其他家人意见						
学校	学校知名度 学校人际关系 教师意见 同学意见						

续表

影响因素		目标一		目标二		目标三	
		助力	阻力	助力	阻力	助力	阻力
社会与文化	政治制度 经济制度 社会声望 大众传媒 性别认同 重视他人意见						

二、职业定位

职业定位，就是清晰地明确一个人在职业上的发展方向，它是人在整个发展历程中的战略性问题也是根本性问题。职业定位有三层含义：一是确定自己是谁，适合做什么工作；二是告诉别人你是谁，你擅长做什么工作；三是根据自己的爱好、特长、能力及个性将自己放在一个合适的工作（生活）岗位上。它是职业规划及职业发展的第一步，也是最基础的工作、最重要的一步。定位错误或是偏差较大，必然意味着接下来职业生涯的挫折和失败。

（一）定位内容

1. 定位方向——找准职业定位和发展方向

要先行挖掘自己的职业气质、职业兴趣、职业能力结构等方面的因素，找到自己的职业潜力集中在哪个领域，只有找准方向才能最大限度地开发和发掘自己的潜力。

2. 定位行业——看清目标行业的发展趋势

主动、全方位地了解目标行业现状和前景，毕竟朝阳行业才更有前途，也能给新人更多的机会。俗话说隔行如隔山，不能仅仅靠报纸或杂志介绍，比较理想的做法是向当下已在该行业供职的朋友打听，以便获得可靠消息，打听的内容包括升迁制度、薪资状况等各个方面，多多益善。

3. 剖析自我——认清自己的优势和劣势

假如不能准确地为自己定位，不清楚自己的强项弱项，只是盲目跟风或跟着感觉走是绝对不行的。要掂量一下自己的优势在哪里，这些优势是否足以帮助自己在新的行业站稳脚跟？自己的劣势在哪里？有什么方法可以尽快提升？

从自身的角度说，了解和分析的主要因素应该包括：

（1）我喜欢做什么（主要包括职业兴趣、职业价值观等）。

（2）我适合做什么（主要包括职业性格、气质、天赋才干、智商情商等）。

（3）我擅长做什么（主要包括职业能力倾向，如言语表达、逻辑推理、数字运算等）。

（4）我能够做什么（主要包括自己掌握的专业知识、技能和工作）。

（二）定位原则

1. 择己所爱

职业定位首先要想到自己喜欢哪种职业，或者对哪种职业比较感兴趣。一般来说，只有从事自己喜爱的、感兴趣的工作，工作本身才能给你一种满足感，你的职业生涯才会变得妙趣横生，因此，择己所爱是做好未来职业定位的首要原则。

2. 择己所长

在人才市场的就业竞争中，求职者必须善于从与竞争者的比较中来认清自己的所长和所短，即竞争的优势和劣势。然后在此基础上按照"择己所长、扬长避短"的原则进行具体的职业定位。

3. 择市所需

在进行职业定位时，不仅要了解当前的社会职业需求状况，还要善于预测职业随社会需要而变化的未来走向，以便能使自己的职业定位富有一定的远见。

（三）定位方法

自我定位就是确定我是谁，我是什么性格类型的人？我天生擅长什么？不擅长什么？社会定位就是自己在社会的角色定位，自己在社会大分工中应该处于什么位置？扮演什么角色？也就是自己应该从事什么职业。职业定位就是在社会分工的大舞台上确定能扮演自己的角色：符合本我，不用经常戴着面具去迎合工作的需要，甚至可以张扬自己的个性，并最多地用到自己习惯的思维方式、行为模式。简单地说就是做本色演员。

正如我们经常分析某某演员扮演一个角色很成功的原因，是因为演员的性格特质与角色很相似、是本色演员一样，职业成功的秘诀也是做本色演员。做本色演员得心应手，容易成功；做非本色演员很辛苦，不容易成功。做本色演员是职业定位的最高原则。所以，要进行准确的职业定位，必须既准确了解一个人的性格和天赋，又充分了解各种不同的职业。

定位是自我定位和社会定位两者的统一，一个人只有在了解自己和了解职业的基础上才能够给自己做准确定位。

（1）要了解自己：主要是核心价值观念、动力系统、个性特点、天赋能力、缺陷等。

方法：可以自我探索，可以请他人做评价，可以借助心理测验充分地了解自己。

（2）要了解职业：包括职业的工作内容、知识要求、技能要求、经验要求、性格要求、工作环境、工作角色等。

方法：询问业内的专家达10名以上，参照业内成功人士。

（3）要了解自己和职业要求的差距：你可能会有多种职业目标，但是每个目标带给你的好处和弊端不同，你需要根据自己的特点仔细地权衡选择不同目标的利弊得失，还要根据自己的现实条件确定达到目标的方案。

（4）要了解如何把自己的定位展示给面试官和上司：确定了自己的职业取向和发展方向之后，你需要采用适合的方式传达给面试官或上司，以此获得入门和发展的机会。

职业定位，并非一个静态结果，而是一个动态过程，往往需要结合自己职业生涯的每个阶段对自己的职业定位不断做出修正调整。职业定位应该从大学甚至中学就开始，这个阶段的职业定位主要是结合初步的职业规划寻找自己感兴趣的职业方向，选择自己感兴趣的专业，多方面地涉猎，积极地参加社会活动，锻炼和培养健全的人格，是至关重要的事情。

三、确立职业目标

职业目标是职业规划的核心，职业规划是指引我们在职海航行的灯塔，那么职业目标就是那灯塔中间的灯火，照亮在茫茫大海航行的船只。每个人的职业生涯可能不同，目标也不会一致，但是制定目标的原则是相同的。

在制定目标时，必须遵循六条原则，即符合自我特点、适合社会发展、切实可行可干、高度难度中上、目标明确集中、适度回旋调整。

诚然，职业目标的设立是十分有难度的，不是一蹴而就。职业规划的长短有十年、五年、三年、两年等，所以我们可以把目标分成几个小目标，既可以澄清我们的目标，又可以具体到某一点上，然后反思调整，让目标更加可行。

十年目标：我希望成为 _____。

我希望我的职业和职位是 _____。

我的收入 _____。

我的家庭 _____。

我的生活 _____。

五年目标：_____。

三年目标：_____。

两年目标：_____。

下月目标：_____。

下周目标：_____。

明日目标：_____。

没有一个计划是完美无缺的，没有一个人能够百分之百预测未来的发展，职业生涯规划也是这样，我们现在做好的职业生涯规划与我们未来在实施过程中肯定有所改变，所以对于职业生涯规划必然存在评估和反馈的问题。

你可以通过以下问题进行修正：

以上职业目标的动力：_____。

以上职业目标的阻力：_____。

我对我的目标的看法：_____。

我的家人对我的目标的评价：＿＿＿＿＿＿＿＿＿＿＿＿＿＿＿＿＿＿＿＿＿。

我的朋友对我的目标的评价：＿＿＿＿＿＿＿＿＿＿＿＿＿＿＿＿＿＿＿＿＿。

专业人士对我的目标的评价：＿＿＿＿＿＿＿＿＿＿＿＿＿＿＿＿＿＿＿＿＿。

我的修正：＿＿＿＿＿＿＿＿＿＿＿＿＿＿＿＿＿＿＿＿＿＿＿＿＿＿＿＿＿＿＿。

❯ 思政话题

时代各有不同，青春一脉相承。新时代的中国青年要将个人发展融入国家发展，让个人奋斗汇入国家发展洪流。一方面，需要看到奋斗的道路不会一帆风顺，面对基层工作遇到的难题、难事，要在做好每件小事、完成每项任务、履行每项职责中见态度、见精神；另一方面，面对层出不穷、迭代更新的新技术、新模式、新业态，应努力学习并掌握科学知识和专业技能，增益其所不能，以真才实学服务百姓、造福百姓，用思路找出路，以创新谋发展，努力推动全体人民共同富裕取得更加明显的实质性进展。

❯ 成长阅读

俞敏洪谈大学生就业心态（选摘）

——能够降低自己的人，通常能走得更远

对于到新东方应聘的大学生，我常问他想干什么工作。有的学生对自己的未来有很高远的规划，说想从事那些责任重大、报酬丰厚的工作，然而这样的想法对于一个没有工作经验的大学生来说，是不太容易被企业接受的。另外一种情况就是，这些应聘的大学生开出来的期望工资让招聘人员感觉难以接受。当然，有些大学生毕业以后就能拿到上万元钱，但也有只能拿到千把元钱的，我从来不认为一个毕业的时候只能拿到千把元钱的人，一辈子都赶不上那个拿上万元钱的人，因为后续的爆发力及工作态度会决定未来的发展和收入。撇开工资不说，我再谈谈就业心态。有的时候我会故意考验大学生，他说我能干这个能干那个，我问他对新东方了解不了解，他说了解，了解很多新东方的事情。那我就说现在你想做的工作暂时没有，但是新东方也有一些工作你可以干，如卫生间没人打扫，你愿意不愿意暂时先打扫。如果你真看好新东方，从打扫卫生起步也是可以的。一般的学生对我开的这个玩笑是不会接受的，但是实际上他要是接受了，至少给我一个感觉，这个人将来也许能成大事。一个能够放下自己身价的人，通常将来能够走得更高，因为心态决定了结果。

❯ 练习自测

你的核心职业价值观是什么？

每个人都有多层面或多维度的职业价值观，而在职业选择中最看重的则为核心职业价值观。

　　现在请写下你最希望从事的工作，并写下 7 条你最希望从工作中获得的满足。但由于某些特殊的原因，致使你的这些需要不能同时获得满足，那么你最先放弃哪一条？然后再放弃哪一条？依次下去，看最后剩下哪一条。

　　如果是在小组中进行的，请与其他组员分享上述过程中的体会，进而思考你的核心职业价值观是如何形成的，你为何如此看重这个核心职业价值观？它对你究竟意味着什么？它对你是否有某种促进和激励，抑或在不同的境遇下对你有某种束缚和制约？

学习模块九
让心灵充满力量——关于幸福

学习目标

知识目标：

1. 了解幸福的概念与类型。

2. 懂得人为什么要追求幸福。

3. 了解幸福的误区及影响幸福的因素。

能力目标：

1. 能够掌握判断自己是否幸福的标准。

2. 能够运用具体方法提高对幸福的感知力。

3. 能够掌握如何更幸福的方法，提升幸福指数。

素养目标：

1. 不断提升感知平凡生活、工作中的乐趣的能力。

2. 提升对幸福的感知能力。

3. 促进个体对精神家园的安居，以及对个人价值和社会价值的恪守与贡献。

成长语录

　　幸福分成两种，一种是看得见的幸福，一种是看不见的幸福，前者是物质的感观，后者是精神的感受。你选择了何种幸福，就决定了哪一种人生。

——朱德庸

案例引入

　　随着黑色六月的结束，小张终于放松了心情，他心里想总算可以过上轻松愉快的日子了，以前不能做的事情现在可以天天做了。每天通宵上网、出去唱歌、打电子游戏，父母觉得他考得也不错，也该放松放松，就没有阻拦他，任其玩耍。但是渐渐的小张越来越觉得没意思，玩来玩去也就这么一些内容，外出不是酒吧就是KTV，感觉没劲；上网看到朋友在线，想聊天却也不知道聊什么好，感觉他身边的朋友都没有什么志向，兴趣爱好很肤浅，没有共同语言，因此他时常觉得空虚无聊，他开始怀念高中的生活，但是他不明白，读书的时候那么辛苦，一点不开心，老想着高考结束，现在真的结束了，本想着可以开开心心地玩，但是为什么现在觉得玩也是一种负担呢？究竟什么才是幸福生活？哪里才有永久不变的快乐？

📖 案例分析

在该案例中，小张因为高考结束后，一下子从繁忙的学习中解脱，过上了以前向往的生活。整天吃喝玩乐没有意义，带来的只是短暂的快乐，没有志同道合的朋友也觉得空虚无聊，与他想要的快乐和幸福生活遥不可及。实际上高中阶段的小张是因为高考、学习填满了他的生活，一切的努力都有目标；而高考结束后，既定的目标完成，一下子失去了生活的方向和下一个目标的指引，归根结底是因为缺少理想信念的支撑、个人价值的追求和人生目标的规划。

学习单元一　幸福是什么

如果你问别人，你希望幸福吗？很可能立刻会招来周围很多不屑的白眼，"谁不希望幸福"。幸福，人人都渴望拥有的东西；幸福，人人都不断追逐的东西。从人类诞生，人类追求幸福的心也就孕育而生。但是幸福究竟是什么？怎样才能幸福？好像近在身边，触手可及，又好像远在天边，高不可攀；好像就在嘴边，张口即来，又好像难以表述，欲言又止。

曾经有个笑话：幸福是什么？幸福就是猫吃鱼，狗吃肉，奥特曼打小怪兽。而当你面对不同的人，会得到不同的答案：父母可能会说子女的平安健康；企业家会说企业不断地成长、壮大；教师会说学生的成熟和懂事；情侣可能会说每天和爱的人在一起……那么幸福到底是什么？下面请跟随文字，展开幸福之旅吧。

一、幸福的概念

幸福到底是什么。它是一种情绪？就像快乐一样？还是没有痛苦？还是好运气？快乐、运气、狂喜、满足这些字眼经常被作为幸福的代名词，但是它们都不是幸福，这些情绪上的东西会像时间一样飞逝。没错，它们感觉很好，但是它们无法成为衡量幸福的标准，更不能成为幸福的支柱。真正的幸福不应该是绝对没有不良的情绪，而是经得起困难和挫折的考验。

我们怎样才能判断自己是否幸福？我们在什么时候才能变得幸福？是否有关于"幸福"的统一标准？如果有，它是什么呢？如果说我们的幸福取决于与他人的比较，那么我们周围的人究竟有多幸福呢？其实，这些问题很难有确切的答案，即便有，这些答案本身对提升我们的幸福感也没有什么帮助。

"我是否幸福？"这个问题本身就暗示着对幸福的两极看法：我们要么幸福，要么不幸福。在这种理解中，幸福成为一个终点，我们一旦达到，对幸福的追求就结束了。但实际上这个终点并不存在，对这一误解的执着只能导致不满和挫败感。

我们永远都可以更幸福，没有人总是处于完美的生活状态而无欲无求。与其去问自己是否幸福，毋宁去探求一个更有帮助的问题："我怎样才能更幸福？"这个问题不仅吻合了幸福的本义，还表明了幸福是一个长期追求、永不间断的过程中的某一段。例如，我现在要比五年前幸福；我也希望，五年后的今天我能比现在更幸福。

泰勒·本－沙哈尔认为，幸福是"快乐与意义的结合"。真正快乐的人，会在自己觉得有意义的生活方式里享受它的点点滴滴。这种解释绝不仅限于生命里的某些时刻，而是人生的全过程。即使有时经历痛苦，人在总体上仍然可以是幸福的。

我们可以把这个解释与"幸福型"相连：快乐代表现在的美好时光，属于当前的利益；意义则来自目的，是一种未来的利益。

二、为什么追求幸福

为什么追求幸福？在我们人生的所有目标中幸福是至高无上的。

我们都熟悉孩子们那种无止境的好奇心：天为什么会下雨？水是怎么到天上去的？水为什么会变成汽？为什么云不会掉下来？其实，有没有得到答案对他们来说并不是最重要的，当他们对身边的事物产生好奇心时，他会一直追问下去。获取答案不是他们的最终目的，他们所看重的是那句"为什么？"。

有一个问题可以让所有人停止追问"为什么？"，这个问题就是："为什么要追求幸福？"当问到我们想要什么时，除幸福外，我们可以对每个答案产生更多的"为什么？"，例如，为什么要练得这么辛苦？为什么要赢得冠军？为什么要致富与成名？为什么要买好车、大房子和游艇？

当问题转为"为什么要追求幸福？"时，答案其实是简单而肯定的。我们追求幸福，因为幸福是生命的一种基本需要。当答案是"因为这样可以使我幸福"时，没有任何说法可以去挑战它的正确性与终极性。幸福在所有目标中是至高无上的，其他所有目标的终点都只是去往幸福的起点。

英国哲学家大卫·休谟（David Humes）说过：人类刻苦勤勉的终点就是获得幸福，因此才有了艺术创作、科学发明、法律制定及社会的变革。财富、声望、知名度与其他目标都不能和幸福相比，无论是在物质上还是名望上的追求，其最终都是追求幸福的手段。

反思：

以不停地追问"为什么?"来反思自己所追求的东西，可以是大房子、升职或任何其他的目标，看看要问多少个"为什么?"才能把你带到对幸福的追求上。

对于那些不认为幸福是最终目标的人，科学研究已经证明了一点，那就是幸福确实可以帮助人们在生活的方方面面取得更大的成功。在一个对"幸福感"研究的综述中，积极心理学家桑娅·吕波密斯基（Sonja Lyubomirsky）、劳拉·金（Laura AKing），以及艾德·狄纳（Ed Diener）提出：幸福的人群在生活的各种层面上都非常成功，包括婚姻、友谊、收入、工作表现及健康。报告也指出了幸福和成功存在强烈的相互作用：成功（无论是工作还是感情方面）可以带来幸福，而幸福本身也可以带来更多的成功。

在其他条件相同时，幸福的人有着更好的人际关系，在工作上表现更好，活得更好、更长久。幸福是值得去追求的，无论作为目标还是达到目标的方法。

三、从人生模式看幸福

泰勒·本-沙哈尔将人生态度和行为模式分为以下四个类型。

1. 忙碌奔波型：痛苦的消除不是幸福的来临

蒂姆小时候是个无忧无虑的孩子，一直过着开心的生活，但从上小学那天起，他忙碌奔波的一生就开始了。他的父母和教师经常说，上学的目的就是取得好成绩，这样长大后才能找到好工作。他们并没有告诉他学校可以是个获得快乐的地方，或者说，学习本来就应该是一件令人开心的事情。由于害怕考试考不好，担心作文写错字，蒂姆背负着极大的焦虑和压力。他每天所盼望的只是下课和放学，他的精神寄托就是每年的假期，因为只有那时他才不需要为学校的事情烦恼。

蒂姆逐渐开始接受大人的价值观（成绩就是成功的唯一标准），虽然他不喜欢学校，他还是在努力学习。当他成绩优秀时，父母和教师都会夸奖他，被灌输了同样观念的同学们也非常羡慕他。当升入高中时，蒂姆已经深信不疑：牺牲现在是为了换取未来的幸福；无苦，无获。虽然他对学业和生活并无好感，他还是全力努力着。头衔和荣耀的力量推动着他，当压力大到无法忍受时，他开始安慰自己说："上大学后一切都会变好的。"

收到大学录取通知书时的轻松和喜悦，让蒂姆激动落泪。他郑重地告诉自己，他终于可以开心地生活了。但事与愿违，没过几天，那熟悉的焦虑卷土重来。他担心不能在和同学的竞争中取胜，因为如果无法击败他们，将来就找不到理想的工作。

在四年大学生涯里，他继续忙碌地奔波着，努力地为自己未来的履历表增添光彩：成立学生社团、做义工及参加多种运动项目。他小心翼翼地选修课程，完全不是出于兴趣，仅是为了选这些科目可以获得更好的成绩。

当然这其中蒂姆也有开心的时候，特别是在完成了一些艰难的任务之后。但这些快乐完全来自如释重负的感觉，它们并不持久，焦虑很快又会如影随形地降临。

在大学四年级那年的春天，蒂姆被一家著名的公司录用。他又一次兴奋地告诉自己，终于可以开始享受生活了。但他很快发现，这份每周需要工作 84 小时的高薪工作让人充满了压力。他说服自己，现在小小的牺牲没关系，必须努力地工作，这样今后的职位才会更稳固，才会更快地晋升。像读大学时一样，他因为加薪、奖金或升职也会偶尔开心。但这些满足感同样很快就消退了。

在多年的努力之后，公司邀请他成为合伙人。他依稀记得当初曾认为如果有一天可以成为合伙人，一定会非常幸福。但是，现在当这一天真的来临，他并没有感到丝毫的快乐。

蒂姆属于"忙碌奔波型"的人，这种类型的人不懂得如何去享受他们的工作，还坚守着根深蒂固的错误观念："一旦目标实现，就会开心快乐。"

为何有这么多"忙碌奔波型"的人呢？最主要的原因是社会环境和文化背景：如果成绩全优，家长就会给我们奖励；如果工作表现好，就会得到奖金。我们习惯性地去关注目标，而常常忽略了眼前的事情，最后导致终生的盲目追求。我们从不会因为过程而受到奖励，能否达到目标才是衡量一切的标准。社会只褒奖成功的人，而不是正努力着的人——只看终点，而无视过程。

一旦达到目标之后，我们经常把放松的心情解释成幸福，好像工作越艰难，成功后幸福感就越强。因此，当我们有这种错觉时，我们不由自主地就对这种生活方式屈服了。不可否认，这种解脱让我们感到真实的快乐，但是它绝不应该被等同于幸福。

这种幸福可称为"幸福的假象"，它们来自压力和焦虑的消除，无法维持长久，因为它本身就是与负面情绪共生的。这就好比一个人头痛好了之后，他会为头不痛了而高兴。但由于这种喜悦来自痛苦的前因，当痛楚消散，我们很快就会把健康当成一种理所当然的事情，病愈的喜悦早已消失得无影无踪。"忙碌奔波型"的人错误地认为成功即幸福，坚信一旦目标实现后的放松和解脱即幸福，因此他们不停地从一个目标奔向另一个目标。

2. 享乐主义型：无所事事是魔鬼设下的陷阱

"享乐主义型"的人总是寻找快乐而逃避痛苦。他们只是盲目地满足欲望，从来不认真地考虑后果。他们认为，一个充实的生活就是不断地满足自己各种各样的欲望。眼前的事情只要能让他开心，就值得去做，一直到有更好的乐子再说。他们在爱情和友情方面精力旺盛，但新鲜劲儿过后，他们就会开始物色下一段感情。由于享乐主义者只看重眼前，短暂的快乐有时会让他们失去理智。享乐主义者根本的错误在于将努力与痛苦、快感和幸福等同化了。

有这样一个故事：

一个冷血的歹徒被警察打死后，天使出现了，对他说可以答应他任何要求。一开始歹徒对自己可以进入天堂感到难以置信，随后他慢慢接受了这个事实，并开始贪婪地要求——大笔的金钱、山珍海味、美女，每次都能如愿以偿，他感觉好极了。但是慢慢地，他的喜悦越来越少，这种不劳而获的生活让他感到无聊。于是，他向天使请求一些有挑战性的工作，但天使回答道："在这里什么都有，就是没有事情可做。"在没有任何挑战的情况下，他越来越不开心。终于，他向天使提出了离开天堂的请求。他说就算是去地狱，他也要离开。忽然之间，天使变成了魔鬼的样子，魔鬼笑着对他说道："你早就在地狱了。"

这就是享乐主义者误认为天堂的地狱。没有目的和挑战，生活变得毫无意义；如果我们只想着享乐，总是逃避挑战和问题，那与一般动物有什么不同呢？但每个人心中多少都会有一些"享乐主义型"的成分，将努力和痛苦等同化，只图享乐而不再追求生命的意义，期待理想中的伊甸园早日出现。

在一个与上述故事类似的研究中，心理学家付费给一些大学生，对他们的要求就是什么也不能做。他们的基本需要得以满足，但是禁止进行任何工作。在 4～8 小时后这些大学生开始感到沮丧，尽管参与研究的收入非常可观，但他们宁可放弃参与实验而选择那些压力大、收入也没有那么多的工作。

米哈里·契克森米哈赖（Mihaly Csikszentmihalyi）毕生致力于研究高峰体验和巅峰表现，他说过："人类最好的时刻，通常是在追求某一目标的过程中，把自身实力发挥得淋漓尽致之时。"享乐主义者的生活完全没有挑战，不可能获得幸福。约翰·加德纳（John Gardner）说过："无论在山谷还是山巅，我们生来就是为了奋力攀登，而不是放纵享乐。"

3. 虚无主义型：被过去经验击垮的胆小鬼

虚无主义者是指已经放弃追求幸福的人，不再相信生活是有意义的。如果"忙碌奔波型"代表为了未来而活，"享乐主义型"代表为了现在而活，"虚无主义型"则代表了沉迷于过去，放弃现在和未来的人，他们被过去的阴影所缠绕。

这种心态在心理学家马丁·塞利格曼（Martin E. P. Seligman）的研究中被称为"习得性无助"。塞利格曼将实验狗分为三组。在三个地板充电的房间里，第一组被轻微地电击，而它们旁边有一个开关，只要碰一下，就可以停止电击；第二组也遭受电击，但它们没有任何方法阻止电击；第三组则完全没有受到电击。过了一会儿，所有的狗都被关进一个大箱子，箱子边上有着很矮的栏杆，接着开始进行轻微电击。第一组（曾经被电击，但学会了操纵开关停止电流的狗）和第三组（没有被电击过的狗）很快跳出了栏杆，第二组（之前无法停止遭受电击的狗）则只是在原地哀嚎。这些狗就是"习得性无助"的受害者。

在一个类似的实验里，塞利格曼让两组人听噪声。第一组人有停止噪声的方法，而第二组人无法阻止噪声。过些时候他再次向两组人施放噪声，这一次大家都有阻止噪声的方法，但先前实验中的第二组人却无动于衷，原因就是"习得性无助"。

塞利格曼的实验证明了人非常容易陷入"习得性无助"。所以当失败或无助时，我们经常会选择放弃，甚至感到绝望。

"忙碌奔波型""享乐主义型"和"虚无主义型"犯了同一种错误，那就是坚持自己对于幸福的偏见。"忙碌奔波型"信奉的是"到达谬论"，即认为只有在达成一个有价值的目标后，才可以得到幸福。"享乐主义型"的问题在于"快感至上"，认为只要不断地享受短暂的快乐，就算没有未来的目标，也可以得到幸福。至于"虚无主义型"本身就是一种谬论，是对现实状况的完全误读，认为无论自己做什么都无法得到幸福，他们最可怜，因为他们连前两种谬论中有限的快乐都感受不到。

4. 幸福型：永远可以更幸福

不要问自己"何时才能快乐"，而要问"如何才能快乐"。当然，眼前的和未来的幸福是可以平衡的，例如，一个热爱学习的学生，可以在学习过程中享受创造的快乐，而这快乐也可以帮助他取得好成绩，帮助其获得未来的幸福；谈恋爱也一样，两人共同享受着爱情的美好，并帮助彼此的成长与发展；还有当我们做自己喜爱的事业时，无论是商业、医学，还是艺术，我们一样可以在享受的过程中取得事业的进步。

但有一点要切记：如果企图永远幸福，可能只会导致失败与失望。并不是每一件事情都可以同时为我们带来现在与未来的幸福。有些时候，我们确实需要牺牲一点快乐，去换取目标的实现，有些琐事是无法避免的。就像学习、攒钱、努力工作都不容易，但确实可以带来某种程度的长期成果。重点是，就算当我们必须得牺牲一些眼前的快乐时，也不要忘记在生活的方方面面，仍然不断地去发掘那些能为我们带来即时的和未来的幸福感的行动。

其实，享乐主义也有它一定的好处，只要它不带来任何负面的结果，有时将注意力放在眼前的幸福，可以让自己放松，产生焕然一新的感觉。只要是适度的，有时放松一下自己，什么也不想，投入一下自己的爱好，可以让我们更幸福。

反思：

回想在某一件或两件事情中，你是否曾同时体会到当下和未来的幸福。

"忙碌奔波型"的错误观念在于，只有成功本身可以为他们带来快乐，他们感觉不到过程的重要性；"享乐主义型"则错误地认为，只有过程是重要的；"虚无主义型"同时放弃了过程和结果，他们对生活已经麻木了。"忙碌奔波型"是未来的奴隶；"享乐主义型"是现在的奴隶；而"虚无主义型"则是过去的奴隶。

真正持续的幸福感，需要我们为了一个有意义的目标而去快乐地努力与奋斗。幸福不是拼命爬到山顶，也不是在山下漫无目的地游逛；幸福是向山顶攀登过程中的种种经历和感受。

四、幸福的公式

我们前面讲了很多关于幸福的理论、定义，但还是那么抽象，那么幸福可以计算吗？可以测量吗？心理学家和科学家为此做了很多研究，对幸福感进行了大量的研究，当代心理学告诉我们，幸福也是有指数的。

根据不同的研究理论，得出的幸福公式也不同，下面列举五个幸福计算公式，或许有助于追求人生的幸福。

公式一：$H=S+C+V$。

式中，H 代表总幸福指数；S 代表先天的遗传素质；C 代表后天的环境；V 代表你能主动控制的心理力量。

这是美国心理学家赛利格曼提出的幸福公式，他认为总体幸福取决于：一是一个人先天的遗传素质占 50%；二是后天的环境大概占 10%，这个指的是无法改变的环境（如种族、年龄）和可以改变的环境（如财富、婚姻），而你能主动控制的心理力量占 40%。他提出遗传的影响是在研究了双生儿基础上，发现人的心情可能会受到父母的遗传，例如，天生具有抑郁倾向，闷闷不乐，杞人忧天，虽然没有具体的坏事，可就是不快乐，对消极事件敏感，易被不好情绪感染。所以，遗传决定了人的幸福感激素的产生，降低痛苦激素。而后天因素中，如婚姻、社交、学历等都对幸福感有影响。关于幸福公式中最后一个部分，就是你能掌握的力量，很难说这个公式的比例分配有多么精确，但重要的是在传达一种态度：追求幸福并非捕风捉影，只要有行动、努力及有效的技巧，便可以长远地改变自己的幸福程度。这从侧面说明幸福掌握在自己手中。

公式二：F（幸福指数）$=P+(5×E)+(3×H)$。

这是英国心理学家在 2003 年推算出来的"幸福"组成公式。式中，P 代表人的性格、人生观、价值观及适应能力、应变能力和耐力；E 则指生存，包含着人的健康、财富和友谊；H 的含义是高层次的需要，包括自尊、对生活的期望、理想和幽默。

总体来说，得分越高，人就越幸福。

这个公式是心理学家走访了一千多人后得出的结论。参与研究的科学家说，他们发现：多数人不知道幸福是什么。他们认为，只要有钱、有好车、有大房子就是幸福。当这一切都变成现实后，人们却发现原来自己并不比其他人更开心，人应该学会积极享受生命，同时要弄清楚自己到底想要什么，用什么手段能达到这一目的等，说明幸福秘诀在于精神世界，而不是物质生活。

公式三：幸福＝效用／欲望。

这个公式是保罗·萨缪尔森的幸福公式。

保罗·萨缪尔森是著名的经济学家，是美国诺贝尔经济学奖第一人。他认为如果人的欲望是既定的，效用越大就会越幸福。效用是人从消费物品与劳务中获得的满足程度。它是一种心理感觉，欲望得到满足就是效用。其实简单地说幸福是满足和欲望之间的比值，比值大于 1 就幸福，越大越好，小于 1 就会不开心。所以，当人的效用既定时，欲望越大，人越不幸福。如果欲望无限大，那就欲海难填了，要更加幸福，必须增加效用或减少欲望。萨缪尔森告诉人们，人贵有自知之明，最大的智慧是知道自己到底要什么，而不是一山望着一山高，很有中国古代"知足常乐"的智慧。同时，公式还与主观幸福感类似，他认为幸福是人的感觉，一个人幸福还是不幸福，往往与比较的参照物有关，幸福是相对的，与不同的人比较，反映的欲望大小也不同。所以要想幸福，控制欲望比增加效用要容易，订立适当目标比和别人攀比更容易控制欲望。虽然萨缪尔森是一名经济学家，但是他的公式对我们有着很强的指导性，尤其是对于人们处理金钱和幸福有很大的启示。

公式四：幸福＝设定点＋生活环境＋意志活动。

这个公式是柳博米斯基、谢尔登和施拉德三位心理学研究者提出的，这里的设定点若认真研究，每个个体都是恒定的，因为和幸福感相关的生活环境因素都差不多，这也是研究的结果。而意志活动是公式中最为重要的一个部分，它涵盖了意志选择的内容和方法，幸福不是意志活动的唯一结果，但是意志活动至少能够增加幸福感。

公式五：幸福＝愉悦＋投入＋意义＋成功。

塞利格曼认为，愉悦的感觉、积极的情绪是短暂易逝的，获得的方法也很简单，如吃巧克力、药物、中奖都可以，但这样的幸福是浅层的。所以，塞利格曼将幸福划分为四个维度——快乐、投入、意义和成功。积极心理学的幸福目标是要将浅层次的快乐转化为深远和持久的满足感、幸福感。

以上五个公式看似简单，但当运用数学去解析，会发现很多有趣的现象，也能更好地理解主观幸福感，体会到主观幸福感含义。至此为止，幸福仍是定性的概念，就犹如一千个人读《哈姆雷特》，有一千个哈姆雷特形象那样。因为幸福感本身就是主观的，下面参考上面的公式，你是不是也可以写出你衡量幸福的公式呢？说不定你就是下一个主观幸福感的专家。

你心目中如何诠释幸福？我的幸福公式：

幸福 = ＿＿＿＿＿＿＿＿＋＿＿＿＿＿＿＿＿＋＿＿＿＿＿＿＿＿

拓展阅读

　　幸福，是偎依在妈妈温暖怀抱里的温馨；
　　幸福，是依靠在恋人宽阔肩膀上的甜蜜；
　　幸福，是抚摸儿女细嫩皮肤的慈爱；
　　幸福，是注视父母沧桑面庞的敬意。
　　幸福是什么？
　　幸福是一个谜，你让一千个人来回答，就会有一千种答案。
　　有人说过："真正的幸福是不能描写的，它只能体会，体会越深就越难以描写，因为真正的幸福不是一些事实的汇集，而是一种状态的持续。"幸福不是给别人看的，与别人怎样说无关，重要的是自己心中充满快乐的阳光，也就是说，幸福掌握在自己手中，而不是在别人眼中。幸福是一种感觉，这种感觉应该是愉快的，使人心情舒畅、甜蜜快乐。
　　幸福就是当我看不到你时，可以这么安慰自己：能这样静静想你，就已经很好了。幸福就是我无时无刻不系着你，即使你不在我身边；幸福就是每当我想起你时，春天的感觉便洋溢在空气里，相思本是无凭语；幸福就是无论外面的风浪多大，你都会知道，家里总有一杯热腾腾的咖啡等着你；幸福就是当相爱的人都变老的时候，还相看两不厌；幸福就是可以一直都在一起，合起来的日子是一生一世，从人间到天堂……

> **自我探索小游戏**

我的美丽的幸福瞬间

假如你现在老了，坐在你家的阳台上，摇着摇椅，望着户外美丽的景色，不禁回想起了你的从前，那些点点滴滴是你美好的记忆，点缀着你的生活。请写出你迄今为止拥有的那些幸福的瞬间。

例如，幸福就是小时候，爸爸妈妈给我过生日，他们总会给我买一个大大的蛋糕，插上蜡烛，端到我的面前，让我许愿，那烛光摇曳，和父母一起分吃蛋糕的场景，是我一生幸福的瞬间。

每个同学写三个场景，与同学们一起分享。

学习单元二　幸福在哪里

电影《求求你，表扬我》，有一个关于幸福的说法。电影中，王志文问范伟，你觉得幸福是什么？范伟想了想说：幸福就是，我饿了，看见别人手里拿着肉包子，那他就比我幸福；我冷了，看见别人穿了件厚棉衣，他就比我幸福；我想上茅房，只有一个坑，你蹲在那，那你就比我幸福。是啊，幸福其实很简单，只要你容易满足，那么也会比较容易幸福，只要你少与别人比较，你也会比较容易幸福。

当我们身处大学校园的时候，在很多人看来是正处于人生黄金期的"天子骄子"，大学生应该乐观、自信、快乐，过着无忧无虑的幸福生活，但大学生却将"空虚""累""郁闷""无聊"等口头禅挂在嘴边，这不免使人感到有些意外。英国广播公司（BBC）拍过一套纪录片叫作《幸福公式》，开篇提出的问题就是：我们更有钱了，更健康了，智商提高了3倍，为什么没有变得更幸福？是什么偷走了我们这一代人的幸福？我们的幸福又去了哪里呢？

一、幸福的误区

1. 幸福来自完美？

在很久以前，造物主造物造到鸟类的时候，摆出了各种形状、各种颜色的羽毛当作样品，让鸟们挑选。凤凰选择了红色、绿色和金色，以及其他的颜色；喜鹊选择了白色和黑色；黄鹂选择了淡黄色和其他颜色的装饰性小斑点；麻雀要求不高，捡起了其他鸟扔到地上的土褐色羽毛，穿在身上试了试，自己觉得合适，蹦蹦跳跳地走了。蝙蝠趴在屋顶上，一副不屑一顾的样子。凤凰选中红色、绿色时，它撇了一下嘴："哼，真丑！"喜鹊看上黑白色时，蝙蝠把脑袋转到另外一边："真好笑，又不是给你妈送葬，要这种哀悼的颜色！"麻雀穿上土褐色外衣时，蝙蝠差一点喊出了声："哎呀，土得掉渣！"

造物主造完了其他鸟类，回头问剩下的蝙蝠，"你没有选中任何羽毛吗？"

"没有，万能的造物主。您老人家能否创造些更完美的颜色让我挑选？"

"每一种颜色都有它的完美，关键是你要知道自己要什么。既然你挑选不上羽毛，做不成鸟，就做兽去吧！"

"我要做个完美的兽。"

"完美的兽是什么样？"造物主感到困惑。

"我不仅要会走，还要会飞。"

"你要翅膀？"

"是的。"

"好，给你翅膀。"

应它自己的请求，上帝创造出了万物中最"完美"的动物——蝙蝠。

蝙蝠本来可以成为鸟类，却由于挑选不到让自己百分百满意的羽毛颜色，结果放弃了所有的羽毛，成了不伦不类的鸟。也许你会笑话蝙蝠，多么愚蠢，你本来可以成为有着华丽羽毛的鸟，现在却成为灰黑色的暗夜精灵，但是不要忘记我们的生活中从来不缺少这样的人，蝙蝠的故事就是完美者的写照。在哈佛大学的幸福课中，提到幸福的开始，首要的就是"勇于接受不完美的自己"。世界上没有百分之百完美的人，也没有百分之百完美的事情。但是就是很多人追求完美的生活和境界，不去注视自己拥有的，总是注视不足。要拥有更幸福的生活，就必须学会不苛求琐碎小事情，不追求完美，因为我们都不是完美无缺的。我们越是极早地接受这一事实，就越能极早地拥有轻松心态。

但生活中终有不完美的事情，如何去调整，关键就在于你如何去对待。

记得有个超市有一批精美的杯子，价格也很合理，但是很奇怪，在超市里卖了很久一直滞销，即使略有降价，买的人也寥寥无几。后来有个专家来了，他仔细看了后，就建议把全部杯子的盖子都拿去，然后以原价出售，结果几天后就一抢而空了，原来这批杯子虽然都很精美，但是盖子略有瑕疵，顾客们想，如果买下杯子就觉得买亏了，如今盖子没了，它们就成为一批完美的杯子。

很多时候，不幸福来自对完美的追求，生活中的琐事正如同杯子的瑕疵，因为一点小小的瑕疵而遮蔽了发现幸福和美丽的眼睛。如果你死盯着这些，那么你就无法拥有轻松而完整的生活。如果我们从瑕疵身上移开，注重到那些让你幸福的事物上，然后放下身段，用一般的心态去对待那些瑕疵，接受那些瑕疵，也许你就像那些降价时买杯子的人，赚到了便宜。时间长了，你就会体会到那种悦纳自我、享受幸福的快乐了，生活的道理也大体如此。

2. 幸福总在他家？

燕子和麻雀各占一个山头作为领地，燕子的山头长满各种各样的奇花异草，远远望去，是一座十分美丽的大花园。

麻雀的山头长着各种树木，绿树成荫，十分壮观。

燕子时常望着对面的山想：还是麻雀的山头好，自己的山头全是乱七八糟的草，没有一棵成材的东西。

麻雀望着对面的山头想：还是燕子的山头好，我这山头全是硬邦邦的大树，一点也不温馨。

燕子提出要同麻雀交换领地，这个想法正中麻雀下怀，它们一拍即合，便交换了领地。

燕子飞到麻雀的领地，一开始感到很新鲜，但不久便发现了新领地的不足，此地没花没草，太单调了。燕子很快就后悔了。麻雀飞到燕子的领地后，一开始感到很满意，但不久发现没有高大的树木栖身，难受极了，它也后悔了。

为了不让对方发现自己后悔，它们白天装着快乐的样子，晚上却彻夜难眠，痛苦不堪。时间长了，它们都知道了相互的真实处境，但谁也不点破。结果可想而知，于是痛苦便伴随了它们一生。

我们平时也是不是经常这样，看着朋友升迁了、买车了、住大房子了，或者娶了漂亮的太太了，你总会暗地里羡慕、嫉妒、恨，窃窃地想，为什么他们可以活得这么幸福，好事情全部和他们有关系，仿佛幸福总是围绕在他们的身边，而你却总是痛苦。难道你没有发现过你生命中幸福来过的痕迹吗？

哈佛大学的泰勒教授说过，生活的幸福枝丫展露在你面前，而你因为羡慕别处的风光，错过了欣赏眼前的美景。其实每个人都有他美好的生活，每个人都有他的痛苦，当你在羡慕他人美好生活的同时，我们暂且不论他付出多少才有今天的幸福，从另外一个角度来说，你怎么会知道也许他也在羡慕着你呢。

一个小姑娘坐在公园的长椅上发愁，她被一场车祸夺去了一条腿。她一定不知道，在她旁边的草丛里，一只小松鼠正悄悄地看着她。它已经好几天没有吃东西了，此刻正羡慕地看着小姑娘陷入遐想："如果我是这个小姑娘该多好——哪怕是个只有一条腿的小姑娘呢。"

卞之琳有一首著名的诗歌《断章》："你站在桥上看风景，看风景的人在楼上看你，明月装饰了你的窗子，你装饰了别人的梦。"很好地说明了这个道理。

幸福是一个比较级，和比自己好的比，你才会不愉快，如果和比自己不足的人比较呢？所以真正的幸福不需要比较，不来自别家，享受自己的生活，不要总羡慕别人拥有的，羡慕别人常带给我们痛苦，常想想自己拥有的，然后珍惜、善待自己拥有的，那样幸福快乐才会时常萦绕在身边，知足有时是最大的快乐。

📺 自我探索小游戏

我生命中重要的五样幸福

物品：一张白纸、黑色或蓝色的签字笔。

过程：（1）保持平和的心和安静的环境。

（2）在白纸顶端，写下某某生命中重要的五样幸福。

（3）现在请你在白纸上写下你生命中最重要的五样幸福。

（4）一样样涂去写下的内容，写下感受，直到只剩下一样。

（5）调整情绪，回忆过程，并与大家分享。

引导语：请全身心放松，排除杂念，保持一个安静、安全的环境和平静、平和的心情。请提起笔，在白纸顶端写下某某生命中重要的五样，某某是你的名字，一定要写上，字迹请保持端正。

请仔细思考一下，你生命中重要的五样幸福，这五样幸福，可以是你拥有的实在的物体，如食物、水、金钱；也可以是你觉得在一起幸福的人和动物，如父母、朋友、爱人或宠物；可以是精神上的幸福，如爱情、亲情、理想；还可以是做过的幸福的事情、拥有的幸福瞬间，如旅游、听音乐、和朋友一起游戏等。反正就是你觉得到现在为止你最感到幸福的东西、事件。请如实记载，没有先后顺序。

当你写完这些，游戏已经完成了一半。也许现在你已经发现你生活中的美好点滴，那幸福的人、事、物。但是请原谅，接下来你要面临一场严峻的心理考验，这些事情很有可能发生在你身边，请做好心理准备，即使这个过程中你会不愉快，请你坚持或深呼吸，调整好你的心情，然后继续上路，因为在这次心理旅程后，你一定会有巨大的心灵收获。现在开始，人生总有很多意外，如果有一天，发生了严重的灾难，在灾难中，你的五样宝贵的幸福，有一样将不得不离你远去，你会选择哪样？请你拿起笔将五样之中的某一样涂掉，注意不是简单划掉，或者打叉，你要用笔涂掉，涂到看不见字为止，在纸上留下墨斑或黑洞，再也无法辨识，这也代表在你生命中永远失去了这样幸福。在这个过程中，请你细细体察失去的感觉，你是怎么想的？你的心情如何？失去他对你及你的生活产生哪些变化？对于剩下的四样你想对他们说什么？请记录下你现在的感受。

但是灾难还在继续，你不得不再在四样宝贵的东西中丢弃一样，如果第一次放弃，你还漫不经心，这次请你郑重思考后，再次用笔用力涂去，请再问自己上面的问题，并把它们写下来。

很抱歉地告诉你，这三样中的一样又要离开你了，此刻你的感受又是怎么样的？你是否还在为失去刚才两样感到难受？但是你不得不做出选择，你需涂掉其中一样，直到看不到这些文字，然后写下你的感受，回答上面的问题。也许你会抱怨，这太为难人了，但这就是规则，命运有时是不会眷顾你的感受，将残酷凌驾于你的头上。

现在只剩两样了，但是灾难还在继续着，无论你有多少怨言和不情愿，这两样都是你难以割舍的，但是请你还是把两样当中的某一样涂黑。把你刻骨铭心的感受写下来。

游戏至此，已经结束，请你和我做下深呼吸，调整下自己的心态，看一下，纸上只剩下一样东西了，这个就是你感到最幸福、最重要的东西，请你再次回顾你的心路历程，记住放弃的顺序，在生活中遇到无所适从的时候，不妨回忆一下这个白纸，以及上面发生的过程，记住选择过程中的痛苦、无奈。但是最重要的是请回到现实，你要清醒地认识到，你现在确实还拥有着他们，他们还在你手上，请你珍惜、重视、善待，并祈祷他们会永远在你生命中。相信这个过程对你的心灵成长一定有巨大帮助，你也看清你的选择了。

——毕淑敏《心灵游戏》

3. 幸福来自财富？

从前有个地主，家有良田万顷，家中金山银海，身边妻妾成群，可他总觉得不开心，感到不幸福。而隔壁长工夫妻，虽过得清贫，可生活得很快乐。有一天，地主的小老婆又听到长工夫妻俩在唱歌，就对地主说："我们虽然有万贯家财，还不如穷人开心。"地主想了想，笑着说："我能让他们明天就唱不出来！"于是拿出两个金元宝，从墙头偷偷扔了过去。第二天，长工发现了两个来路不明的金元宝，急忙捡回家里，心里既高兴又紧张，对媳妇说："我们有钱了，咱们用这钱置办些田地。"媳妇摇摇头说道："不行！别人发现我们有金元宝，一定会说是我们偷来的。"长工又说："那你先把元宝藏起来吧。"媳妇还是摇头说："不行！会被小偷偷走的。"他们讨论来讨论去，还是没有想出好办法。从此，长工夫妻俩心神不宁，饭也吃不香，觉也睡不稳了，更别说再听到他们的笑声和歌声了。

我们周围从来不缺少以赚钱为目的的人，而我们自己也一定曾经暗中祈祷着，希望明天起来就是一个百万富翁，或者买个彩票中个五百万。那么金钱到底是不是幸福的源泉呢？其实从上面的故事中可以看出，既怕被人怀疑，又怕被人偷去，不知怎么处置，寝食难安的长工夫妻，为的就是两个不明不白的金元宝。例如，有一个富翁的女儿一出生就坐拥几十亿美元财产，结果每周要收到数十份恐吓信，进进出出保镖随行，基本不能外出；再如，那些中了巨奖的人，为了应付上门借钱的亲朋好友，只能举家迁移，甚至亲朋尽断，不也十分痛苦？你说这样的财富还有什么意思呢？

可能你会说，这是饱汉不知饿汉饥。人们发现，穷困确实能让人感到痛苦，保罗·萨缪尔森指出，要产生效用必须运用金钱，才能幸福。其实追求财富没有错，但是既要君子爱财取之有道，又要适可适度，因为收入的增多不意味着幸福增加，而贫困的穷光汉，也有着他"哼着小调"的幸福，有些大款住着奢华的洋房、数着钞票，拥着貌合神离的天仙，过着提心吊胆的日子，当你为了金钱财富失去其他的时候，也就失去了幸福滋味。

财富并不等于幸福，如果你的幸福建立在有形的财富上，则很容易失去，因为世事无常。幸福是相互的，当你心中充满希望、爱心和满足的时候，给别人带来幸福快乐的时候，那么真正的快乐幸福离你也就不远了，而且这种幸福来自精神的富有，夺不走、更长久，幸福和财富无关，和内心相连，如下面的箴言：

金钱可以买到房屋，但买不到家；金钱可以买到珠宝，但买不到美；

金钱可以买到药物，但买不到健康；金钱可以买到纸笔，但买不到文思；

金钱可以买到书籍，但买不到智慧；金钱可以买到献媚，但买不到尊敬；

金钱可以买到伙伴，但买不到朋友；金钱可以买到服从，但买不到忠诚；

金钱可以买到权势，但买不到学识；金钱可以买到武器，但买不到和平；

金钱可以买到小人的心，但买不到君子的志气；金钱可以买到享乐，但买不到幸福。

4. 幸福来自他人评价？

有一个耄耋老人留了 1 尺[①] 多长的雪白胡子，人见人夸他的胡子好看，老人很是得意。

有一天，老人在门口散步，邻居家的 5 岁小男孩好奇地问他："老爷爷，您这么长的

---

① 1 尺 ≈ 0.33 米。

胡子，晚上睡觉的时候，是把它放在被子里面，还是放在被子外面？"听到这么一问，老人还真的没有回答上来，因为他确实没有想过这个问题。

这天晚上，又到睡觉的时候，老人躺在床上突然想起白天小孩子的问话。于是他先把胡子放在被子的外面，感觉很不舒服；过了一会儿他又把胡子拿到被子里面，还是感觉别扭。就这样，老人一会儿把胡子放出来，一会儿又把胡子拿进去，折腾了一宿，始终没有找到舒服位置。老人很纳闷，以前睡觉，胡子究竟是在被子的外面，还是里面？于是他失眠了。

第二天一大早，正好遇到邻家的那个小男孩，老人生气地说："都怪你，闹得我昨晚一晚没睡成觉。"小男孩一脸迷茫地说："我昨天做了什么嘛？"

在这个世界上我们总生活在形形色色的评价之中，别人有意或无意间的一句话、一个眼神、一个动作，会让我们难以释怀，心中久久不能平静，好的能让你开心一整天，坏的能让你懊恼一阵子。更有甚者，有的人心思太重，几个同事在说话，当他进来的时候，同事们突然不说了。这个人就想，他们肯定是在说我的坏话，于是心中愤愤然，一天乃至几天不高兴。

但是你有没有想过，其实有多少人值得你在意？有多少话你该听进去？你在意这样的感受，别人是否也这样在意说出的话？你是否需要为了别人而迷失自我？你整天在一些无关痛痒的小事上纠缠不清，你总是想在别人心目中留下完美无缺的形象，只能是作茧自缚。在别人心目中，我们并没有自己想象的那么重要，一切有些顾影自怜和自作多情，恰如那个耄耋老人，人不能一辈子为了他人而活，也许表露出真实的自己更加受人欢迎。

让自己成为掌舵人，即使这艘船在我们的生命中行驶得有点颠簸，我们也会在航行的快乐中到达自己的生命彼岸。如果总是因为他人的看法改变自己，你会活得越来越没有自我。想要达到最终的目标，就不能放弃自己，要自己走完这条路。放弃了自己不仅会使你失去成就自己的机会，你的生命也会随之失去意义。

5. 我的世界总是灰暗？

有一个人想挂一张画，他有钉子，但没有锤子，邻居有锤子。于是他决定到邻居那儿借锤子。就在这时候他起了疑心：要是邻居不愿意把锤子借我，那怎么办？昨天他对我只是漫不经心地打招呼，也许他匆匆忙忙，也许这种匆忙是他装出来的，其实他内心对我是非常不满的。什么事不满呢？我又没有做对不起他的事，是他自己在多心罢了。要是有人向我借工具，我立刻就借给他，而他为什么会不借呢？怎么能拒绝帮助别人这点儿忙呢？而他还自以为我依赖他，仅仅因为他有一个锤子！我受够了。于是他迅速跑过去，按响门铃。邻居开了门，还没来得及说声"早安"，这个人就冲着他喊道："留着你的锤子给自己用吧，你这个恶棍！"

其实这一切都是消极思想和情绪造成的错误行为，但是世界上总有那么一些人，整天愁眉苦脸，忧心忡忡，就像从来没有乐趣一样。我们有时无法理解他们，为什么会那么不开心，为什么不幸福。其实这个是有心理学研究的，他们抑郁的关键就在于他们的思维方式是消极和负性的，正常的人有时思维也会消极，但是他们会很快从负性思维中摆脱出来，而那些有抑郁潜质的人则不然，他们往往曲解的程度会更大。

例如，那个借锤子的人存在的是任意推断的消极思维，明明别人什么都没做，他就

从一个事情里盲目推断，草率下定结论。有些人会绝对思考、过分夸张、以偏概全、过度引申，他们总持有一种不切实的标准，只是根据一个细节就做出结论，将这个事情不断在自己心中夸张变形，最终否定自己的全部。例如，有个女教师在公开课讲错了一句话，结果她就认为这个事情很严重，同学、同事都会否认她的教学能力，领导也会觉得她不再适合上课，她就会失业，就会没有收入，就会穷困潦倒，没有人喜欢她了，自己没有价值了，人生也就完了。这个女教师就是将一个人生的价值标准定义为不能说错话，一旦违反了标准，她就开始歪曲、否定，从而越想越害怕，越想越觉得没有价值。而有些人总喜欢关注消极，就像前面那个女教师那样，如果一般的人遇到这个事情，尤其是众目睽睽下，可能会纠结两天，但是当他们遇到开心的事情，或者事情并不是他们想象的那样，或者随着时间的迁移，事情就平淡地过去了，抑郁性格的人也会很快走出去，但是他们会盯着这个事情不放，而且他们往往还有"应该倾向"，觉得应该把课上好，应该不说错话，结果"应该"一旦打破就成了负担，衍生出自责、悔恨、失望，而这种消极的情绪被确立后还成为一种标签，并成为他们情绪推理的基础，如"我觉得很失望，所以我是办不好事情的""我很内疚，一定是我做错了"等，用消极情绪阻碍了他们对真实情况的了解，使人陷入了认知曲解和跟着"不好的感觉走"的恶性循环，离幸福越来越远。

其实对任何一种事情、情境，不妨换个角度思考，洒脱一点，找寻积极意义，也许就会走出心理困境。忧郁的林黛玉面对落花叹道："侬今葬花人笑痴，他年葬侬知是谁？"而龚自珍则曰："落红不是无情物，化作春泥更护花。"所以，每个抑郁的朋友，自织的茧一定要咬破，只要自己肯去撕咬！

二、谁是幸福的人——来自心理学的研究

前面从故事的角度讲解了我们平时在生活中的误区，如金钱、物质、完美无缺等对于幸福带来的影响，就是它们并不是幸福的源泉，有些甚至会带来烦恼、远离幸福。幸福作为心理学研究的重要对象，在过去岁月中相关学者进行了深刻而广泛的研究，他们运用各种量表工具、因素分析等方法，得出了一些有益的结论。

现如今对于幸福的研究，主要集中在主观幸福感的研究范畴内，一般使用幸福感或生活满意度的量表和其他的一些问题，了解它们之间存在什么样的关系。虽然运用测量方法、取样范围有所区别，但是在幸福的因素研究中，结论还是比较一致的。

1. 客观影响因素

（1）基因。戴维教授在研究出生之际就分隔两地，在不同的家庭抚养长大，人生际遇也大相径庭的双生儿时发现，双生儿的行为方式和对幸福的体验仍然惊人的相似，而且基因设定了一个幸福的"设定点"，无论你遭遇了什么样的好事或坏事，都会很快回到基因设定好的水平线上。

（2）婚姻。婚姻与幸福密切相关，据美国3.5万人调查结果显示，结婚的人中有42%的人认为生活幸福，而没结婚、离异或配偶去世的人中，认为幸福的只有24%。同时，结

婚和幸福的关系不是完全成正比例的，一般是结婚的人比单身人士幸福，尤其在婚后的前几年，达到顶峰，但有孩子后，幸福感不断下降，直到85岁左右才有所好转，这与中国古代所说的"养儿防老"有着异曲同工之妙。

（3）外表和年龄。美貌并不是幸福的必要条件，但整容的确能带来持久的幸福感。心理学家认为，这可能是手术带给了人自信心，所以有幸福感的提升。威尔逊几十年前研究发现，年龄是影响幸福的重要因素，如今可能有所变化，年轻不像过去那样重要了。一项权威的研究考查了不同国家的6万多人，将满意分为生活满意、愉快心情和消极心情三个方面。研究发现，生活满意度随着年龄的增加而增加，但愉快的心情随着年龄的增长而稍微下降，消极的心情不随着年龄的变化而变化。

（4）财富收入。"钱能买到幸福"这个命题一直被人们所争论，总体上来说，富有的人只比普通人幸福一点，一个人脱贫致富会提高幸福水平，但从20世纪70年代开始，经济学家就已发现，经济增长并不会必然带来满意度。在对大学生群体的研究中也发现了这个特点，特别贫困的与富有大学生之间确实有显著的幸福差异，但是中等群体与富有群体的差距已经不是很明显了，幸福也有着边际递减效应，也就是说在达到一定水平之后，财富对幸福的影响程度会越来越小。因为当一个人的收入增加时，他们对于"多少收入才算幸福"的期望值也在同步增加。而且，一个人越是看重钱在个人幸福中的作用，就越不满意，因为这时相对收入比绝对收入更重要，永远有比你更有钱的人。

（5）人际关系。在所有的环境因素中，人际关系是最重要的，爱情、友情、社区、归属感都直接指向幸福。"积极心理学"之父马丁·塞利格曼在一次问卷试验中发现，10%自认非常快乐的人，并不有钱，相貌平平，身材一般，无宗教信仰，也没有特别的好运，但他们都爱社交，有恋人，有很多朋友，很少一个人待着。荷兰社会学家路德·魏荷文建立涉及120个国家和地区、8 000多份问卷结果的幸福数据库也告诉我们，人际关系对幸福起到决定作用，有一个讨厌的室友或长期争吵的伴侣，会降低幸福度。相反，如果同事和你是好友，则你的幸福度会大大提高，工作效率也会增加。大学生群体也遵循这点，研究表明社会支持对于大学生来说，异性的朋友支持对主观幸福感的影响最大，其次为教师支持和母亲支持。

（6）其他客观因素。在对大学生幸福感的研究中，我们发现地域对于幸福感的影响越来越小，但是对于极其偏远的农村和富有的城市来说，地域的来源对于幸福感的影响还是明显的，这与经济收入、视野见识、自尊心有着密切关系，但是对城乡差距越来越小的地方，地域来源已经不对幸福有显著影响了。在性别上，男女大学生对于幸福感的感受差异也越来越不明显。在研究中发现，现如今对于大学生幸福感有显著影响的有任职情况，担任学生干部学生、非毕业班学生都要幸福于非学生干部和毕业班学生，这与大学生自信心、人脉网络、毕业就业压力等原因有关。

2. 主观影响因素

（1）人格。无论用大三、大五还是其他量表，无论是大学生还是普通人群的幸福感研究，有一个被广大学者公认为最能反映主观幸福感的指标，那就是人格。研究表明，在大三人格量表中，精神质得分越低、外向性得分越高、神经质得分越低的个体其主观幸福

感程度越高。其实这也很容易理解，外向的人善谈、有较好的社交技巧，关心他人，容易获得良好人际关系，而且外向的大学生对积极情绪体验强烈，容易从压力中解脱出来；同理，神经质得分高的人，情绪不稳定，对消极情感敏感性高；精神质得分高的人性格孤僻，敌对，这些都与不幸福相联系。

（2）自尊。自尊和主观幸福感的关系，国内外研究尚不一致。有的研究发现，自尊与主观幸福有着密切的关系，也就是说高自尊者能体会到更多的幸福。但也有学者发现，自尊和主观幸福感之间也有不显著的时候，存在着一种不幸福的自尊，他们害怕丧失和降低自尊，为了维护自尊，即使牺牲自己的幸福也无所谓。但总体来说高且稳定自尊的个体倾向于较高的心理幸福感水平。在大学生群体研究中也有很好的证明，所以，自尊的提高是有效提高幸福感水平的方式。

（3）其他主观因素。归因，即归结行为的原因。研究发现，大学生的内归因组幸福感体验明显高于外归因组，这是由于内归因组的人往往把原因归结为自己个体，是可控的；而外归因则认为事态不可控，所以会怨天尤人。对于大学生的成就动机研究发现，成就动机高的学生往往要比低的学生更能体会到幸福。高自我效能水平学生的主观幸福感要高于低自我效能水平的学生。心理健康程度与大学生主观幸福感相关，高心理健康水平可预测被试者的高幸福感水平，同样，主观幸福感水平也可作为心理健康的一个重要预测源。

在心理学专家的研究中，还有一些有趣的结论，受教育程度、气候、种族对幸福感有影响，但保守派比自由派幸福，护士比银行家更享受生活，高个子比矮个子幸福，看电影比看电视幸福。研究还发现，喝酒也可以提高幸福感，与酒的品种无关，但不可超过三杯，也不可只喝一杯，否则没有效果，这可能在于醉翁之意不在酒，而在于人际互动，这能帮助你放松下来。还有交通，人十分容易习惯空间，房子再大很快就适应了，但是交通上的时间和精力，却会明显地让人痛苦，降低幸福感，所以轻易不要搬家到很远的地方。

学习单元三　让自己更幸福

哈佛大学的泰勒教授曾说：幸福不是一蹴而就的，需要人们一点一滴地积累和经营。幸福是我们人生的内在需求，不是长生不老，不是腰缠万贯，不是权倾朝野。其实幸福是每个微小的生活愿望达成，当你想吃的时候有的吃，想被爱的时候有人来爱你，幸福就这么简单。幸福来源于那一点一滴，做到了点滴，就离幸福又近一点，又让自己更幸福了一点。

一、多一点积极，多一点幸福

积极是一种生活的态度，给人以微笑；积极是一种豁达的胸襟，给人以包容；积极是一种强大的感召，给人以力量。迪纳尔的主观幸福观理论告诉人们，幸福来自积极的情绪。哈佛幸福课中曾经提到，幸福是一种积极情绪的积累，当积极情绪超过了消极情绪，那么你的幸福也就胜利了。有时候我们是不由自主地感到哀伤，因为总有那么一两个不合理信念在从中作梗，如何改变这些不合理的信念呢？美国心理学家艾利斯创建了情绪ABC理论。他认为，直接导致了人的情绪和行为结果C不是诱发事件A，而是人们常有的一些不合理的信念B才使我们产生情绪困扰。通俗来说，就是事情本来无所谓好坏，关键在于你怎么去看待这些事情，是自寻烦恼消极解释，还是积极面对豁达应付。有一位老太太，她有两个儿子：大儿子开了家伞店，二儿子在海边晒盐，两家人小日子过得都还可以，可老太太却整天唉声叹气，为两个儿子发愁，日渐憔悴，两个儿子也不知母亲所为何事忧心忡忡。原来老太太每逢晴天，就担心大儿子伞不好卖；每逢雨天，又担心小儿子不好晒盐。恰巧这事被一高人得知，一日晴天云游至此，举手捋须道：今天天气晴好，正是晒盐的好时机，看天色明天也许会下雨，伞一定好卖。老太太听罢，恍然大悟，不再抑郁。

所以多一点积极首先要多增加一些积极信念，感受更多积极情绪。

酷暑难耐，你外出接朋友，但是他因为有事不能来了，你空手而归，然后你在公交车站等了半个多小时还是没有车子，于是你走了一点路，没想到这时车子从你身边开过。好不容易你终于上了回家的车子，但是路很堵，熬了半个多小时，下车了，这时你又累又渴又热。突然天空下起了大雨，你紧赶慢赶总算回到了家，你赶忙跑到饮水机前，但是饮水机只有半杯水了……

你的想法：_____。

你的心情：_____。

你的行为：_____。

与同学一起来看同样事件的不同的想法和态度、不同的情绪和行为。请写出三个想法和态度，其中两个中一个必须是消极的，一个必须是积极的（表9-1）。

表9-1

事件 A	想法和态度 B	情绪和行为 C
接朋友被放鸽子	1.	1.
	2.（消极）	2.
	3.（积极）	3.
错过车	1.	1.
	2.（消极）	2.
	3.（积极）	3.
被淋雨	1.	1.
	2.（消极）	2.
	3.（积极）	3.

续表

事件 A	想法和态度 B	情绪和行为 C
只有半杯水	1.	1.
	2.（消极）	2.
	3.（积极）	3.

　　幸福就像一枚硬币，总存在着两面：一面是积极，另一面是消极，当你把幸福的硬币抛向空中，不可避免会翻到消极一面，其实消极情绪很正常，我们遇到了一些不开心的事情，消极情绪总会冒出来，但是如果长期被消极所控制，我们就要想办法赶走它们。所以多一点积极就要学会消除一些消极情绪。

　　消除消极情绪的方法除保持积极情绪外，既可以运用自我暗示法：当遇到压力时，可以告诉自己"我都准备好了，还怕什么！冲吧冲吧！""我可以的，我可以的，我可以的！"等来激励自己；也可以用运动宣泄法、转移法、回忆快乐法来消散消极情绪；还可以尝试用"消极情绪垃圾桶"来赶走消极情绪。

　　消极情绪垃圾桶操作方法：首先准备几张纸，闭上眼睛仔细回想你最近感受到的消极情绪，体会那种糟糕的情绪，然后拿出你的笔，将刚才体会到的情绪写在纸上，然后用各种方式将之销毁（乱涂乱画、揉掉、撕成碎片等），并将纸的"尸体"丢进事先准备的垃圾桶中，边丢边高喊"坏情绪走开"，象征那些讨厌的情绪也随之丢弃。

　　其实真正的幸福并不存在，只存在对幸福的不同解释，幸福就在你手上，多一点积极就多一点幸福。

二、多一点朋友，多一点幸福

　　美国社会学家卡耐基说过，一个人事业的成功只有百分之十五是依赖于他的专业知识和技能，而百分之八十五是依靠他的处世能力。人际关系是每个人的财富，是事业跳跃的平台，是你开创成功的利器，更是实现幸福的重要途径。那些活得幸福的人，往往富裕、貌美、才华并不是他们共同的标签，唯一共同的特点就是他们都有一些知己朋友。所以，多交一些志同道合的朋友是提高幸福感的一个重要来源。

　　在交朋友的过程中，我们要运用好交往的技巧，社会心理学家艾根于1977年根据研究得出，同陌生人首次接触时按照SOLER模式表现，即SIT——坐或站要面对别人，OPEN——姿势要自然，LEAN——身体微微向前倾，RELAX——放松这些肢体语言，可以明显增加我们被人接纳的程度。同时，适时适度关心朋友比整天腻在一起、认真倾听朋友的痛苦和快乐比胡乱打断出主意、有根据的赞美和批评比不着边际的溜须拍马更能巩固朋友关系。朋友是幸福的支点，人不能没有朋友，也不能离开朋友，如果你有那么几个知心的朋友，那么你可以问问自己，多久没有联系他了？多久没有见面了？多久没有和他掏心窝了？那就赶快行动吧，无论多忙、多累，要多关心朋友，即使是一条短信或几分钟电话，因为这样你也能收到一样的幸福。

三、多一点肯定自我，多一点幸福

哈佛大学的心理课上，教师常教育学生要有肯定自己的习惯，并用一个盲人的手势来肯定自己，用这种方法来告诉学生，幸福从自信开始。其实主观幸福感的研究也早告诉我们，高贵且稳定的自尊是幸福的秘宝，自信的人往往能够更容易感受到幸福。所以，养成自我肯定的习惯，积极正确地评价自己、接受自己，是幸福的开始。要学会自信，首先就要正确地认识自己，了解自己的优势、劣势。但是在现实中，不幸福的人往往对自己加以否定，发现不了自己的优点，其实每个人都有自己的优点。

即使你没有其他人的优点，也会有无用之用的。发现自己的优点有很多测验的方法，也可以在了解你的朋友处了解，如寻宝箱可以帮助你找到你的优点和未发现的能力。

寻宝箱操作方法：假设你有一个宝箱，里面装了你的宝贝——优点和能力，有一天你打开箱子，首先看到的是_____、_____、_____；再向下翻找还能看到_____、_____、_____……

这时候你的同学聚集在你的身边，让他们一起帮助你找宝贝（让你周围的同学根据你的情况，提出一个你从来没有发现的优点或能力）。

同学帮助我找到的宝贝：_____
_____
_____。

你现在可以自豪地对自己说：原来我这么富有，我有那么多优点和能力，我不需要活在别人的评价中。从今天开始找出自己最突出的五个能力，在今后一周的每一天运用自己最突出的能力的一样或几样带来自我满足。

四、多一点知足，多一点幸福

大部分时间我们总是觉得不幸福，常常生活在自己的欲望中，如果我有钱我一定很幸福，如果我的房子大我一定很幸福，如果……人间的欲望是无穷的，吃穿住用、权钱利益，我们常用毕生的精力去追寻那些欲望的满足，但是当欲望太多，人就会陷入你争我斗的泥沼，就会身心疲惫，就会失去幸福。高尔基曾说"其实，做个幸福的人是很简单的！什么是幸福呢？就是知足……别的没有什么……"，知足者常乐，让我们少一点欲望，多一点知足，用合理的方式，适当的力度，与幸福邂逅在路上。

要多一点知足就要认识幸福不是比较级，学会感恩，发现身边的美好。微博上有个流行的小段子：如果你有吃穿住，你已比世上 75% 的人富有；如果你有存款，钱包有现金，还有小零钱，你已是世上最富有的 8% 了。如果你早上起床，没病没灾，你已经比活

不过这周的 100 万人幸福多了；如果你从没经历战乱、牢狱、酷刑、饥荒，你比正身处其中的 5 亿人幸福多了。幸福是个比较级，大仲马说过：世界上既无所谓快乐或也无所谓痛苦；只有一种状况与另一种状况的比较，如此而已。确实如此，患病的人有一个健康的身体就觉得幸福；口渴的人有一杯白开水就觉得幸福；受冻的人有一个火盆就会觉得幸福；挨饿的人有一个馒头就会觉得幸福……可是我们的幸福往往在别人的眼里，把它们当作一面镜子来比照自己，越比越不自在，再比更不舒服。如此比来比去，不仅比走了宁静与祥和，也比走了欢乐与愉悦。所以幸福绝对不是比较级，幸福的程度不同、形式不同、境况不同，幸福怎么能比较，也许当我们在仰望和羡慕着别人的幸福，一回头却发现自己正被别人仰望和羡慕着。

其实，幸福就在你我身边，需要的只是你的发掘、体会和感受。我们总是疏忽了身边所拥有的，缺少那一双发现美好的眼睛，直到失去才后悔莫及。其实幸福无处不在、随时随地，只需稍稍抬头就能发现美丽的事物，就能发现他们。

请你回忆今天发生的三件让你感到美好或值得感动的事情，你记录下来的三件事可以是微不足道的或对你非常重要的，请把它们写下来，然后在这件事情后面问自己"这个事情为什么会发生"。

（1）_____。

原因：_____。

（2）_____。

原因：_____。

（3）_____。

原因：_____。

通过以上让你感到美好或值得感动的三件事，你心中感到_____

_____

你的发现：_____

_____

请你坚持一个月每天都记录三件让你感到美好或值得感动的事情，并制成一个小册子，它能提高你幸福的感觉。

幸福这座山，原本就没有顶、没有头。你要学会走走停停，看看山岚、赏赏虹霓、吹吹清风，在感恩万物中，你的心就会变得纯净如水，看到自己原来看不到的美景，体会到山景的魅力所在，才会善待它们，才能抓住幸福。

英国著名首相丘吉尔在临终前说过一句著名的格言：一生中烦恼太多，但大部分担忧的事情却从来没有发生过。是的，我们总是生活在焦虑之中，担心这个担心那个，当事情过去，回顾所有的烦恼时，会发现很多我们的担心仅仅只是担心，却没有真真实实发生过。所以活在当下，顺其自然才能知足，才能活得幸福。道理简单，大多数人却无法做到，正如芭芭拉·安吉丽思的《活在当下》一书所说的：起初，想进大学想得要命；随后，巴不得赶快大学毕业好开始工作；接着，想结婚、想有小孩又想得要命；再来，又希望小孩快点长大去上学，好让自己回去上班；之后，每天想退休想得要命；最后，真的老得生命快要终结的时候，忽然间才明白，自己一直忘了真正去活。这是许多人的写照，他们时刻在为未来准备，不愿意把时间用在当下，却因此失去了每一天、每一个真实的刹那，失去了欣赏和领受快乐的能力。

有位企业家在商场上有着惊人的成就。当他在事业达到巅峰的时候，有一天陪同他的父亲到一家高档餐厅用餐，现场有一位琴艺不凡的小提琴手正在为大家演奏。这位企业家在聆赏之余，想起当年自己也曾学琴，而且几乎为之疯狂，便对他父亲说："如果我从前好好学琴，现在也许就会在这儿演奏了。""是呀，孩子"，他父亲回答，"不过那样，你现在就不会在这儿用餐了"。我们常为失去的机会或成就而嗟叹，但往往忘了现在拥有的刹那美好。所以，活在当下就要看清楚没有"如果"，离开怀念过去的不切实际，世间没有后悔药，与其在那里哀怨与羡慕，不如去看看现在拥有的美好，也许你就会豁然开朗。

活在当下就要不迷茫于以后的种种未知，做好当下的选择，然后坚持。帕瓦罗蒂小时候既喜欢画画，又喜欢唱歌，于是他去问他的父亲该怎么解决，他父亲睿智地告诉他，如果一个人想同时坐两张凳子，是会掉到两张凳子中间的，感谢这个睿智的父亲，没有他我们就会失去一个美妙的歌声。生活中的我们也面临着各种各样的选择，当选择太多的时候，我们就会彷徨，担心这个选择是否正确，会如何影响我们的未来，于是举棋不定、痛苦焦虑。确实，当选择很多，经济学家已经告诉我们会有机会成本出现，但是人是无法做出百分之百的理性选择的，你可以多根据一些你的爱好、环境等做出一定判断，但是一味把眼光放在终点，反而会错过沿途美景。明日之事不可知，与其这样你还不如做出决定，为自己的决定负责，为自己的明天多付出一点努力。

成长加油站

> 曾经有个年轻才俊，他有钱、有才华、妻子贤惠漂亮，还有一双可爱的儿女，但他还是整天抱怨自己的不开心。一个天使听到他的哀怨，于是来到了他的身边，问他："你为什么觉得不幸福快乐啊？"年轻人说："我什么都有，但只是缺少和别人一样的幸福，如果你能给我幸福，我现在的一切都可以让你拿走。"于是天使答应他的要求，把他的金钱、才华、妻子、儿女都拿走。过了几个月，天使再次遇到了年轻人，只见年轻人衣衫褴褛、面容苍白，不住恳求天使原谅他的愚蠢，于是天使将他的一切都还给了他。顿时他抱头痛哭，此刻他终于明白了幸福的含义。

五、多一点平和，多一点幸福

有人说所谓幸福就是平和，就是没有选择。这话很有道理。我们做自己喜欢做的事情，得到了我们认为有价值的东西，此时就会觉得很幸福。幸福，从表面上看是"好事"

的结果，实际上却是内心的感受。对大部分人来说，幸福是游移的，生活总受外界影响，一天中我们会遇到各种事情，对那些事情可想，可不想，可回味，也可不回味。这一切都在我们掌握中，当我们心态平和了，想不想、回味不回味都是一样的，都会感到世间的一切很美好。保持幸福的最好办法就是修炼平和的心，平和的心有了，就很容易养成一种情不自禁地选择幸福的习惯，处变不惊，宠辱无忧。

毕淑敏说，幸福也许就是对于平平淡淡、从从容容的追求，朴素而又执着。拥有一颗平和的心必须学会放下，要练就不以物喜、不以己悲、坚守初衷、忘乎否泰的境界，首先就要学会放下。一个和尚挑着两个水壶，一不小心被石头绊了一下，结果一个趔趄，一个水壶掉落地上，"哐当"一声碎成几块，水流了一地。可是这个和尚却头也不回继续往前走，旁边的人跑上前去，告诉和尚："大师你的水壶掉地上破成几块，你怎么不会回头看看呢？"和尚作揖答道："施主，水壶都破了，我回头还有何用。"

放下就是幸福，放下重担是幸福，放下包袱是幸福，甚至放下工作、情感、权力、金钱都是一种幸福。当你放下后就会觉得很轻松，当你放下后就会豁然开朗，发现久违的美丽、幸福。

但是在现实生活中，却总是放不下，首先放不下别人，老是想着别人如何对不起自己，无论是不是对方的错误，我们总认为是对方的错误，并用他们的错误来惩罚自己。一位女士抱怨道："我活得很不幸福，因为先生常出差不在家。"一位妈妈说："我的孩子不听话，叫我很生气！"一个男人说："上司不赏识我，所以我情绪低落。"其实每个人心中都有把"幸福钥匙"，但我们却常在不知不觉中把它交给别人掌管，妻子把钥匙给了先生，妈妈把钥匙交给了孩子，男人把钥匙塞给了老板。他们让别人来控制他们的心情，然后开始抱怨："我这样痛苦，都是你造成的，你要为我的痛苦负责！"但一个成熟的人能握住自己幸福的钥匙，他不期待别人使他幸福，反而能将幸福带给别人，他能放下心中的负累，即使是别人的错误他也知道人非圣贤孰能无过，不如宽容一点，不仅使别人开心，也使自己幸福。

有时候，我们是自己放不下自己，与自己较劲。如果有人问你，你不小心丢了100元钱，记得好像丢在某个地方，你会花200元钱的车费去把那100元找回来吗？你会想这是一个多么愚蠢的问题，当然不会，可类似事情却在我们的人生中不断发生：自己考试考得不好，却花了无数时间难过，甚至不吃饭、不睡觉；失去一段感情，明知一切已无法挽回，却还伤心好久，哭天抢地，甚至自残……我们总愚蠢地拿着自己的错来惩罚自己，过于执着，为了自己的目标而不断前进，不择手段，但是最后经历了挫折，事与愿违，完全不管是不是目标太高或环境太差，完全忘记了有句话叫"尽吾志，可以无悔"，结果耿耿于怀，自怨自艾，自暴自弃，不再尝试，退缩回避。和自己较真是我们经常犯的愚蠢的错误，我们的烦恼很多都源于此，总是觉得如果自己没做这件事该多好，其实只要把如果改成下次，我们就能释怀很多，下面我们就试试按照例子写下几句话原谅自己、放下自己。

示例：

如果我考试前多复习下就好了，就会及格了。——下次我补考前多复习一下，就会及格了。

如果我当时不那样说话就不会和他吵架了。——下次我一定会和他好好说话。

_____ ── _____

_____ ═ _____

_____ ── _____

　　放下是生活的智慧，放下是心灵的学问。人生在世，不是所有事情都需要在乎的，有些东西是必须清空的。该放下时就放下，才能够腾出手来，抓住真正属于自己的快乐和幸福。临渊羡鱼不如退而结网，用行动来弥补过失，放下自我，赢得希望。

成长加油站

> 你改变不了环境，但你可以改变自己；
> 你改变不了事实，但你可以改变态度；
> 你改变不了过去，但你可以改变现在；
> 你不能控制他人，但你可以掌握自己；
> 你不能预知明天，但你可以把握今天；
> 你不可以样样顺利，但你可以事事尽心。

　　幸福与我们内心的选择有关，选择幸福，会有一千个理由让我们愉悦满足；选择痛苦，也会有一万个理由让我们悲伤失落。既然痛苦不可避免，那么，我们为什么不选择幸福？

六、多一点意义，多一点幸福

　　幸福是一种有意义的生活。很多时候，幸福与物质不成比例，但是幸福的生活绝对是有意义的生活，是精神丰富的生活。要让生活有意义就要学会投入，追求适当目标，成就自我。专注投入能获得幸福，能全身心地投入做某件事情或从事某项事业。研究证明，当一个人高度专注于某个事情的时候，其疲劳度会下降，成功率会上升，在做事过程中会体验到欣慰，他们往往会产生酣畅淋漓的感觉，不会感到时间流逝，古代有大书法家王羲之练毛笔字，馒头蘸墨汁；当代有袁隆平在稻田奔波，不知年华老去。全球知名影星尤·伯连纳，这位以光头造型与敬业精神著称的影帝，在演艺生涯中一直主演《国王与我》剧目，从出戏上演那年到他去世，共53年，4 625场之多，但是他乐此不疲，抱着对戏剧的热忱和投入，持续练习，不断改进，创造出了不平凡的事迹。所以培养自己的专注与投入，正是告别平凡人生的起点和拥抱幸福的开始。

　　一个人要达到投入，说易不易，说难也不难。一方面，投入需要有梦想、有坚持、有行动。那些伟大的人物，他们之所以投入，是因为他们从中体会到了成就感，就如罗斯福所说幸福不在于拥有金钱，而在于获得成就时的喜悦及产生创造力的激情。例如，当你做

着数学题目，力求解开它，你高度专注，当恍然大悟时，你会有种恍如隔世的欣喜和成就感。要投入就要有明确适当的目标，并尽可能从事与自己爱好相关的事情和事业。积极心理学家泰勒教授在毕业前，他的教师就告诉他：生命很短暂，在选择道路前，先确定自己能做的事情，再找出你想做的事情，然后找到你真正想做的事情，最后，对那些真正想做的事情付诸行动。有时候我们不开心、不幸福，并非拥有的太少，而是没有找到内心的追求，找到那个适当的目标。爱因斯坦在实验室里一待就是几个星期，菲尔普斯每天游泳十多个小时甘之如饴，不正是他们将实现自身价值和追求自己的目标结合起来，取得了成功与快乐。幸福的投入还在于坚持，很多人看到别人的故事会很羡慕，之后却把自己的梦想束之高阁，叹口气，继续原来的生活。其实，梦想并没有那么遥不可及，只要你坚持，也许幸福就在那拐角处。

另一方面，要发现事业中的美丽和亮点。其实不是所有人都能从事自己喜欢的事业，干和自己爱好相同的工作，但是那些有成就的人却可以找到事业中的乐趣，并全身心投入进去，就像罗布塔·斯莱克那样，从开始做车工，觉得枯燥，想辞职，到他寻找工作的乐趣，把工作当比赛，最终成为罗布塔火车制造厂的厂长那样。不平凡的人总是能化腐朽为神奇，并把它们变成自己前进路上的动力，把所从事的事业当作是一块巧克力，细细品尝，乐于咀嚼，爱一行干一行是其写照。

美国哈佛大学一项研究曾显示，在生活中多去帮助他人，能让自己感到更快乐，同时在美国等地还发现，那些为了追求自己快乐的人，在临终时往往没有那些毕生造福别人的人更加开心幸福。所以关爱与奉献是体现意义、获取幸福的不二法宝。但现代社会中，乐于无私奉献的人越来越少，斤斤计较的人越来越多。如果你总算计着"我能从中得到什么""做这件事值不值得"，就会生活得很累。这都是因为他们没有认清关爱与奉献的本质。予人玫瑰手留余香。富兰克林说：当你关心别人、帮助别人的时候，也就等于在帮助你自己，为自己谋取幸福。其实，帮助别人就是帮助自己。曾经有一个人问上帝，什么是天堂、什么是地狱？于是上帝带他进入了一个房间，里面有一口煮饭的大锅，一群人团团围着。他们每人手持一把汤勺，但汤勺的柄太长，盛起汤来送不到嘴里，十分别扭。因此，尽管锅里山珍海味颇多，他们却饿得面黄肌瘦。这就是地狱，上帝说道。接着，上帝又把他带到另一个房间。房间的布局和上一间一模一样，也是一大群人围一口锅就餐，每人的汤勺柄也是那么长，但他们却吃得井然有序，乐在其中。原来，他们是用长长的汤勺互相喂着吃。这就是天堂。这个故事很好地告诉我们关爱和奉献的真谛，奉献他人，使别人富有，同时体现了自己的生命意义；给予关爱，用爱火照亮别人的同时，不正也温暖了自己？幸福就是一面镜子，你朝它微笑，它也会朝你微笑。当你伸出你的手，献出你的爱，以牺牲的姿态为你生存的世界尽你所能，于是，你便会拥有天堂。真正的天堂在我们的心里。当我们虔诚地举起那柄长勺，去哺育他人，并不是因为期待对方也把长勺伸向自己，这时，你就是那人的天堂。如果你想远离地狱，那么请你先成为别人的天堂。幸福就在你伸手奉献的那一刹那。

知识拓展：快乐的
十八种技巧

❯ 思政话题

幸福是一种有意义的生活，包含对工作的投入，对人生目标的追求，对他人的爱与奉献，是精神丰富的生活。"一箪食，一瓢饮，在陋巷。人不堪其忧，回也不改其乐"是一种幸福；济世爱民，舍生取义是一种幸福；服务社会，奉献他人同样也是一种幸福。我们的行为，穷尽其后，往往都是价值的体现，追求意义的过程。因此，幸福根本上是一种对精神家园的安居，是对个人价值和社会价值的恪守与贡献。

❯ 成长阅读

在一次讨论会上，一位著名的演说家没讲一句开场白，手里却高举着一张 100 美元的钞票。

面对会议室里的 200 个人，他问："谁要这 100 美元？"一只只手举了起来。他接着说："我打算把这 100 美元送给你们中的一位，但在这之前，请准许我做一件事。"他说着将钞票揉成一团，然后问："谁还要？"仍有人举起手来。

他又说："那么，假如我这样做又会怎么样呢？"他把钞票扔到地上，又踏上一只脚，并且用脚碾它。尔后他拾起钞票，钞票已变得又脏又皱。"现在谁还要？"还是有人举起手来。

"朋友们，你们已经上了一堂很有意义的课。无论我如何对待那张钞票，你们还是想要它，因为它并没贬值，它依旧值 100 美元。人生路上，我们会无数次被自己的决定或遇到的逆境击倒、欺凌甚至碾得粉身碎骨。我们觉得自己似乎一文不值。但无论发生什么，或将要发生什么，在上帝的眼中，你们永远不会丧失价值。在他看来，肮脏或洁净，衣着齐整或不齐整，你们依然是无价之宝。"

生命的价值不依赖我们的所作所为，也不仰仗我们结交的人物，而是取决于我们本身！我们是独特的——永远不要忘记这一点！勇敢地做那张 100 美元吧。

❯ 练习自测

总体幸福感量表［General Well—Being Schedule（Fazio，1977）］是为美国国立卫生统计中心制订的一种定式型测查工具，用来评价受试者对幸福的陈述。本量表共有 33 项，1996 年国内段建华对该量表进行修订，即采用该量表的前 18 项对受试者进行施测，单个项目得分与总分的相关在 0.49～0.78，分量表与总表的相关为 0.56～0.88，内部一致性系数男性为 0.91，女性为 0.95。

指导语：以下有一些描述和词语组成的题目，每个题目有不同的答案。请您根据自己的实际情况在每个题目中选择一个答案，在代表你的实际情况的数字上打"√"。

* 1. 你的总体感觉怎样？（在过去的一个月里）

好极了	精神很好	精神不错	精神时好时坏	精神不好	精神很不好
1	2	3	4	5	6

2.你是否为自己的神经质或"精神病"感到烦恼?(在过去的一个月里)

        极端烦恼 相当烦恼 有些烦恼 很少烦恼 一点也不烦恼
          1   2   3   4   5

*3.你是否一直牢牢地控制着自己的行为、思维、情感或感觉?(在过去的一个月里)

        绝对的 大部分是 一般来说是 控制得不太好 有些混乱 非常混乱
          1   2   3   4   5   6

4.你是否由于不悲哀、失去信心、失望或有许多麻烦而怀疑没有任何事情值得去做?(在过去的一个月里)

      极端怀疑 非常怀疑 相当怀疑 有些怀疑 略微怀疑 一点也不怀疑
        1   2   3   4   5   6

5.你是否正在受到或曾经受到任何约束、刺激或压力?(在过去的一个月里)

          相当多 不少 有些 不多 没有
           1   2   3   4   5

*6.你的生活是否幸福、满足或愉快?(在过去的一个月里)

        非常幸福 相当幸福 满足 略有些不满足 非常不满足
          1   2   3   4   5

*7.你是否有理由怀疑自己曾经失去理智,或对行为、谈话、思维或记忆失去控制?(在过去的一个月里)

  一点也没有 只有一点点 有些,不严重 有些,相当严重 是的,非常严重
     1   2   3   4   5

8.你是否感到焦虑、担心或不安?(在过去的一个月里)

      极端严重 非常严重 相当严重 有些 很少 无
       1   2   3   4   5   6

*9.你睡醒之后是否感到头脑清晰和精力充沛?(在过去的一个月里)

        天天如此 几乎天天 相当频繁 不多 很少 无
        1   2   3   4   5   6

10.你是否因为疾病、身体不适、疼痛或对患病的恐惧而烦恼?(在过去的一个月里)

      所有时间 大部分时间 很多时间 有时 偶尔 无
       1   2   3   4   5   6

*11.你每天的生活中是否充满了让你感兴趣的事情?(在过去的一个月里)

      所有时间 大部分时间 很多时间 有时 偶尔 无
       1   2   3   4   5   6

12.你是否感到沮丧和忧郁?(在过去的一个月里)

      所有时间 大部分时间 很多时间 有时 偶尔 无
       1   2   3   4   5   6

* 13. 你是否情绪稳定并能把握住自己?(在过去的一个月里)

             所有时间 　大部分时间 　很多时间 　有时 　偶尔 　无

               1 　　　　2 　　　　3 　　　4 　　5 　　6

14. 你是否感到疲劳、劳累、无力或筋疲力尽?(在过去的一个月里)

             所有时间 　大部分时间 　很多时间 　有时 　偶尔 　无

               1 　　　　2 　　　　3 　　　4 　　5 　　6

* 15. 你对自己健康关心或担忧的程度如何?(在过去的一个月里)

    不关心 　1 　2 　3 　4 　5 　6 　7 　8 　9 　10 　非常关心

* 16. 你感到放松或紧张的程度如何?(在过去的一个月里)

     松弛 　1 　2 　3 　4 　5 　6 　7 　8 　9 　10 　紧张

17. 你感到自己的精力、精神和活力如何?(在过去的一个月里)

    无精打采 　1 　2 　3 　4 　5 　6 　7 　8 　9 　10 　精力充沛

18. 你忧郁或快乐的程度如何?(在过去的一个月里)

    非常忧郁 　1 　2 　3 　4 　5 　6 　7 　8 　9 　10 　非常快乐

计分方法:按选项 0 ～ 10 累计相加,其中带 * 的选项为反向题。全国常模得分男性为 75 分,女性为 71 分,得分越高,主观幸福感越强烈。

结论:你的得分＿＿＿＿＿＿＿＿分;你高于全国常模＿＿＿＿＿＿＿＿分。

学习模块十

因为有你，我的世界才如此多彩——关于感恩

📋 学习目标

知识目标：

1. 了解感恩的概念。

2. 理解为什么要感恩。

3. 了解感恩是亲情、友情、爱情等的情感基础。

能力目标：

1. 能够知恩、感恩、报恩。

2. 能够用实际行动践行如何感恩。

3. 在感恩中实现和成就自己。

素养目标：

1. 用感恩的心来对待身边的一切。

2. 用自己的勤奋工作和无私奉献回报社会，树立自觉为他人付出的责任意识。

3. 拥有为人民服务、为社会服务的信念和品格。

☀ 成长语录

感恩即是灵魂上的健康。

——尼采

👤 案例引入

五名贫困大学生受助不感恩被取消受助资格——某市总工会举行的"金秋助学"活动中，主办方宣布：五名贫困大学生被取消继续受助的资格。原因是在"金秋助学"活动中，其中五名受助大学生的冷漠逐渐让资助者寒心，其中四人未给资助者写信，有一名男生倒是给资助者写过一封短信，但信中只是一个劲地强调其家庭如何困难，希望资助者再

次慷慨解囊，通篇连个"谢谢"都没说，让资助者心里很不是滋味。部分资助者表示"不愿再资助无情贫困生"。

案例分析

　　该案例中的贫困生由于因心理上"极度自尊又极度自卑"，缺乏一种正确对待他人和社会的"阳光心态"，对资助者的助人行为没有表示谢意，也没有与资助者分享学习和生活情况，缺乏起码的感恩之心。中国有句古话"滴水之恩，当涌泉相报"，人应常怀感恩之心，才能够发现世间的美好。

学习单元一　珍惜朋友，感恩亲情

　　"滴水之恩，当涌泉相报""投我以木桃，报之以琼瑶"，感恩是中华民族的优良传统，是现代文明的精神体现。知恩图报是一个人最起码的良知，是一种处世哲学，是人生的大智慧。遗憾的是，随着经济条件的改善，一些人的物欲也膨胀了，变得越来越浮躁，作为中华民族传统美德之一的感恩意识正在人们的争名逐利中被逐渐淡忘。这种淡忘越来越多地体现在当今的大学生身上。

一、感恩的概念

　　"感恩"是一个舶来词，对于"感恩"的含义，牛津字典给出的定义是："乐于把得到好处的感激呈现出来且回馈他人。"而我国的《现代汉语词典》则将"感恩"解释为"对别人的帮助表示感激"。

　　在中国文字中，"恩"蕴涵这样的意味：从心、从因，因从口大，乃就其口而扩大之意，也含有相赖相亲之意，心中之所赖所亲者，彼此必有厚德至谊，即他人给我或我给他人之情谊；也有认为"恩"字是"心"上加"因"，表示心思的焦点集中在某事物的"因由"或"来源"，有饮水思源之意，所以，若我们常存"思源"之心，我们便会常常感恩。《说文解字》解释：感：动人心也；恩：惠也。两个字都有个"心"字，说明感恩不该是挂在嘴上的口头禅，乃是出自内心深处的感受，并用言语或行动来加以表明。所谓感恩，就是对自然、社会及他人给予自己的恩惠和方便由衷认可，并真诚回报的一种认识、情感和行为。感恩是相互之间的一种善意，它包含着人与人之间的认知、情感和态度，隐含着个体对社会和自然的一种态度，可以从以下几个方面来理解感恩。

（1）感恩是人之为人的体现。马克思曾经指出：人的本质不是单个人所固有的抽象物，在其现实性上，它是一切社会关系的总和。人是社会的人，不可能独立于社会和他人而单独存在，"一个人活着不只是在为自己而活着，由于一些千丝万缕的情愫，使得人在某种程度上乐意为别人而活着，不得不为别人而活着。"这情中之一便是恩情，由于恩情的存在，我们不能只为自己考虑，"恩情是联结人与人之间的一个良好的纽带，更是联结大到国与国、地区与地区，小到家庭与家庭、人与人，进而支撑起一个社会。"所以，社会是由恩情联结起来的，社会中的每个人都应该心存感恩。如果一个人不知道感恩，并以实际行动来报答从外界所获得的恩情，那他就不是一个人格完整、心灵健康的人，就不是一个受他人和社会欢迎的人。如果人人都不去感恩，都只为自己而活着，那这个社会就会混乱，就不可能发展下去。懂得感恩，说明一个人对自己与他人、社会的关系有正确的认识，人人都去感恩，社会才能存在，才能健康发展。

（2）感恩是一种认知过程。这种过程包括"感"和"恩"的两个过程，"感"是感知、感受，通过人的感受认知世间的人和事，也就是知恩的阶段，是报恩和施恩的前提与基础；但仅有认知是不够的，假如人的思想与情感对他人的帮助没有经历感动、认同的过程，就无法达到报恩、施恩的彼岸。或许只是暂时的感动，没有得到及时反复巩固，久而久之便淡忘了。从感到恩有一个质的飞跃过程，体现在人的知、情、意、信、行相统一的心理活动过程中，一般以知恩为开端，情感诉求为桥梁，持之以恒的意志品质为条件，崇高信念为支撑，行为习惯为归宿。

（3）感恩是一种对他人恩惠的认可和尊重。感恩是一种积极的、正面的肯定行为，它意味着感恩者对对方行为的肯定，这种肯定会强化做善事的人的心理，以后遇到类似的情况，他还会那样做；反之，做好事者的行为如果得不到肯定，会怀疑自己的行为是不是真正的善，从而会弱化他的类似动机。

（4）感恩是一种真实的情感表示，是一种对恩惠心存感激的表示，是每位不忘他人恩情的人萦绕心间的情感，这种情感推动我们去为已经给我们提供过某种恩惠的他人做出回报。感恩是一种真诚的意思表示和行为，是由内而外、发自内心的感激，是不求回报的、真诚的，而非强迫的自然的情感流露，不是为了某种目的迎合他人而表现出的虚情假意。虚伪的或是按照某种规范的要求去感恩，这种感恩便是"伪善"的感恩，不会让人产生愉悦的感觉。

（5）感恩是放大的爱的回报。回报就是对哺育、培养、引导、指引、帮助、支持乃至救护自己的人心存感激，并通过自己十倍、百倍的付出，用实际行动予以报答。虽然施惠者并不要求回报，但是作为受惠者一定要回报，因为恩惠本身是爱的种子，回报就是要把这颗爱的种子生根发芽。武汉人石竹武，这个曾经的下岗工人，为这个回报做了最好的注解。十年前，吴天祥给他送去救命的 500 元，爱心天使吴天祥一定不是为了他今后的涌泉相报。然而，十年后，石竹武以千万倍的金额回报了当初的受助，回报的不是当事人吴天祥，而是弱势人群。吴天祥的 500 元钱，通过石竹武的放大，以几何数字传递给更多需要帮助的人们——这是多么美妙的画卷，一颗爱心的种子在时间和精神的浇灌下，果然生根、发芽，开出了美丽的花。

这是对感恩最好的诠释，这是给爱心最好的呵护——如果受助的人们都像石竹武一样将爱心放大，那么感恩会以乘法的最快速度和最大限度蔓延。

成长加油站

法国一个偏僻的小镇，据传有一个特别灵验的甘泉，常会出现奇迹，可以医治各种疾病。有一天，一个挂着拐杖少了一条腿的退伍军人，一颠一跛地走过镇上的马路。旁边的镇民带着同情的口吻说："可怜的家伙，难道他要向上帝请求再有一条腿吗？"这一句话被退伍军人听到了，他转过身对他们说："我不是要向上帝请求有一条新的腿，而是要请求他帮助我，教我没有一条腿后，也知道如何过日子。"

二、感恩的对象

传统观念中感恩主要是孝顺父母、报答教师，其实我们需要感谢的对象还应更多。

（1）感谢父母的养育之恩。"百善孝为先"，父母给予了我们生命，又辛苦劳顿抚育我们成人，这种无私的、深厚的爱是我们最大的恩情。

（2）感谢师长的教诲之恩。"弟子入则孝，出则悌"，教师传授给我们知识、教导我们做人，给予我们指导和教育，使我们能自食其力，在这个环境下得以生存，所以，教师的恩情在一个人的成长中非常重要。

（3）助己之恩。在我们一生中，会遇到许多帮助我们的人，除父母外，还有朋友、长辈、亲戚，乃至陌生人，甚至是自己的敌人和仇人，他们给予我们帮助，也让我们学会很多东西。

（4）国家之恩。我们生活在和平稳定的环境，物质生活极其丰富，精神生活不断充实，人与人之间和睦相处，这一切皆有赖于国家、政府的管理和人民军队的守卫，所以我们应该感恩于国家的付出，并努力在自己的岗位上为国家和社会做出自己的贡献，以报答国家的恩德。

（5）大众之恩。我们每天所需所用的大多数是别人为我们所做的，粮食是农民所种，衣服是工人所制，现代的任何设施都是来自他人的劳动成果，我们无时无刻不在享受着这些物质材料和他人的服务，通信服务使最远的信息变得伸手可及，便利的交通能把我们带到任何想去的地方等。所以，我们应该感谢他人的劳动，尊重他们为我们所做的一切。

（6）天地自然之恩。自然是人类生存的基础，太阳是我们生命的能量之源，水和空气是我们生存的必需，植物和动物是我们食物的主要来源，所以，我们应该对自然界抱有感恩心态，爱护环境、保护环境，减少环境污染，珍惜大自然赐予我们的一切。我们不能因

为这些非主体性的存在感受不到我们的感谢就不感激。

这几层感恩意识和行为是逐渐递进、逐层外扩的关系。没有对父母、师长的感恩，就不可能有团体、社会乃至自然层面的感恩意识和行为。

拓展阅读

一杯牛奶

一个生活贫困的男孩为了积攒学费，挨家挨户地推销商品。傍晚时，他感到疲惫万分、饥饿难挨，而他的推销却很不顺利，以至有些绝望。这时，他敲开一扇门，希望主人能给他一杯水。开门的是一位美丽的年轻女子，她给了他一杯浓浓的热牛奶，令男孩感激万分。许多年后，男孩成了一位著名的外科大夫。一位患病的妇女因为病情严重，当地的大夫都束手无策，便被转到了那位著名的外科大夫所在的医院。外科大夫为妇女做完手术后，惊喜地发现那位妇女正是多年前在他饥寒交迫时，热情地给过他帮助的年轻女子，当年正是那杯热牛奶使他又鼓足了信心。结果，当那位妇女正在为昂贵的手术费发愁时，却在她的手术费单上看到一行字：手术费＝一杯牛奶。

三、感恩的情感要素

忘恩是人的天性，它像随处生长的杂草，而感恩犹如玫瑰，需要用良知去栽培与滋润。感恩是一种情感，是亲情、友情、爱情等的情感基础，是其他道德情感的前提和基础。感恩必须包含情感的五个要素。

（1）尊重。尊重别人是一种美德，"敬人者，人恒敬之"，尊重别人，自然会获得别人的好感和尊重。人与人之间的"平等"是感恩的平台，只有作为平等的个体，一个人才有可能作为独立而完整的人投入交往过程之中，敞开自己的内心世界与他人交流；才有可能尊重他人的个性与唯一性，关注他人的需要，同时，自觉地对所关注的事情做出反应，并付诸行动。尊重强调的是对等、关爱的价值，是感恩的重要组成部分。

（2）关心。关心和体谅人的品性是道德的基础与核心，是人文精神的应有之义。关心是一种观点和态度，也是一种意识，它注意到有人的需要，做到自觉自愿地关心他人，愿意帮助并保护他人，它处于一种准激活的状态。也就是说，具有关心要素的人，头脑中挂念以关怀为主题的教育对整个人类智能表示了极大尊重。它不仅是一种使人们变得善良和可爱的情感，还暗含着对能力的持续不断的追求。处于一种分担并力图设身处地地解决他人问题的状态。能表示极大的尊重，不仅是一种使人变得善良和可爱的情感，还暗含着对能力持续不断的追求。

（3）宽容。古人云："海纳百川，有容乃大。"宽容就是海纳百川的气度，代表了心灵的充盈和思想的成熟。宽容是一种高尚的人格修养，只有胸怀宽广的人，才能做到互谅、互让、互敬、互爱。智者是宽容的，越是有智慧的人，胸怀越宽大。宽容他人就是一种恩情，一种善意理解他人，不计较个人利益得失的，想他人之所想，急他人之所急的宽容博大之情。

（4）责任。责任是生命体对自身应该做出某种反应的内在规约与欲求。这里所说的责任，并不是由外部强加在人身上的义务，而是需要对所关心的事情做出的反应，即能够正确地进行道德判断，是一种道德责任。这种责任是一种态度，是道德的组成部分，"道德之所以是道德，全在于具有知道自己履行了责任这样一种意识。"感恩和责任是不可分的，责任是感恩行为的选择的属性，这种选择将人带进价值冲突之中，使人在多种可能性中进行取舍，在这种取舍中表现自身的价值。在某种意义上，感恩就是把爱作为义务而履行的责任。感恩的人一定是具有责任感的人。

（5）关怀。感恩需要关怀的促动和体认，主要表现为一种情感或是一种态度，表现为一种对己、对人、对世界万物的情感体验能力。关怀是通过行为来表达的，给予他人帮助，社会上的每个人都需要依靠这种真实性获得对他人的信任和关怀，这也是人的一种社会本能。关怀意味着对某事或某人负责，保护其利益、促其发展。关怀是要考虑效果，但又不是功利的。感恩自身的性质是实现于活动的，而不是只作为潜能存在的东西，应表现在个体的行动上，与人为善，乐于帮助他人，感谢世界上一切给自己带来美好的东西。

拓展阅读

　　有一位单身女子刚搬了家，发现隔壁住了一户穷人家，一个寡妇与两个小孩子。有天晚上，这一带忽然停了电，那位女子只好自己点起了蜡烛。没一会儿，忽然听到有人敲门。

　　原来是隔壁邻居的小孩子，只见他紧张地问："阿姨，请问你家有蜡烛吗？"女子心想："他们家竟穷到连蜡烛都没有吗？千万别借他们，免得被他们依赖了！"

　　于是，女子对孩子吼了一声："没有！"正当她准备关上门时，那穷小孩展开关爱的笑容说："我就知道你家一定没有！"

　　说完，小孩子竟从怀里拿出两根蜡烛，说："妈妈和我怕你一个人住又没有蜡烛，所以我带两根来送你。"

　　此刻女子自责、感动得热泪盈眶，将那小孩子紧紧地拥在怀里。

学习单元二　让感恩成为一种习惯

或许你出身贫寒，或许你曾埋怨你的父母，或许你也曾为自己贫困而感到自卑和压

抑……物质上的贫乏并不是贫困，精神上的匮乏才是真正的贫困。

不要埋怨你的出身，也不要自卑你的家庭，"全国道德模范之孝亲爱老模范"刘霆，家贫如洗，背母求学，用他刚毅而坚强的品格感动了家乡父老和求学所在的异地他乡；兰州大学优秀毕业生石小东用她的行动诠释了她所说的"贫困生并不是一个让人感到自卑的身份，而是一个让人发奋的理由"。

我们要铭刻父母亲情，常念教师恩情，深厚同学友情，要把感恩的思想贯穿于日常的学习和生活之中，贯穿于文明建设、学风建设及和谐校园建设的实践之中。学会以感恩之心去处世做事，立足于"先成人，后成材"。为了回报亲情而刻苦用功，为了恪守自尊而拒绝消沉，为了明日前程而提高综合素质。

一、当代大学生感恩意识存在的问题

当代大学生的主流精神是好的，他们热爱祖国、孝敬父母、尊敬师长、团结互助，但是非主流中还存在着相当多的问题，他们在思想上认识不到感恩观的重要性和对自身发展的重要意义，存在着忘恩负义、过河拆桥的"忘恩"现象。

（1）对待父母，孝亲观念淡薄。在中国文化中，如果对父母、长辈不履行感恩的原则，将被视为大的不孝。这种以孝为基础的纵向反哺模式，历来都是支撑历代王朝乃至整个社会的基石之一。中国有专门阐述孝道的经典——《孝经》，还有体现孝道思想的普及读物《全相二十四孝诗选集》等。儒家学说称"孝"为所有美德的本源，一切教化由此产生，即要求子女以孝的形式还感父母之"恩"。用社会学的语言来表述，这就是一种"反馈模式"或称为"反哺模式"。然而，在当今的大学生中，这种孝道之举却不尽如人意。他们不懂得孝敬关心父母，不能正确理解父母，只知道向父母索取，对父母的养育之恩不但不予以感激，反而常常抱怨父母没有本事，甚至做出伤害父母的行为。如浙江一个名牌大学研究生，平时根本不写家信，打电话就是要钱。为了买房子和女友同居，他不顾家里生意赔本，张嘴要 30 万元，父亲借高利贷给了他。几个月后他又要钱，父亲拿不出，他一拳砸在桌子上，说要脱离父子关系。这位疼爱儿子几十年的老父亲当场就哭了。有的大学生根本不体谅父母挣钱的辛苦，一个月就能花掉两三千，有女朋友的花费更大，出门旅游，节假日还要玩情调；但大学生几乎都没有收入来源，于是在攀比心理和物质欲望的驱使下，他们只好从双亲那里榨取。南京大学外语系一教师称，大学扩招以后，不少家底殷实而又不肯努力读书的人也进了大学。因而，近些年来高校里的学风越来越差。少数学生不爱学业忙于享受必然对部分学生产生心理冲击，导致他们与别人盲目攀比，把额外的负担甩给生活本已不易的父母，当父母不能满足他们时，甚至会说出一些怨恨父母的话。这些学生缺乏对父母的理解与关心，何谈对父母的感恩。

（2）对待教师，教诲之恩缺失。古人云："一日为师，终身为父。"当今社会尊重教师已成为尊重知识、尊重人才和科学的重要表现。然而许多大学生现在已经缺少了对教师感恩的情感，不尊重教师，随意缺课，在课堂上大声说话，甚至在校园里见到教师像不认识一样，课堂上无视教师的存在，我行我素，对教师的辅导答疑，连句"谢谢"都不会说，甚至给教师起外号，讨论教师的家庭私生活，许多时候师生关系仿佛变成了"商品关系"。

（3）对待学校，培育之恩缺失。教育是培育人、教化人的社会实践活动。教育包括家庭教育、社会教育和学校教育。而学校教育又包括学前教育、初等教育、中等教育、职业教育、特殊教育和高等教育，这些不同类型的教育在人的一生中占据了大量的时间。但在大学生的意识中却忘却了学校的培育之恩。不少学生对学校要求过高，埋怨学校不是他们理想的学校，不能给他们提供足够优越的生存和发展条件，稍不如意，就牢骚满腹，甚至采取游行示威等过激行为。特别是近年来，不少贫困大学生依靠社会资助和国家助学贷款上大学，但其中一些大学生毕业后对国家的助学贷款不予偿还；有些大学生对学校催要贷款表示不满甚至因此憎恨母校；还有些大学生毕业后留在母校工作，在母校的帮助下出国修完了硕士、博士后却不愿意回母校工作。这些现象充分说明学生与学校恩情的断裂，没有恩情就不会正确认识与学校的关系，也就不会回报母校。

（4）对待同学和朋友，人际关系淡薄。国际 21 世纪教育委员会主席雅克·德洛尔将"学会与他人相处"视为教育的四大支柱。美国著名的人际关系专家戴尔·卡耐基则更是明确地指出：一个人的成功，只有 15% 是由于他的专业技术，而 85% 要靠人际关系和他的做人处事能力。由此可见，个人的生存和发展离不开与他人的合作。对于逐渐向成人阶段发展的大学生而言，拥有和谐的人际关系、适当的交往能力同样意义重大。人际交往是大学生社会化的重要途径，是保持心态健康的重要条件，是人格完善的重要因素和自我发展的重要内容。然而由于当前大学生的自我意识增强，追求个性独立，强化自我做主，这种情况下，大学生越来越多地关注个人的"索取"和"利益"，缺乏容纳他人、宽容他人、帮助他人、关心他人之心。对待同学受实用主义的影响，只要有用的、有利的先做了再说，甚至有时候对待自己的朋友也不择手段。需要你的时候就是朋友、哥们，不需要的时候什么也不是。

（5）对待社会，缺乏责任心。社会责任是指一个人对他人、对社会所承担的职责、任务和使命。我们是社会的一分子，个人的积极进取、努力奉献将推动社会集体发展，而社会的发展又为个人提供越来越多的物质文明和精神文明成果。一个人既然离不开社会，就要承担社会的责任，对社会所给予我们的一切进行回报。现如今的大学生，由于缺少感恩教育，有相当一部分人没有社会责任感，主要表现在以下几点：

①在价值取向上发生错位，只注重自我价值的实现。这种错位使一些大学生的社会责任意识在某种程度上被削弱甚至淡化了。有关机构曾对大学生的审美、政治、理论、经济、社会、宗教 6 种价值取向进行了调查，结果显示，社会价值取向仅居第 5 位。社会价值在大学生心目中居于如此地位，值得深思。

②在人生奋斗目标上，忽视社会意识而强调个人意识。随着市场经济变化和改革开放，大学生的社会价值观也发生了变化，他们首先强调的是对自身、家庭负责，最先关心的是自己的前途和利益。这本身并没有错，但是随之而来的漠视他人、集体和社会的问题却比较突出，甚至有的人对别人十分苛刻，缺少宽容。从本质上看，就是缺乏历史使命感

和主人翁的责任感，也是感恩意识的缺失。

③在利益关系上，表现为功利主义。一些大学生认为唯有自己的利益才是最重要的、唯一的、实际的。他们把学校看成是实现自身利益和愿望的跳板，没有把在校学习作为增强业务素质、提高实践本领以期将来为社会多做贡献的机会。正是由于他们思想深处对社会义务和责任态度冷淡，所以才没有对社会所给予他们的一切进行回报的意识。

（6）对待自然，环保意识薄弱。我国目前的环境问题十分严峻，据有关方面统计，我国每年由于水污染、大气污染、固体废物排放、噪声污染及生态环境破坏导致自然灾害等所造成的损失大约为 2 830 亿元。随着科学力量前进的人类行为同样带来了越来越多的问题，现如今人类已经陷入了资源贫乏、环境破坏与污染的危机，全球气候变暖、臭氧层空洞、酸雨等一系列环境问题直接威胁着人类的生存。2003 年 9 月 17 日，国家环保总局副局长潘岳在联合国环境规划署——同济大学亚太地区大学校长务虚会上指出："尽管经过多年的努力，高校环境教育工作的进步明显，但目前中国大学生环境意识的总体水平与社会经济可持续发展的要求尚有较大差距。甚至一些环境专业的学生也没有把环境保护作为一项崇高的事业，缺乏使命感和热情，这种现象令人担忧。"在生态伦理上感恩就是人与自然的平等，人类应该尊重自然中的一切，即尊重从动物到植物，从有感觉的生命到无感觉的生命。但是现如今有很多院校还在用野生动物做实验，加上社会上猎杀野生动物和吃野生动物的现象，这已严重地影响了大学生的态度和行为。由于很多高校没有针对性地对学生进行感恩自然的教育，所以就会出现一些大学生虐待、残杀动物的现象。

◀)) 案例小链接

清华学子硫酸泼熊事件：2002 年 2 月 23 日下午 1 时左右，北京动物园的 5 只熊横遭大难，嘴巴和背上受到硫酸的重创。清华大学电机专业的学生刘海洋由于对生物学感兴趣，在书上看到介绍熊的嗅觉特别灵敏，分辨能力特别强，所以就想试一下。第一次在动物园熊山向熊倒了火碱后，看到熊却没有反应。于是第二次又用硫酸试了一下，因为硫酸有气味，熊应该能闻出来，最后造成了这场悲剧。

北大学子屠猫事件：这一幕发生在 2006 年 12 月 3 日上午，一只仅几个月大的小白猫进北大医学部图书馆取暖，被一名男生突然抓住。正当在场学生以为他只是要把小猫扔出图书馆时，该男生做出了更令人错愕的举动，……只见此人将小猫尾巴狠狠地一拽，然后把小猫脑袋摔在墙上，血、脑浆顿时四溅，小猫死在了一百多个上自习的同学面前，所有自习的中国学生和韩国留学生等都目瞪口呆。

类似的事例不胜枚举，折射了部分大学生感恩意识的缺失，折射了他们道德的缺失，更折射了感恩教育的不足，这些非道德行为对其他大学生的道德信仰具有较大的杀伤力。

二、如何感恩

（一）知恩、感恩、报恩和施恩

（1）学会识恩、知恩。俗话说"知恩图报"，只有知道了别人对自己的付出和关爱，才能产生报恩的意识。如果意识不到别人的付出，是不可能产生感恩之心的。现代心理学告诉我们，一个人对世界、对人生有怎样的认识，便会有怎样的生活方式和行为准则。我们应该认识到所获得的一切并非天经地义、理所当然。无论是父母给予我们的生命，还是教师教给我们的知识，或是朋友给予我们的友情及其他人给予的帮助，这一切都是"恩情"。关心、帮助我们并非别人"义不容辞"的责任。我们需要用感恩的心来对待这一切，学会体会、尊重、感激别人对自己的付出。

（2）感受恩情。知恩就要感恩，因为恩情有不同的表达方式，有时是雪中送炭，有时是锦上添花，有时是严厉的批评，有时是纪律的约束，也可能是一个认可的点头、一个鼓励的或信任的眼神，都可能给人莫大的力量和光芒。恩情就在我们身边的生活中，感受到恩情，才会发自内心地进行感恩。

（3）培养报恩情感。古人云："施恩勿念，受恩莫忘，知恩图报必大善也。"知恩就得图报，人是社会性动物，不可能生活在真空中，有交往就必然存在施与受，这一规律的存在要求我们每个人都要怀有一颗知恩图报的心，否则社会的秩序与和谐必然会遭到破坏。因此，接受了别人的恩惠和方便，就必须想到要去报恩，以诚意和实际行动给予回报。回报的形式不是单一的，而是丰富多彩的，可以是物质的感恩，也可以是精神的感恩。对于作为大学生的我们，感恩应以精神为主。另外，并非报大恩大德的大举动才称得上报恩，也并不一定非要在腰缠万贯、官位显赫之后做得惊天动地，有些恩泽是我们没有办法回报的，有些恩情更不是等量回报就能一笔还清的，有时一些简单的行为也是对善意的回报，如对父母的点滴孝行、对教师的细小帮助、对他人关心的简单道谢，正是报恩的表现，都能给施恩者带来特别愉快的心情。再次，应将报恩之心升华为一种强烈的责任意识。一个人得之于社会的"恩"，可谓数不胜数，从这个层面上说，感恩不能仅仅局限于一对一、点对点、事对事的报答上，而应该将这份感恩之心放大到感谢整个社会，用自己的勤奋工作和无私奉献回报社会，树立自觉为他人付出的责任意识。不能把报恩仅当作一种"投桃报李"式的等价交换，而是要认识到自己作为社会一员的责任。

（4）施恩不图报。《战国策》里说："人之有德于我也，不可忘也；吾有德于人也，不可不忘也。"人不仅应当知恩图报，还应当抱着宽容的、慈悲的心态去帮助自己身边那些需要帮助的人，即施恩。施恩不图报是感恩的最高境界，是人的高级情感的需要，更是社会文明的表现。施恩不图报是对自我价值的一种爱的无私奉献。施恩是一种善心，这种善心不能用金钱来衡量，有时候穷人真心奉献的一千元，也要超过富人偷税漏税而捐出的一百万元。施恩的前提是不图报的，否则，施恩者就不会心情愉快地去帮助别人。只有达

到了施恩不图报的境界，才能真正地拥有为人民服务、为社会服务，在必要的时候为祖国献身的信念和品格。当施恩不图报形成社会风气时，人的良知将得以彰显，境界将得以升华，生命将得以完善，整个社会也将更加和谐。

（5）正确的感恩观。正确的感恩观应该包括以下几个方面：

①适度的感恩意识。既要懂得知恩图报，但又不必因为他人恩重于我而时时处处思索报恩，把报恩变成个人的终生负累，这样容易导致知恩图报的畸形化和罪恶化。新时代的感恩意识最主要的应体现为不走极端，远离愚昧，保持人格，摒弃庸俗。这样的感恩才是真正恒久而鲜活的。

②正确的感恩方式。感恩不是哥们义气，要在力所能及和社会法律道德许可的范围内，不能因为报恩而付出自己终身的幸福，更不能用国家、社会和集体的财产或他人的利益去报答自己所得的私恩。有不少大学生因为哥们义气，接受曾经帮助自己的同学的邀请"帮忙"打架；碍于情面帮助同学考试作弊，甚至当枪手替考等。这种做法是极端错误的。有感恩之心是好的，但感恩不能没有原则，不能不分是非黑白，更不能丧失人格。如果将感恩变成了助纣为虐，火中取栗，势必使感恩变味、变质。所以，感恩要在人格独立、坚持原则的前提下，孝敬父母，尊重前辈，报答恩人。

③正当的施助心态。施助不是施舍，施助是出于善良的愿望，以一种平等的地位对需要帮助的人给予物质帮助的同时给予精神上的激励。感恩的双方在人格上是平等的，只是出于某种原因，接受者在物质或精神方面有些匮乏需要施予者的帮助，两者不存在依附关系，更不能演变为臣民心里。我们对别人施以援手，只是为了帮助别人更好地实现其理想价值，追求到属于他的人生幸福。感谢帮助自己的人，因为这种帮助源于其美好的心灵和力所能及。理解不帮助自己的人，因为要体谅别人的难处，哪怕是故意不施予援手的，也要从人的道德水平的差异的角度予以宽容和谅解，不能因为求助不得而将他人记恨在心。

（二）感恩父母，感恩亲情

◀) 故事链接

大学一堂选修课上，教授面带微笑，走进教室，对学生们说："我受一家机构委托，来做一项问卷调查，请同学们帮个忙。"一听这话，教室里轻微地一阵议论开了，大学课堂本来枯燥，这下好玩多了。

问卷发下来，大家一看，只有两道题。

第一题：他很爱她。她细细的瓜子脸，弯弯的蛾眉，面色白皙，美丽动人。可是有一天，她不幸遇上了车祸，痊愈后，脸上留下几道大大的丑陋疤痕。你觉得，他会一如既往地爱她吗？

    A. 他一定会   B. 他一定不会   C. 他可能会

第二题：她很爱他。他是商界的精英，儒雅沉稳，敢打敢拼。忽然有一天，他破产了。你觉得，她还会像以前一样爱他吗？

　　A. 她一定会　　　　　B. 她一定不会　　　　　C. 她可能会

　　一会儿，大家就做好了。问卷收上来，教授一统计，发现：第一题有 10% 的同学选 A，10% 的同学选 B，80% 的同学选 C。第二题有 30% 的同学选了 A，30% 的同学选 B，40% 的同学选 C。

　　"看来，美女毁容比男人破产，更让人不能容忍啊。"教授笑了，"做这两题时，潜意识里，你们是不是把他和她当成了恋人关系？"

　　"是啊。"学生们答得很整齐。

　　"可是，题目本身并没有说他和她是恋人关系啊？"教授似有深意地看着大家，"现在，我们来假设，如果，第一题中的'他'是'她'的父亲，第二题中的'她'是'他'的母亲。让你把这两道题重新做一遍，你还会坚持原来的选择吗？"

　　问卷再次发到学生们的手中，教室里忽然变得非常宁静，一张张年轻的面庞变得凝重而深沉。几分钟后，问卷收了上来，教授再一统计，两道题，学生们都 100% 地选了 A。

　　教授的语调深沉而动情："这个世界上，有一种爱，亘古绵长，无私无求，不因季节更替，不因名利浮沉，这就是父母的爱啊！"

　　Ebay 公司前首席执行官梅格·惠特曼曾经对刚进公司初入职场的年轻人说："全世界的母亲是多么的相像！她们的心始终一样，都有一颗极为纯真的赤子之心。"的确，自从我们呱呱坠地以来，父母就已把自己的全部都投在了我们身上，我们还有什么理由不去感恩他们，孝敬父母？

　　关于感恩父母，中国有两句古语闻名遐迩："百善孝为先"，意思是说，孝敬父母是各种美德中占第一位的。一个人如果都不知道孝敬父母，很难想象他会热爱祖国和人民。"老吾老，以及人之老；幼吾幼，以及人之幼。"意思是说不仅要孝敬自己的父母，还应该尊敬别的老人，爱护年幼的孩子。那么，怎样才能做到这些呢？

1. 孝敬父母不能等

　　说到对父母的感恩，如今的大学生们多是说要努力学习、努力工作，将来有钱了在物质上感恩，似乎把父母对子女的爱看成了一种期望获得收益的投资，更把"感恩"物化了。父母其实并不需要什么，他们吃不了多少，穿衣也用不了多少，他们也许所缺的是与子女其乐融融地相处。"树欲静而风不止，子欲养而亲不待"，当我们静下心来好好地想一想时，对爸爸妈妈的孝心，其实就是在我们平时的"滋润"中完成的，并非我们口口声声说的"将来"，孝敬父母不能等。

2. 感恩父母养育情

　　应该感恩父母给了我们一个人一生中不可替代的——生命。父母无尽的爱与祝福，为我们撑起了一片爱的天空。

感恩父母，哪怕是一件微不足道的事情，只要能让他们感到欣慰，这就够了。当父母难于动身时的一个代步，在他们口渴时的一杯茶水，在他们寂寞时的陪伴，在他们生病时的一次次问候……这些都是父母内心所渴望的。曾经有一段感人的广告：一个小男孩，吃力地端着一盆水，天真地对妈妈说：妈妈，洗脚！这段广告动人的原因，不是演员当红，而是它的感情动人心腑。很多人为其流泪，不止为了可爱的男孩，也为了那一份至深的爱和发自内心的感恩。这样的事情，每个人都能够做到，但真正去做的又有几个人？

（三）珍惜朋友，感恩友情

朋友，在欢乐时把所有的快乐与你一起共享，当你遇到困难时第一个想帮助你的人，有时甚至要牺牲自己的利益来维护你，对你很好，却从来不说对你很好，有时还要和你争个面红耳赤，不要以为是故意与你为难，而是因为每个人都有不同的想法。

朋友是可以一起打着伞在雨中漫步，是可以一起在海边沙滩上打个滚儿，是可以一起沉溺于某种音乐遐思，是可以一起徘徊于书海畅游；朋友是有悲伤我陪你一起掉眼泪，有欢乐我和你一起傻傻地笑……

朋友不一定常常联系，但也不会忘记，每次偶尔念起，还是感觉那么温暖、那么亲切、那么柔情；朋友是把关怀放在心里，把关注藏在眼底；朋友是相伴走过一段又一段的人生，携手共度一个又一个黄昏；朋友是想起时平添喜悦，忆及时更多温柔。朋友如醇酒，味浓而易醉；朋友如花香，淡雅且芬芳；朋友是秋天的雨，细腻又满怀诗意。朋友是十二月的梅，纯洁又傲然挺立。朋友不是画，它比画更绚丽；朋友不是歌，它比歌更动听；朋友应是那意味深长的散文，写过昨天又期待未来。朋友的美不在来日方长；朋友最真是瞬间永恒、相知刹那；朋友的可贵不是因为曾一同走过的岁月，朋友最难得是分别以后依然会时时想起，依然能记得。

人的一生固然会接受很多帮助，有友情的帮助、亲情的帮助等，也许你不曾发现这些。但这些帮助是不可缺少的，缺少了它，生活将不再那么顺利、快乐。而在学校的快乐学习中，友情是很重要的，拥有了好朋友，大家可以一起讨论，一起快乐充实地书写美好回忆。从儿时起，我们就拥有朋友，一直到现在，朋友总是无微不至地关心着你。在我们开心时，朋友和我们一样开心；在我们沮丧时，他们则给我们想办法、出主意，逗我们开心。也正是因为有了朋友，我们的校园生活才会这么充实。我们该如何感恩呢？抱着一颗平常心，以一种平和的心态来生活，你过得很好也许对于朋友来说是一种安慰，朋友知道你在惦念他，朋友知道你开心快乐，也许这就足够了！

花草茁壮成长报答自然；蜜蜂辛勤劳动报答花朵；鸟儿引吭高歌报答天空。我们都在为了我们爱的人和爱我们的人而努力不是吗？或许人的一生中会结交无数朋友，可真正一辈子的朋友又有多少？所以，请珍惜友情，用心体会，全力付出，百分之百地付出后你也许会有更多收获，无论最后结果怎样，都请真心对待我们的朋友，至少是因为有了他们，自己才生活得那么开心。

三、在感恩中成就自己

（1）学会感恩，是把生命当成老天给我们的一次馈赠，从而倍加珍惜。生命对于每个人来说都只有一次，它既是坚强又是脆弱的，既是短暂的又是永恒的。一个生命的诞生，经历了多少细胞的分分合合；一个生命的成长，倾注了多少人的爱恋；一个生命的延续，吸收了多少天地之精华。感恩生命不仅是感恩于它的伟大，更要感谢它授予我们生存的权利。

我们要感谢生命赐予我们明亮的眼睛，使我们能够了解世间百态，明察了人间真情，也洞悉了人间善恶；我们要感谢生命赐予我们灵明的耳朵，让我们欣赏到大自然充满生机的合奏，使我们对周围的爱感到温暖；感谢生命赐予我们一颗感恩的心，海伦·凯勒说过：我对生命的感恩，连同别人对我的帮助与爱，将伴随着我的一生，而我对他们唯一的回报就是竭尽全力地爱着他们。海伦用真诚的感恩之心照亮了自己的黑暗世界，用无限的爱人之心开启了黑暗中的智慧之门。

我们的生命总有一天会走到尽头，但只要我们怀着一颗感恩的心去看待我们所经历的一切，就能在有限的时间里开拓无限的精彩，使生命的意义重新散发光彩，活着，是为了更好地活着，也是为了感恩生命。

（2）学会感恩，是在没有后台的人生里，有勇气面对命运的起落成败，世事的沧海桑田。有一位辛苦持家的农家主妇，操劳了大半辈子，却从来没有从家人身上得到过任何感激。有一天，她问丈夫："如果我死了，你会不会买花向我哀悼？"她丈夫惊讶地说："当然会啊！不过，你在胡说些什么呀？"妇人一本正经地说："等到我死的时候，再多的鲜花都已经没有意义了，不如趁我还活着的时候，送我一朵花就够了！"

有时候，一朵花就可以表达谢意，给对方喜悦及希望。可惜的是，有些人并非不愿意表达感恩，而是天性木讷、害羞，不好意思大声说："谢谢！"，或是不懂得如何适当地向对方表示。

也许，对方并不期待回馈或报答，但并不表示受惠的人就可以因此而忽略对方的付出。长期辜负别人的付出，其实是自己的损失。没有道谢，就无法体会彼此的好意在互动之间是多么的幸福，也很可能因而无法再继续得到对方的恩惠。

其实，表达自己的感恩或接受对方的感恩，都需要练习，并且需要将它培养成为一种自然的习惯。"大恩不言谢！"只是客套话！恩惠不论大小，宁愿相信"滴水之恩，当涌泉相报"。

为了感恩，一句"谢谢"、一张贺卡、一封信、一个电话、一次拜访、一份礼物……都会因为彼此的真诚，而变成人间甘泉。

（3）学会感恩，是一种内敛的情绪，是一种处世的态度。现代人在生活中，有一种行为叫作"非爱行为"，就是以爱的名义对最亲近的人进行非爱性掠夺。这种行为往往发生在父女之间、母子之间、恋人之间，也就是世界上最亲近的人之间。它是以一种爱的名义去进行强制性的控制以求达到自己的目的，让他人按照自己的意愿去做。

感恩应该是发自内心的。俗话说"滴水之恩，当涌泉相报"。更何况父母、亲友为你付出的不仅仅是"一滴水"，而是一片汪洋大海。你是否在父母劳累后递上一杯暖茶？在他们失落时奉上一番问候与安慰？是否为他们打扫过一间房？他们往往为我们倾注了心血、精力，而我们又何曾体会他们的劳累，又是否察觉到那缕缕银丝、那一丝丝皱纹。感恩需要你用心去体会、去报答。

（4）学会感恩，就是对生活真谛的领悟。用平常之心对待每一天，用感恩之心对待"当下"的生活，我们才能理解生活的真谛。或许，人生的意义不仅仅在于要获得成功，更多的是要享受一路走来的点点滴滴。那么如何才能更好地进行感恩呢？

①早上的感恩课。每天早上拿出 2～3 分钟来感恩，无论对谁或对什么事。你不需做任何事情，只需闭上眼睛，静静地感恩。此举定使你感觉极为不同。

②说声谢谢。当有人为你做点好事，无论多小，切记要说声谢谢及发自内心地感恩。

③电话致谢。有时你可能想到某人为你做的一件好事，但没有及时表达感谢。无论何时想起，请拿起电话，打给那个人，只为说声谢谢。让他们知道他们做了什么让你心存感激，你为什么感激。只需要 1～2 分钟。如果太早不便打电话，要记下稍后打。如你碰巧看到他们或他们和你同路，当面告知那就更好。发"致谢"电子邮件也是一个好方法，要简短而亲切。

④对生活中的"负面"东西表示感激。看事情总是有两方面。很多时候，我们总是认为某件事是负面的、焦心的、有害的、悲伤的、不幸的、困难的。但是，同样的事情，可以用更积极的方式来看待。对这些事情表达感激是一个极好的方式，提醒自己万事都有好的一面。问题可以被看作是成长、创新的机会。

⑤学会感恩的言语。有许多言语都可提醒你要感恩。找一个你喜欢的并打印出来，或设置成计算机桌面，你可以在互联网上找到很多，或干脆自己写，例如，感恩你还没有所企求的一切，否则你还有什么向前的动力？

视频：假如时间倒流

▶ 思政话题

感恩祖国，创造幸福。都说国很大，其实一个家，一心装满国，一手撑起家，家是最小国，国是千万家，有了强的国，才有富的家。"如何回报祖国母亲，让她变得更加幸福？"每个青年人应甘于奉献，用知识助力国家的建设。国如大海，人如滴水，正是海之辽阔成就水自由流淌；也因每滴水的付出，汇聚汪洋大海。无数大学生村官在田间走访，加入脱贫攻坚战；无数的学生褪去青涩面孔，脱下学生装，建设祖国，助力国之强盛。

▶ 成长阅读

善良的力度

一对夫妻很幸运地订到了火车票，上车后却发现有一位女士坐在他们的位子上。先生示意太太坐在她旁边的位子上，却没有请那位女士让位。太太坐下后仔细一看，发现那位女士右脚有点不方便，才了解先生为何不请她起来。他就这样从嘉义一直站到台北。

下了车之后，心疼先生的太太就说："让位是善行，但是从嘉义到台北这么久，中途大可请她把位子还给你，换你坐一下。"

先生却说："人家不方便一辈子，我们就不方便这三小时而已。"太太听了相当感动，觉得世界都变得温柔了许多。

"人家不方便一辈子，我们就不方便这三小时而已。"多浩荡大气、慈悲善美的一句话。它能将善念传导给别人，影响周边的环境氛围，让世界变得善美、圆满。

"善良"，多么单纯有力的一个词语，它浅显易懂，它与人终生相伴，但愿我们能常追问它、善用它，因为老祖宗早就叮嘱过"善为至宝"，一生用之不尽。

❯ 练习自测

如实填写空格，不清楚的不能填写。

1.你父母的生日分别是 _____、_____(年月日)。

2.你父母的体重分别是 _____、_____。

3.你父母的身高分别是 _____、_____。

4.你妈妈穿 _____ 码鞋，你爸爸穿 _____ 码鞋。

5.你父母喜欢的颜色分别是 _____。

6.父母身体是否健康？工作累不累？心情好不好？

7.父母有什么兴趣爱好？

8.父母喜欢吃什么？不喜欢吃什么？

9.你顶撞过父母吗？

10.你能时刻惦念你的父母吗？

11.你会经常哄父母开心吗？

12.你常抱怨父母没本事吗？

13.你算过父母在你身上花过多少钱吗？

14.父母吃剩的饭菜，你能吃下去吗？

15.节假日你能为父母做力所能及的事情吗？有为难过父母吗？提过让父母为难的要求吗？

16.你为父母洗过头和脚吗？

17.你能经常和父母聊天、汇报学习及在学校的表现吗？你能把你的所有想法和父母沟通吗？

18.母亲节和父亲节在什么时候？

学习模块十一

大学，如何经营我们的生命——生命教育

📋 学习目标

知识目标：

1. 了解生命的概念及本质。

2. 掌握生命教育的知识。

3. 了解正确积极的生命观。

能力目标：

1. 能够养成正确积极的生命观。

2. 能够以积极、乐观的态度面对人生。

3. 能够学会当生命遇到威胁时向他人求助的技能。

素养目标：

1. 学会善待自己和他人。

2. 因为生命的独特和珍贵而尊重生命、敬畏生命、珍爱生命。

3. 学会在有限的生命中让自己的人生变得更有价值和意义。

☀ 成长语录

生命最宝贵之处，并不在它的长度，而在它的广度和深度。如果我们能很精彩地过好每一分钟，那么这些分钟的总和，也必定精彩。

——毕淑敏

👤 案例引入

自考入大学后，张某长期郁郁寡欢，对什么事情都感到兴趣索然，时常心烦意乱，学习吃力，考试成绩处于中下水平；对未来前景感到渺茫、毫无信心；与同学也相处不好，整天忧心忡忡，不想与他人说话；心情痛苦烦闷，有时还会产生轻生的念头，这样的状况已经持续了好几年。

案例分析

在该案例中，张某首先是学习压力大，由于大学注重的是自主学习和独立思考，学习和作息时间大部分由学生自己掌握，这显然不同于中学，客观上增加了学生的学习压力。其次是人际交往的压力大，大学开放式的生活环境使大学的人际环境复杂化，有些学生面对复杂的人际关系无力应对，从而陷入孤立的处境，一旦情绪郁闷，无人倾诉，无人相助，极易产生厌世情绪。

学习单元一　认识生命，聆听花开的声音

当代大学生是社会予以厚望的一代，他们整体上激情飞扬，但与此同时又稚嫩、脆弱。他们已经跨入社会，然而，他们的生命成长却是十分薄弱，他们无法承受社会的压力和种种诱惑。故而，培育大学生具有完善的人格和健康的心灵的生命教育，对提高生命品质和实现生命价值具有重要的意义。

一、生命的概念及本质

生命是生命教育的核心概念，探讨生命教育必须首先关注生命的含义。生命是一个多元的概念，从不同的视角来解析，生命就有不同的含义。生命教育必须以生命本位构成和生命的特性为依据。中国古代哲学对于生命的见解："生"字的本义是指草木从地下长出，引申为事物的产生、发生；再引申为生命的孕育、发展、生生不息。"生命"便是指生活在有限现实世界中的生命个体的不断发展、更新。《辞海》的解释：生命是由高分子的核酸蛋白体和其他物质组成的生物体所具有的特有现象，能利用外界的物质形成自己的身体和繁衍后代，按照遗传的特点生长、发育、运动，在环境变化时常表现出适应环境的能力。恩格斯认为，生命是蛋白体的存在方式，这个存在方式的基本因素在于和它周围的外部自然界不断的新陈代谢，而且这种新陈代谢一停止，生命就随之停止，结果便是蛋白质的分解。显而易见，这是从生物学的角度去认识和理解生命。日常生活中的生命主要是指活着的人或动物的存在状况、特性和事实；宽泛地说，生命的本质就是将有生命的动植物或器官组织的有生命的部分与已死的或无生命的物体区分开，构成个体出生到死亡的历史的一系列行为和事件。国外生命哲学认为，生命是世界的内在本质、世界的最终根源，认为生命（生命意志、生命冲动或生的渴求）是存在的第一要义；生命是唯一的实在，是存在和意识的决定性因素。

生命的本质是存在和超越。首先，生命是一种存在，即以活生生的个体而存在，只有

生命存在，才会成就一切，如果生命不存在了，其他一切都是空谈。其次，生命是一种超越。人类是生命存在的高级形式，人的生命区别于其他的生命体就在于"思想"，在思想的指导下，人类可以从事人类特有的实践活动和劳动，通过人类生生不息的繁衍、实践活动和劳动，可以创造出世上原本不存在的物质、思想，并追求精神的境界。

二、生命的属性

作为以生命形式存在的人类个体，主要有以下几种属性。

1. 生命的自然属性

生命是大自然的奇葩，作为自然界的一个组成部分，生命首先具有生物属性，就如同自然界中的花草鱼虫、飞禽走兽一样，是生态系统中的一个组成部分。基于此，人和其他正常的生命个体一样具有以下特点：生存的欲求，即都有活下去的需求；趋利避害的欲求，即对自己有利的接近，有害的远离；繁衍后代的欲求，即通过繁衍功能使自己的种族延续下去。人类生命的生物属性和其他生命并没有本质的区别，但绝大部分人却是以合理的方式满足他们的欲求，这是因为人类是由社会属性和精神属性所决定的。

2. 生命的社会属性

卢梭说过，一个被排除于人类社会之外的不幸者，他在人间已不可能再对别人或自己做出什么有益之事。这句话不仅说明了一个人如果离开社会，对他来说是一个不幸者，而且他的存在也不会有太多的意义和价值。正是说明了人具有社会性的一面，人只有和其他人在不断的交往中才能够体现其存在的意义及价值。人是一个群居性的动物，不能脱离其他个体而单独存在。如果脱离其他个体而单独存在，一定会对他的身心乃至生命造成很大的影响，这样的例子数不胜数。

生命的成长不仅是一个自然的过程，更重要的是生命社会化的过程。在这个过程中，接受生命教育和人类的各种文明，才会真正成为社会人，立足于社会，进而实现自我的人生价值。

3. 生命的精神属性

人与动物的区别除具有社会性外，精神属性也是人类所具有的独特属性，即有自己的思想追求和精神追求，有自己的社会评判和价值标准。人在解决自身的温饱问题的基础上，在社会身份确定的前提下，人的高贵之处在于活出自我内在生命，即有精神境界的追求。

三、当代大学生的生命特色

当代大学生处在中国社会剧烈变迁、经济迅猛发展、信息高速发展的特殊时代，当代大学生具有与以往不同却又相似的生命特色，他们睿智、理性、成熟、世故，但是他们也盲目、躁动、轻狂、无知、脆弱，整体趋显矛盾化。人们发现这一时期的大学生的生命关怀是极其欠缺的，大学生的生命教育是刻不容缓的。

1. 意义感与无意义感的交织

当代大学生是激情飞扬的，他们看起来有理想、有抱负。然而可惜的是这种理想和抱负常常是物质化的理想，当短暂的物质化理想得到实现后，空虚则侵占着他们的内心。

他们成熟且睿智，但是却经不起波折，他们还存在盲目与轻狂。无疑，在家庭、学校、社会影响下的这一代大学生，他们接受事物的广泛、视野的开阔无疑是领先的。他们聪明、孤傲、独立，但是他们也茫然、无措。一方面，他们在这种既现实又向往自己的理想化的交缠中，还缺乏生存的智慧，缺乏对生命意义的真正领会，他们更偏向于物质化的享受，虽然对精神追求不断，但是这种精神在他们的理解下变得脆弱、不堪一击；另一方面，正是因为当丰富的信息和知识的袭来，缺乏正确的引导，他们聪明的脑袋缺乏智慧和处理信息的能力，最糟糕的是被各种价值观的引导而失去本心，失去对生命本真的探索。当不能真正地安顿生活和生命，于是现实的他们更加茫然，失去生活的目标和生命的意义。

2. 理性与感性的纠葛

在各种思潮、各种社会现象的冲击下，当代大学生表现得无疑是理性的，他们思想早熟，对事情的评价有自己独特的见解，讨论问题时观点深刻、逻辑严密、善于表达。然而，他们的情感表达上却缺乏理性和深度，他们的情感大都外显而张扬，他们敢爱敢恨、果敢直接、孤高傲慢。但是，隐藏在背后的是他们情感的不善表达，他们的大是大非的辨别能力不强，自我调节能力不强，易受负面刺激，表现出来就更为直接、躁动。

3. 言与行的分裂

当代大学生的思想更为复杂多元，他们的语言更加丰富多彩，他们的行为却是乏善可陈。他们喜欢动脑，用脑来推测自己的行为，但是却缺乏真正的动手能力。他们喜欢说各种奇妙甚至其他人不懂的语言，来表示自己的行为，但是却没有真正符合语言的行为。他们世故圆滑，却流于表面。他们看似成熟，却单纯脆弱。当思想、语言、行为三者割裂开，大学生不仅缺乏实践，更主要的是心理抗压能力、承受能力薄弱。

4. 热情与冷漠的共存

当代大学生无疑是张扬个性的一代，他们喜欢表现自己，张扬自己的个性。他们热情恣意、观念开放，他们喜欢和其他人交往；他们身体充满活力，喜欢在工作学习中表现自己。但是这种热情个性化十分严重，他们的交往常以自我为中心，而且有功利化的趋向。另外，这种热情背后的防备心很重，他们真正交心的朋友不多，遇到事情也很少和他人交流，他们讨厌内心被窥视，也害怕被伤害。故而，他们看似交往众多，但是内心极为孤独，于是网络常常成为他们的排解方式。

5. 自私与无私的挣扎

"90后"的大学生无疑是天之骄子，他们大都是独生子女，自小便在祖父母、外祖父母、父母的保护、溺爱下长大。他们的共享意识并不强，唯我独尊是他们自然而然的状态。他们做事往往先把自己放在首位，然后再思考。当其他人超越他们时很容易产生嫉妒心理。然而，当代大学生也是勇于承担责任的一代，他们喜欢"一人做事一人当"；他们

拥护集体，承担义务，不推卸。但毕竟这种奉献是建立在自己利益无损的基础上，一旦自己与集体社会发生冲突时，他们有的舍公为己，但更多的是难以抉择，陷入自私与无私的挣扎中。

6. 自信与脆弱的纠缠

当代大学生有自己的观点，敢于反抗，对父辈、学校一些不甚合理的说法和规定敢于质疑，语言的创新性更强。他们意气风发，充满自信。但是他们的认知能力还明显不足，而这种自信却又使他们过于自大，常常出了事情却难以承担后果。当自信受到挫折时，放弃、萎靡、自暴自弃常常成为他们选择的方式。他们还是一个极其敏感的群体，其内心体验极其细腻微妙。他们对与自身有关的事物往往体察得细致入微，但是他们的价值观尚不稳定，于是迷茫、抑郁常常交织在他们心中，使他们很容易因为外部变化刺激而偏激、冲动。

四、大学生生命教育的意义

大学生处于由少年转向青年的时期，是世界观、人生观逐渐成熟的时期，在这一时期，对大学生的生命关怀就显得尤为重要。

（一）大学生生命教育是保证大学生健康成长的客观要求

1. 认识生命，了解自我是大学生成长的必要环节

大学时期是一个大学生生命成长的黄金阶段，犹如人生的春天与鲜花盛开的季节，但这一阶段也是人生重要的转折时期，又显得极为脆弱而易于凋零，那么怎样才能保证大学生在大学阶段绽放美丽、健康成长、走向成熟、顺利实现人生转折呢？重要的方面就在于开展生命教育，引导大学生探索生命之源以珍爱生命，认识生命之本以尊重生命，破解生命之谜以成全生命。显然认识生命、了解自我即大学生生命成长过程中的重要内容与必要环节。一个人只有知道自己从哪里来，将到哪里去，对生命过程有一个科学认识，才能去理解和思考生命所衍生、所蕴含及被赋予的博深的社会内涵，才能从自然的、生理的及社会的层面去认识、把握和接纳自我，才能感受到自然客观上的"我"，以及与人们建立了相互关系的社会的"我"的统一，真正地成长与成熟起来。

2. 理解生命，思考人生是大学生成长的重要课题

生命教育其实是一种全人教育，其目的是促进学生生理、心理、社会性及灵性的均衡发展。这就是说，通过生命教育使大学生理解生命有不同的层面与含义，懂得一个人的成长不仅包括身体生理的健康，也包括心理人格的健全，还包括社会适应性及灵性的良好状态，从而能够注意自我各个方面的协调发展。同时，使他们理解生命与人生有密切的关系，进而感受生命之重，完善自我，懂得生命之义，发展自我，把握生命之本，提升自我，真正成长起来，这些方面正是大学生成长过程的必修课程与重要课题。

3. 珍惜生命，快乐生活是大学生成长的基本素养

大学生成长的过程是其塑造与养成自我生活和生存方式的过程。从教育的角度看，生命教育就是生命存在基础上的生存质量教育，学校培养学生的目的是使学生养成良好的生活与生存方式，成为一个懂得生活、善于生活的社会人。而要使学生在这个成长过程中实现其健康与完善，就在于通过教育与引导，使大学生能够感受到生命具有可贵、美好、一次性等特点，从而使他们懂得珍惜生命、快乐生活。显然，快乐地生活是一种生活态度与生活方式，更是一种生活能力与素养，大学生只有不断地提升其基本素养，才能不断地提升生命内涵，促进身心健康，创造生命辉煌，在辉煌中获得快乐，在快乐中追求进步，在进步中获得成功，在成功中获得幸福。

（二）大学生生命教育是保证大学生健康成长的现实需要

1. 有助于改善大学生轻生问题

长期以来，我国由于生命教育的缺失，学生对"死"缺乏最基本的了解和思考，导致了校园自残、自杀及各种伤害学生身体和生命的现象屡屡发生，其惨状让人心疼，也引起了社会各个方面的高度关注。血的教训告诉我们，引导学生走出生命的误区，教育他们珍惜生命、理解生命的意义，建立积极向上的人生观，已成为现代教育不可忽视的一环，大学生生命教育势在必行、刻不容缓。事实已经证明，大学教育如果忽视对生命的人文关怀，忽略了对学生安身立命的基本功课，将严重影响大学教育的成效，进而会影响到我国和谐社会建设的进程。当然大学生花季凋零或受到摧残，有其极其复杂的原因，也有多种解决的途径与方式，但不可忽视与轻视的问题在于，开展生命教育是基本的也是根本性的工作，它不但能够使大学生正确地认识生命、理解生命，进而尊重生命、热爱生命，而且能够使大学生更好地呵护生命、成全生命，这对预防与消除大学生自杀等问题的产生也是极其有效的途径与方式。

2. 有利于缓解大学生心理压力

近年来，大学生存在各种心理问题相当普遍，有些已经严重影响了他们的学习与生活。调查表明，56.31% 的学生感到心理压力很大。国家教委也曾对全国 12.6 万名大学生进行了一次调查，其中 23.23% 的人存在心理问题。北京市 6 所高等院校也曾对本科大学做了 10 年的统计，造成大学生退学、休学、中断学习的原因中，心理因素高居首位；杭州市对 3 000 名大学生的调查显示，16.7% 的人存在较严重的心理疾病。从大学生面临的现实问题来看，其心理的应激源主要在于学习、就业、交往及经济负担等。正是大学生普遍面临着学习、就业、交往及贫困等心理的压力，导致他们心理负担过重，总是郁闷不乐。所以，当代大学生并非像人们想象的那样轻松散漫、无忧无虑、无所事事，他们面临着前所未有的种种压力，他们紧张忧虑，甚至是痛苦，所以应缓解大学生的心理压力，急切地呼唤生命教育，以使他们的心灵得到慰藉。同时，也使他们学会和掌握心灵体操的技巧，给自己减压，学会休闲与娱乐、平衡情感、快乐生活。

（三）大学生生命教育是公民教育中的重要阶段

1. 大学生的生命教育能促进青年自身价值观、人生观的正确形成

大学开展生命教育的目的是让大学生从人出发，肯定生命、尊重生命、珍惜生命，进而爱护他人的生命；从生命的角度出发，发现人生的意义，找到永恒的价值；从个人的内心出发，发现自己的生命本真，确立人生目标，树立高尚的人格，使大学生能够正确地树立人生观和价值观。

大学生人生观和价值观的成熟，能够使他们有效地应对学习、工作、生活中的种种问题。他们会更加合理地安排时间，有效地利用时间分配自己的学习和工作；他们会选择适合自己的工作，更加努力，而不会好高骛远，虚度人生；他们会坦然地面对人生可能出现的种种困境和挫折，因为他们心中有自己的一片净土，因为他们有一个强大的灵魂支撑他们勇敢前进。

生命教育正是本着培养学生高尚的人格和强健的心灵为目标，使我们的青年能够更好地建构自己的生命价值，更好地安顿自己的生命。

2. 大学生的生命教育能增强青年的社会角色的定位，勇于承担社会责任

大学开展生命教育能够使青年更好地融入社会，找到自己的角色定位。大学生命教育以启发式教学为主，启发大学生发现并创造自己的所思、所能，进而有所行。有了准确的自我定位，有了自己的生命所求，有了自己的生存之能，生命有了正确的流向，才有了青年的社会角色的定位。

生命教育是解决人的生存和生命的安顿问题。现如今我们的教育更多地偏于学生的生存教育，培养他们的生存技能。但是海量的知识和薄弱的认知的失衡并不能让人在嘈杂的社会定心；相反，他们变得更加躁动不安，轻则伤己，重则伤及他人。所以，必须使他们的心灵得到成长，认清自己，担负起自己应该承担的责任，才能真正在社会上定位。

3. 大学生的生命教育能促进社会的和谐发展

大学生命教育的开展使大学生认识到自己的社会责任，并勇于承担、努力奋斗。生命教育的开展是从个人出发扩展到全社会的，个人的生命价值只有在社会中才能体现。生命教育是全公民的生命教育，生命教育旨在"人"的存在和发展。人是社会的产物，不可能脱离社会单独存在，人要生存、发展一定是在社会中得以实现。大学生命教育使学生认识到，自我生命的实现其实也是自己社会价值的实现。不推卸、不抗拒，自利和公利的可融合，激发大学生的创造能力，并会创造更多的社会价值，这对于促进社会的和谐稳定有着重要的意义。

🔊 **故事链接**

在暴风雨后的一个早晨，一个人来到海边散步。他注意到，在沙滩的浅水洼里，有许多被昨夜的暴风雨卷上岸来的小鱼。用不了多久，浅水洼里的水就会被沙粒吸干、被太阳蒸干，这些小鱼都会被干死。他忽然看见前面有一个小男孩，不停地拣起水洼里的小鱼，用力把它们扔回大海。这个男人忍不住走过去说："孩子，水洼里有几百几千条小鱼，你救不过来的。""我知道。"小男孩头也不回地回答。"哦？那你为什么还在扔？谁在乎呢？""这条小鱼在乎！"男孩儿一边回答，一边拾起一条小鱼扔进大海。"这条在乎，这条也在乎！还有这一条、这一条、这一条……"

　　每种生命都有其存在的意义与价值，生命只有一次，我们要学会善待生命，因为各种生命是息息相关，需要相互尊重、相互关爱的。

🖥 自我探索小游戏

生命线

　　抽出一点点时间，回想一下你的过去、现在，想想你设想中的未来。

　　接下来开始我们的心灵游戏——生命线。这个游戏就是画出你的人生路线图。

　　请准备好一张洁白的纸、一支鲜艳的笔和一支黯淡的笔（如一支红笔和一支蓝笔），用颜色区分心情。

　　把白纸横放好，然后从中部画一条长长的横线，在末端加上一个箭头，在原点处标上0，在箭头处标上你为自己预计的寿数。然后在白纸的顶端写上×××的生命线。这条线标示了你一生的时限，是你脚步的蓝图。

　　现在请根据你规划的生命长度，找到你目前所在的那个点并标出来。例如，你现在18岁，就标出18岁的那个点。在这点的左边，代表着过去的岁月，右边代表着未来。把过去对你有着重大影响的事件用笔标出来。例如，你7岁上学，就找到和7岁对应的位置，填写上学这件事情。注意：如果你觉得是快乐的事情，你就用鲜艳的笔来写，并要写在生命线的上方。如果你觉得快乐非凡，你就把这件事情的位置写得更高些。例如，17岁高考失利……你痛苦不已，就继续在生命线相应的下方很深的陷落处留下记载。依此操作，你就用不同颜色的笔和不同位置的高低，记录自己在今天之前的生命历程。然后我们来到未来，把你一生想干的事都标出来，并尽量把时间注明。视它们带给你的快乐和期待的程度，标在不同的高度。当然，也请把一些可能遇到的困难——用黑笔大致勾勒出来。这样我们的生命线才称得上完整。

　　看看是线上面的事件多，还是线下面的事件多，如果大部分都是在线以下的，是否可以考虑调整自己看世界的眼光？

　　当把生命线画完后，请把注意力集中在此时此刻。以前的事情已经发生过了，哪怕是再可怕的事情，也已经过去。你不可改变它，能够改变的是我们看待它的角度。一个人的成熟度，在于这个人治愈自己创伤的程度。过去是重要的，但它再重要，也没有你的此刻重要。

　　好好规划你的未来，让它合理而现实，然后根据限期去实现它。请好好保管你的蓝图，时常看看。生命线不是掌握在别人手里，它只有一个主人，就是你自己。无论你的生命线是长是短，每一笔都由你来涂画。

学习单元二　珍爱生命，守护花开的分秒

一、生命困顿

当代大学生的生命困顿主要表现在生命价值的缺失和生活意义的迷惘上。曾几何时，大学生在我们这个社会中被热捧为"天之骄子"，而现如今却顶着学业、就业、生活三座大山的巨大压力，成了中国社会压力最大的族群之一。在巨大的压力下，很多大学生不同程度地出现了对社会、生活乃至生命本身的迷茫。

看一看我们周围的大学生，郁闷、无聊早已成为他们中间最流行的词汇。一位高职生曾经写道："我三年的大学生活几乎没有任何的波澜，'上课—考试—过年'，周而复始，年复一年，生活犹如身边一杯可有可无的白开水，我看不到生活的意义何在。"而这种生活状态，在高校中并不少见。学生们欲求很多却无法实现，想要的东西没有，不想要的全来到，人生于是陷入混乱之中。

首先，现如今的大学生一般都为独生子女，他们没有兄弟姐妹，这样他们从小便没有了知心的、可倾诉心声的、有血缘关系的伙伴，所以他们长大后，很难处理复杂的人际关系，无法同他人沟通。其次，现如今的大学毕业生没有传统的就业分配，因此没有了就业保障，就业压力必然导致他们心情浮躁、危机意识特别强烈。再次，几年后就要踏上工作岗位的大学生们，又很不幸地赶上了房价猛涨，购房购车等的压力成了他们的心头重负；于是，严酷的现实有时让他们产生这样一种看法：仅仅靠勤奋努力学习、脚踏实地地工作已经难以使他们成功，更无法让他们获得应该得到的生活水准。

当某一个或一些大学生在生活、生命和人生上遭遇到众多问题又无法解决时，就可能会有人走向极端，即自杀或暴力，这必须引起我们高度的重视。而要解决这一问题，就必须弥补大学教育中生命教育的缺位，全面地推展有关生命的教育。

二、生命是独特的

（一）我是独特的

自从地球上有了最早的生命，世界就变得如此美好，生命因自然而存在，自然因生命而美丽。自然界的生命是丰富多彩的，又是各具特点、千姿百态的。生命是独特的，法国作家罗曼·罗兰说过，每个人都有他隐藏的精华，与任何别人的精华不同，它使人具有自己的气味。每个生命都有其不同的天赋、兴趣和气质，你的生命是独一无二、与众不同的，世界上没有一个人能代替你，就像世界上没有两片相同的树叶。每个生命不但是独特的，而且是有限的。生命属于我们只有一次，任何代价都换不回来，我们必须热爱生命、珍重生命。

拓展阅读

有一个生长在孤儿院中的男孩，常常悲观地问院长："像我这样没有人要的孩子，活着究竟有什么意思呢？"院长总是笑而不答。

有一天，院长交给男孩一块石头，说："明天早上，你拿这块石头到市场去卖，但不是'真卖'，记住，无论别人出多少钱，绝对不能卖。"第二天，男孩蹲在市场角落，意外地有好多人要向他买那块石头，而且价钱越出越高。回到院内，男孩兴奋地向院长报告，院长笑笑，要他明天拿到黄金市场去卖。在黄金市场，竟有人出比昨天高十倍的价钱要买那块石头。最后，院长叫男孩把石头拿到宝石市场上去展示。结果石头的身价较昨天又涨了十倍，更由于男孩怎么都不卖，竟被传扬成"稀世珍宝"。

男孩兴冲冲地捧着石头回到孤儿院，将这一切禀报院长。院长望着男孩，说："只要自己看重自己、自我珍惜，生命就会有意义、有价值。"

(二) 生命的长度与宽度

在所有生物中，只有人类才知道自己生命的终点是死亡，唯有人类才清楚地注视自己的归宿，只有人类除满足自己的物质生活的基础外，更追求自己的精神生活和思想心灵境界。人的生命就是一条线段，线段的两端分别是出生和死亡，即生命从出生开始，就会一步一步地走向死亡的终点，而不可能再回到起点。这条线段的长度有长有短，有的刚刚出生就会夭折，有的会活到百岁以上，但无论如何都是有限的，在大自然和宇宙中是极其短暂的。

许多人一心想活得长寿些，但生命的不可逆性和有限性提醒我们必须珍爱生命、呵护生命、善待生命、敬畏生命，活出生命的质量。与其活得长，倒不如活得好。重要的不是你活了多久，而是你活得"好"，重视生命的亮度而非长度。

(三) 关于死亡

目前，英国教育部拟定在学校开设"死亡课"。例如，在小学课堂上，殡葬行业的从业人员或护士对小学生谈人死时会发生什么事情，并让学生轮流通过角色替换的方式模拟一旦遇到如父母因车祸身亡等情形时的应对方式。其目的是让青少年了解死亡意味着什么，并体会死给亲人带来的巨大悲痛，从而尊重和热爱生命，以积极的态度面对人生。

生老病死是生命的自然过程和规律，我们是自然界的组成部分，我们并不能高于自然，有生就有死，天底下所有个体生命无一例外，关键是我们如何活出生命本来的面目。

罗素说："一个人的生存应该像一条河——开始很小，被狭窄的河岸束缚着，在岩石间奔腾跳跃，顺瀑布滚滚而下逐渐地汇入大海，最后又安然地失去了自己本身的存在。"死亡是生命最后一个过程，有它的存在，生命才得以完整，才构成了一首华丽完美的人生乐章。

既然我们不能避免死亡，那我们就该运用理智的态度去审视和对待它，而最为关键的是，大家要善待今天、善待健康、善待亲友、善待周围的一切……努力将我们的每一寸时间都有十足的含金量，把握好分分秒秒、点点滴滴。只要有价值、有意义便是活着最好的理由。生命中的那些成功与失败、荣誉与耻辱、纯真与芜杂，都是一本内容不同的书，或是一幅风格迥异的画。没有谁应该拒绝生命，没有谁必须拒绝生命，因为活着，就是一首好诗。

🖥 自我探索小游戏

每个学生在 4 张纸上写出自己最亲、最重要的人，折好并相互交换。然后随意撕掉一张，再还给对方。被撕的那张纸，代表这位亲人已经离你而去。

拿回自己的纸条后，大家开始讨论：你心目中重要的亲人离开你了，你的生活会怎样？你是怎么想的？同样，如果是你离开了亲人，家人也会是和你同样的心情。

成长加油站

你无法预计死亡拜访你的时间，但你可以提前预备款待他的茶点。也许只能在绝境中，人生中最基本最朴素的光芒才会突破种种物质的阻力，迸出单纯而灼目的光芒。长的是人生，短的是年轻，面向所有死亡的修行，都是为了更好地活着。

——毕淑敏

三、珍爱生命

珍爱生命需要我们每一分钟都充满欢喜——我们的耳朵可以听到河流的声音，我们的眼睛可以看到一朵朵花在开放，我们的鼻子可以闻到草木的芬芳，我们的舌头可以品尝茶叶的清香，我们的皮肤可以感受到阳光的温暖……

（一）欣赏生命

生命有贵贱，生命有苦乐，生命非孤立，生命活动要处理人与自我、人与他人、人与自然的关系。

1. 人与自我的关系

人要知己，对自我客观评价，不过高估计自己的才能，也不要遇困难自卑而消极待世。最终目标是实现身心和谐，以解决人精神上的危机。保持一个良好的阳光心态，以积极的态度对待自己和困难，设法让自己走出困境，积极对待生活，让自己走出盲区、进入自我明察中。千万不能消极待世，人生失意须尽欢，莫让金樽空对月。

（1）认识自我。要把人对自身的自然属性的认识转向对人内在精神的认识。人的本质是灵魂，而灵魂的特点就是精神和理性。古人强调"人贵有自知之明"。能了解、认识到别人的算作是明智，能了解、认识自我的才算是真正的高明。可见认识自我是多么的难。清除自我认识上的盲点和误区，是一种积极的自我开拓。诚然，直至生命的终点我们都无法穷尽自我，但时时警惕自我、激励自我，当使我们不枉为人，不虚此生。能勇于认识自我，而要以"自觉"为起点，方能不断地认识自我、磨炼自我、提升自我、善待自我。

（2）磨炼自我。刚健有为、自强不息作为中华民族精神之一，是人类在认识自我后首先要建立的立命之说。刚健有为、自强不息是实现自我价值的起始和前提，是中国人积极人生态度最集中的理论概括和价值提炼。在迷恋物质生活、享乐主义和拜金主义盛行的今天，强调"刚健有为，自强不息"的中华"君子"精神，有着深远的历史意义和现实意义。

（3）提升自我。中国哲学的功用不在于增加积极的知识，而在于提高人生的境界。在地球上，只有人类才具有理解世界和超越自我的能力，人类与自然关系的和谐与否应是"人的自然境界"的试金石。如果人类既为了自己的利益，也考虑到自然的利益，那么人类就超越了狭隘的人生境界，进入了自然的"天地境界"。要实现高远宏大的境界和理想，离不开具体的为人处世之道，两者的互相结合是人与自我和谐相处的重要保证。

（4）善待自我。世界上的事物都有其正面和反面，正反对立面往往是互相依存的。人生有得必有失，有顺必有逆，有胜必有败，有进必有退，有荣必有辱。人生道路上并没有铺满鲜花、洒满阳光，而是时时有风雨泥泞，处处有丛林荆棘。遇到顺境是每个人所期待的，遇到逆境则常常是无法避免的，关键在于以什么样的态度对待顺境和逆境。命运、机遇往往是不可刻意追求的，自解得失，善处顺逆，就成为处理好人与自我关系的关键。人要善处顺逆，就要能"用舍由时，行藏在我"，能提得起、放得下，能知足常乐、安心为本。

2. 人与他人的关系

人生在社会中，不可避免地要与周围的人打交道。没有人孤立于社会中，亲人、朋友、同学、同事，还有各种通过不同关系联系起来的人及众多潜在的关系的人，无论联系是强还是弱，作为社会的一分子，你不可能从中脱离。社会就像是一张网，一个人就像是网上的一个结，通过很多的线和别人相关联。如何处理好个人与他人的关系无疑成为人生的一个重大课题。个人与他人的关系若处理得好，生活就轻松得多、容易得多，获得的开心就越多。如果人际关系处理不好，可能会很烦恼、朋友少、生活孤寂，不得志而终。

人与人的交往是要用心的，尊重他人才有可能与他人建立友好的关系。人是有感情的，这是人区别于物的基本特征。人与人的交往首先是心的交流，只有建立在理解的基础上的交往才是合情合理的。人与人、人与社会建立起关系的纽带是感情、是爱。将冲突看作是人与人的原始关系，将人与人看作是对立的，将人与人的关系看作是操纵与反操纵的关系，无疑将人生事功利化了。社会是人的社会，人是感情的表现，社会的关系最终也是要靠感情去维持。人不是孤立于这个世界上的，人的集体性不仅是要通过客观上的联系，

还要通过心灵上的沟通。

3. 人与自然的关系

人与自然的关系密不可分，世界是普遍联系的整体，人与自然也是如此，而且人类是大自然的产物。没有人类，自然界依然存在，自然并不依存人类，人类只是整个自然世界的其中一部分；但是，人类只有在一定的自然环境之中才能生存，人类是依存于自然。两者之间是辩证统一的关系。人类要想不断地繁荣发展，就必须善待自然。人与自然的和谐相处是具有必要性的，因为没有自然，人类也不复存在。恩格斯说过：我们连同我们的肉、血和头脑都是属于自然界与存在于自然之中的。

自然是按照客观规律运行的，本来不存在恩赐和报复。但是因为我们人类宣称要征服和战胜自然，常常违反客观规律，结果遭受损失，在观念中被认为是自然的报复。无论怎样看，人类都需要冷静地反思自己的观念和行为。自然具有无限的广阔性和复杂性，总是存在未知领域，在一定的历史条件下，人类认识、改造和利用自然的能力是有限的；自然规律具有客观必然性，无论古代和现代，人类都必须遵循自然规律，违反自然规律最终会自食其果。现代人无须回到过去敬畏自然和盲目崇拜自然的状况，但在自然面前保持谦虚谨慎，虚心向自然学习，在按自然规律办事的前提下充分发挥人的能动性和创造性，不失为明智的态度。

（二）敬畏生命

近年来，一些大学生会因为竞选班干部失败、唱歌跑调被同学嘲笑、考试成绩不理想等这样的一些"小事"而自杀，也有因为学业压力、经济压力、情感受挫等而自杀的，无论何种理由，一个根本原因是生命沦为了工具。媒体上报道的大学生"烧熊"事件和"虐猫"事件等，也是如此，无视生命本体价值的存在。

生命是神圣的。世界上没有什么可以和生命等同，人类目前的认知和智慧还无法企及生命。美国学者迈尔说过，过去一再试图为"生命"下一个定义，这种努力是完全无效的，因为现在已经很清楚，没有任何特殊的物质、物体或力量可以和生命等同。

生命是宝贵的。每个个体生命都承载着它所属种类生命的全部遗传信息，并在其有限的存在期间内部分外独特地展现生命。

我们应该充分认识生命的价值，敬畏生命。生命高于一切，生命来之不易、无与伦比。一个生命，无论其现状如何，在社会评价体系中处于何种位置，其本身都是有价值的。敬畏一切生命，包括自己、人类和动植物的生命。敬畏生命还包括敬畏死亡，因为有死，生命才有了赋予其意义的必要，才有了一种不断进取的力量。

（三）关爱生命

生命本身有爱，生命之爱源于生命内在的天性与生命成长过程中所得到的与所学到的关爱。对生命的爱发端于生命本身，生命需要爱，没有爱就没有生命；生命离不开爱，爱使生命有意义。一个人的生命是有限的、短暂的，需要有爱相伴。而生命之爱是"重生存之爱"，不是"重占有之爱"。

从人的关系角度看，不仅有人我关系、人际关系、人与自然的关系，还有人与生命之间的关系。人与生命之间的关系包括人与自己生命、他人生命及与他类生命之间的关系。人怎样对待生命是有道德可言的，调整人与生命关系的道德就是生命道德，生命道德最基本、核心的内涵是关爱生命。关爱生命不但是关爱自己的生命、他人的生命、人类的生命，而且包括动植物的生命。

(四) 尊重生命

生命本身有尊严。在生命世界中，每个个体生命都是独一无二的。任何人都没有理由，也没有权利轻视、无视、蔑视任何一个个体生命。生命尊严具有客观性、普遍性、至上性和平等性的特征。

尊重生命是源于生命本身的尊严。生命尊严要求我们要尊重生命，包括自尊和尊人。一个不尊重自己生命的人，很难尊重他人的生命。尊重生命不但有对生的尊严，而且有对死的尊严。个体生命不仅有尊严地活着，还有尊严地死去；要维护生命的尊严，同时，也要警惕生命尊严的误区；要维护自己生命的尊严，同时，还要尊重他人的生的尊严和死的尊严。尊重生命还包括尊重生命多样性、独特性和差异性。

拓展阅读

在撒哈拉沙漠中，母骆驼为了使将要渴死的小骆驼喝到够不着的水潭里的水，纵身跳进了潭中；老羚羊们为了使小羚羊们逃生，一个接着一个跳向悬崖，因而，能够使小羚羊在它们即将下坠的刹那，以它们为跳板跳到对面的山头上去；一条鳝鱼在油锅中被煎时，却始终弓起中间的身子，那是为了保护腹中的鱼卵；一只母狼望着在猎人的陷阱中死去的小狼，而在凄冷的月夜下鸣咽嗥叫。其实，不仅只有人类才拥有生命神圣的光辉。

只有我们拥有对于生命的呵护之心，世界才会在我们面前呈现出它的无限生机，我们才会时时处处感受到生命的高贵与美丽，也才会时时处处在体验中获得"鸢飞鱼跃，道无不在"的生命的顿悟与喜悦。有时候，我们呵护生命，也是为了更爱人类自己。我们呵护地球上的一切生命，不仅是因为人类有怜悯之心，更因为它们的命运就是人类的命运：当它们被杀害殆尽时，人类就像是最后的一块多米诺骨牌，接着倒下的也便是自己了。

(五) 责任生命

一株无名的小花，不因牡丹的绚丽而自卑，因为责任而默默地为春天增添一抹色彩；一棵山楂树，不因苹果树的硕大而自枯，因为责任而默默地为金秋捧出几簇红果；

一脉小溪不因江河的绵长而干涸，因为责任而默默地滋润一方土地。物皆如此，何况人呢？

鲁迅说："真正的猛士敢于直面惨淡的人生。"因为责任我们必须在逆境中挣扎，只有挣扎才会使山穷水尽变得柳暗花明，才会使悲剧性的生命变得伟大。截瘫的史铁生因为对生命的责任而坐在轮椅上讲述遥远的清平湾的故事；残臂抱笔的朱彦夫因为对生命的责任而写出了30万字的极限人生；"面对瘫痪我不哭"的桑兰用迷人的笑容征服了世界；因为对生命沉甸甸的责任才有盲人阿炳那如泣如诉的《二泉映月》，才有陆幼青的死亡日记。

责任不是甜美的字眼，它仅有岩石般的冷峻，一个人真正了解到责任时，责任如同一份人生礼物已不知不觉地落到你背上，它让你时时不得不付出、呵护它，时常给予你的往往是灵魂和肉体上感到的痛苦。

其实每个人的人生都不是一帆风顺的，抱怨没有用，逃避不可能，想飞也只是梦想。人生是现实的，现实的人生需要用现实的方法来处理。

1. 学会体验生命

人生很短暂，是生命历程的一个体验过程。它包含着人所有的喜怒哀乐、酸甜苦辣，我们不能因为其中有哀和苦就否定生命存在的意义。要摈弃那种悲观、不敢直面人生的做法，以积极的心态去体验生命。体验生命，能够让我们感受到生命的珍贵，能够让我们及时努力，承担生命的责任；体验生命，能够让我们理解生命的价值，能够让我们努力奋斗，去实现生命的意义。

2. 学会化解生命的危机

大学生正风华正茂，生命充满激情与憧憬，然而有一些大学生却因为一些挫折选择了极端的行为，没有肩负其要肩负的责任，留下来的是无尽的痛苦和悲伤。当代大学生产生生命危机的主要原因有两个方面：一是他们在某个人生岔口上找不到自己生存的价值，面对突如其来的挫折或暂时的困境，失去了自我价值的认同感，认为放弃生命权就可以一了百了，所有的麻烦也随之而去；二是他们的感情过于脆弱，承受挫折的能力比较差。在生命危机发生的时候，大学生要学会自我调节，学会化解生命危机。首先，必须学会控制自己的情绪，弃绝一切非理性行为，应该懂得生活总是充满因和果、成与败，不是你想要什么就一定可以得到什么，再追求完美的人也不会有绝对完美的人生。其次，要学会生活，确定自己的人生坐标，努力实现自己的目标。最后，无法如愿时，也能接受现实，在其他方面寻找自身的价值和人生的意义。

3. 学会释放生命的潜能

大学生大都在18～23岁，这是一个憧憬的年龄，有许多未知的东西需要我们去解答，有无数个梦想需要我们去实现，青春的生命谁都会羡慕。所以，大学生要把握住生命中最美好的时光，好好学习，勤于思考，勇于实践，不断创新；要将有限的时间投入有意义的学习和实践中，不要浑浑噩噩，浪费了大好青春；要将生命的激情与勇气释放出来，创造生命的奇迹，即使没有奇迹，也不会留下遗憾。

4. 学会回报家庭

大学生无论遇到多么不如意的事情，多么不理想的工作，多么坎坷的生活，都要顽强地生活下去，不只为自己，也是为了自己父母老年的幸福。"百善孝为先"，这是中国人的传统美德。这种美德需要我们来传承和光大。一个大学生的成长需要家庭大量的物质投入和社会补贴。有父母测算过，培养一个大学生至少要花费 20 万元左右的费用。具体到大学阶段，有数据显示，一个大学生每年的学费和生活费等各项支出需要 1 万多元，一个家庭供养一个学生高职或本科毕业需要 5 万～ 6 万元，这对于一个普通家庭来说是一个不小的负担，而对于一个贫困家庭来说就是一个沉重的负担。因此，大学生从考上大学的那天起，就背负着父母殷切的期望。大学生还未来得及回报家庭就放弃自己的生命，等于把自己应该承担的责任转嫁给自己的亲人和社会，这是一种极不负责任的表现。因此，在现实面前，即使需要承受再大的痛苦，大学生都没有权利放弃自己的生命权来逃避自己的责任，更没有权利让亲人来承担自己身后带来的不堪重负的经济债务。

5. 学会回报国家

有资料显示，目前，我国普通高校大学生年人均教育成本理工学科为 1.4 万～ 1.6 万元，其中收取学费占 33%，另外的 67% 即约 1 万元为国家投入，按此计算，培养一个大学生国家需要花费 4 万元。如果再加上中小学所花费的，国家对每个学生至少要投入 10 万元。十年树木，百年树人。一个大学生的培养要花费十几年甚至更长时间的教育，因而大学生应该努力学习，培养为国效力的意识，勇敢肩负社会责任。

人生的路途，多少年来就是这样走出来的，人人都循着这个路途走，你说它是蔷薇路也好，说它是荆棘路也好，反正你得乖乖地走完。如果真以为诗是有翅膀的，能带诗人到天堂，海阔天空地俯瞰这人世间，而且能长久地冯虚御风、逍遥于天庭之上，其结果一定是飞得越高，跌得越重，血淋淋地跌在人生现实的荆棘之上。国家兴亡，匹夫有责。一个人的责任感在于他对自己、他人、国家和社会所负责任的认识、情感和信念，以及与之相适应的遵守规范、履行义务的态度。"穷则独善其身，达则兼济天下"的人生理念，为历代有识之士所追求。

生命的责任会使你懂得珍惜，珍惜每个日子，每一阵风雨，每一泓秋水，甚至每一次飘零……理想和现实之间有冲突也有和谐，请用你的智慧，选择最佳契机，去寻找最合适的土壤，生根发芽，茁壮成长，走过这段肩负责任、神圣的人生之路！

> ❯ 思政话题

苔

清·袁枚

白日不到处，青春恰自来。

苔花如米小，也学牡丹开。

每个人都有青春，如米小的苔花也有。在阳光照射不到的地方，如米一般小的苔藓开

花了，它迎来了自己最美的青春。虽然它只如米粒一般大小，依然认真开花，像一株美丽的牡丹。不看轻自己，重视自己的青春，使苔花有了让人敬重的生命力。没有谁的青春会被轻视，所有向着梦想的倔强生长的人都值得赞颂。

❯ 成长阅读

　　曾经有一个青年，大学毕业后只身来到一座陌生的城市打工。盘缠用尽了，举目无亲，房东又天天催讨房租。虽然有一家单位已经决定聘用他，但是，哪家单位愿意将工资预付给一个尚未开始工作的人呢？

　　一个星期天，青年拖着沉重的双腿来到了一家废品回收公司。看着那些成堆的纸片、饮料盒子……青年红着脸向老板问了那些废品的价格。

　　他找来一只破麻袋，毅然走上了大街拾荒。忍受着人们的白眼，经受着风雨的洗礼，他走过了城市的每一个角落，拾捡着废品，也积攒着对未来生活的渴望，积攒着在这个陌生城市继续生活下来的决心与力量。当他从废品店老板手里接过在这座城市掘到的"第一桶金"时，青年的眼眶潮湿了，他听到心中的呐喊："生存没有绝境，就看你肯不肯去做。"

　　青年不怕遭受他人的白眼，放下大学生的架子，靠捡废品让自己在远方的城市站住了脚跟。当你失去一切的时候，我们还有生命；当你面临生活的困惑时，何不想想那些别人不愿做的事？生存没有绝境，其实就看你肯不肯去做。

❯ 练习自测

价值观测验

　　价值观是一个哲学的概念，在心理学中它是人的一种需求。心理学专家设计了一个简单的索引表，可找出人们最重要的需求是什么。下面是"价值观测试量表"，本测验无正确与错误之分，只是根据你的愿望，在每题中选出一项最接近你愿望的答案。

　　1.如果你出差到某地开会，会后还有一天时间就要离开这个城市了，你最想干的事情是（　　　）。

　　　A.抓紧时间与同行者或同学交流一下工作和学习，因为开会人多，交流不深入

　　　B.访亲、探友，因为已多年未见了

　　　C.购物，想买比家乡物美价廉的东西，因为可以省点钱

　　　D.游玩、娱乐，因为来一趟不容易

　　2.如果你只有100元钱，你最想干的事情是（　　　）。

　　　A.买参考书或文具

　　　B.买食品去探望父母或病友

　　　C.买经济实惠的日用品，为过日子

　　　D.去打保龄球或玩其他的娱乐项目，因为这样很开心

3. 10 年之内你为之奋斗的事情是（　　　）。

　　A. 职称、地位或取得某种文凭

　　B. 找一个理想的爱人，生一个可爱的孩子

　　C. 要赚几十万以上，越多越好

　　D. 买汽车和房子，过舒服的日子

4. 你选择朋友最重要的条件是（　　　）。

　　A. 在事业上能助你一臂之力　　　　　　B. 懂得友谊、珍惜友谊，也有温情

　　C. 有钱有势　　　　　　　　　　　　　D. 能说得来并玩得来的

5. 你最喜欢在床头贴的东西或在玻璃板下压的东西是（　　　）。

　　A. 格言、名句、备忘录

　　B. 亲朋好友的照片，以示思念之情

　　C. 商业信息，以提醒自己哪有打折商品出售

　　D. 明星画或风景画，看上去心情舒服

6. 你买衣服或鞋子，最注重的是（　　　）。

　　A. 有名牌商标或显得有身份的　　　　　B. 多数人都能接纳并喜欢的

　　C. 价廉物美的　　　　　　　　　　　　D. 穿上舒服自在的

7. 你希望自己能成为一个怎样的人（　　　）。

　　A. 有学识、有成就的人　　　　　　　　B. 有很多朋友的人

　　C. 有很多钱的人　　　　　　　　　　　D. 一个笑容满面的人

8. 在假日里，你最喜欢干的事情是（　　　）。

　　A. 去书店、博物馆、科技馆等地方　　　B. 和亲朋好友一起度过

　　C. 买打折物品　　　　　　　　　　　　D. 游山玩水

9. 如果两个人打架或违反纪律，你认为最好的处理方法是（　　　）。

　　A. 有是有非，分清是非，给予批评教育

　　B. 以和为贵，和和稀泥了事

　　C. 按是非轻重，给以经济处罚

　　D. 回避，少找烦恼

10. 如果你的生活还可以，现在想花 1 万元，你将选择（　　　）。

　　A. 买一台计算机

　　B. 为亲爱的人买一个钻石戒指，或孝顺父母

　　C. 存银行生利息，或买保值的物品

　　D. 去旅游

11. 有以下工作岗位，你第一个考虑的条件是（　　　）。

　　A. 竞争激烈、提升快的单位　　　　　　B. 人事关系不复杂、集体氛围好的单位

　　C. 能挣大钱的单位　　　　　　　　　　D. 饭店或娱乐场所

12. 你做事的习惯是（   ）。

    A. 有目标、有计划地干   B. 拉上朋友一起干

    C. 先考虑经济得失   D. 跟着感觉走

13. 你最羡慕的人是（   ）。

    A. 有成就、有地位的人   B. 有一个美满家庭的人

    C. 亿万富翁   D. 吃喝玩乐的人

14. 你最感兴趣的事是（   ）。

    A. 观看新奇产品或新奇事物   B. 听抒情音乐

    C. 废物利用   D. 怎么高兴就怎么玩儿

15. 你最喜欢看的电视片是（   ）。

    A. 传记片   B. 爱情片   C. 商业片   D. 娱乐片

16. 你希望从别人那里得到（   ）。

    A. 认可（认为你很重要）   B. 悦纳（喜欢你，爱戴你）

    C. 援助（在经济上帮助你）   D. 共乐（能和你玩在一起）

17. 你和朋友或家人常常切磋的事情是（   ）。

    A. 学问或技术   B. 如何处理好人际关系

    C. 如何能挣钱   D. 哪里最好玩

18. 如果遇到火灾，你首先从家里抢出来的东西是（   ）。

    A. 你的设计图纸、论文、书稿   B. 父母及爱人常用的东西和照片等

    C. 存折或钱   D. 你最喜欢、最好玩的东西

计分方法：每题 1 分，18 个题目一共 18 分。

选择 A 的是成就感；选择 B 的是友谊、爱情；选择 C 的是金钱观；选择 D 的是娱乐观。

结果分析：如果你在 A、B、C、D 的任何一方面得 18 分时，那就是你的重要价值观；15 分是中等价值观；10～12 分是次等价值观；10 分以下是倾向或少有倾向。

如果你找出了自己的价值观，就要关注自己的价值观，并为之奋斗；如果你不满意自己的价值观，还可以采取一些办法，更新自己的价值观。

参考文献

［1］俞国良.大学生心理健康［M］.北京：北京师范大学出版社，2018.

［2］高峰，石瑞宝.大学生心理健康教育［M］.北京：清华大学出版社，2020.

［3］马建青.大学生心理健康教程［M］.4 版.杭州：浙江大学出版社，2023.

［4］毕淑敏.心灵七游戏［M］.长沙：湖南文艺出版社，2021.

［5］［英］弗兰西斯·培根.培根论人生［M］.乌尔沁，译.南京：译林出版社，2016.